FOOD

MATERIALS

식품 재료학

조재선·강갑석·정수식·최성웅 공저

光文閣
www.kwangmoonkag.co.kr

머리말

우리가 일상 먹는 음식은 우선 맛이 있어야 하고 우리 몸에 필요로 하는 영양분이 들어 있어야 한다. 이런 식품을 만들기 위해서는 신선하고 품질이 좋은 재료를 사용하여 조리 가공을 해야 한다. 식품을 전공하는 학생들은 식품학개론·식품가공학·조리학 등의 과목에서 식품재료에 관해서 간단히 배우고 있다. 그러나 음식을 만들다보면 재료가 얼마나 중요한지 알게 될 것이다.

식품재료는 우선 신선해야 되고, 그 음식에 맞는 특성을 지녀야 하며, 가공 중의 변화나 저장 중의 보존성이 좋고, 쉽게 구할 수 있고 값이 되도록 저렴해야 한다. 최근에 와서는 각종 위생적인 문제가 발생하고 있어서 위생적으로 안전한 재료를 사용하는 것이 무엇보다도 중요하다. 그리고 영양 성분은 물론이고 건강에 좋은 기능성 성분을 가지는 것도 중요하다. 식품재료는 농산물·축산물·수산물 등 수많은 종류가 있고, 어느 한 재료라 해도 생산된 지역이나 시기 또는 재배 방법과 서식 환경에 따라 품질이 각각 다르다.

따라서 식품을 공부하는 학생들은 식품재료에 대해서 먼저 알아야 한다. 이 책에서는 우리나라에서 가장 중요한 곡식류, 채소류와 과실류, 그밖에 식물성 재료들, 영양이 풍부한 축산 식품재료인 식육류, 우유, 알류, 수산 식품재료인 생선류와 조개류, 해조류, 그 밖에 기능성 식품재료들로 나누어 한 학기 동안 공부할 분량으로 엮었다.

끝으로 이 책의 출판에 물심양면으로 애써주신 광문각출판사 박정태 사장님과 임직원 여러분께 감사드린다.

2012년 2월

저자 일동

목차

CHAPTER

01 서론

1. 식품재료의 종류

우리나라를 비롯한 인도 · 중국 · 일본 등과 동남아 지역에서는 밥이나 죽을 먹고, 유럽이나 미국 · 호주 · 중국 등의 나라에서는 빵이나 국수를 먹는다. 이들 원료인 쌀이나 밀은 재배하기 쉽고 값이 저렴하며, 저장성이 있고 맛이 담백하여 싫증을 내지 않고 1년 내내 먹을 수 있어서 주식량이 되고 있다. 우리는 쌀밥에 된장국과 김치를 반찬으로 곁들 이지만 서양에서는 빵에 고기나 우유·버터 등을 곁들인다. 국가별 생산되는 식품재료가 다르기 때문에 각각 독특한 음식을 만들어 먹는다. 따라서 식품재료도 다양하고 이를 원료로 한 식품도 다양하다.

곡류는 가장 많이 생산되어 이용되는 주식량으로 유럽 · 중국 · 아메리카 · 호주 등은 밀을, 아시아 · 중동 등은 쌀을, 멕시코 등 남아메리카는 옥수수를 이용하고 있다. 그 밖에도 보리 · 호밀 · 수수 · 조 · 메밀 등이 있으나 그 이용량은 많지 않다. 곡류와 함께 많이 이용하는 것 중에는 콩류가 있는데, 이것은 단백질의 함량이 적고 품질이 떨어지는 곡류만을 주로 이용하는 지역에서는 매우 중요한 식품재료이다.

두류인 콩에는 식물성 단백질이 많이 들어 있다. 콩과에 속하는 것으로는 콩·팥·녹두 · 완두 · 땅콩 등이 있는데, 콩과 땅콩을 제외하고는 지방 대신에 전분을 많이 가지고 있어서 용도가 다르다. 콩류는 단백질과 유지 자원을 공급해 주는 중요한 재료이다.

서류인 감자 · 고구마 · 타피오카 등의 감자류는 뿌리채소이지만 주성분이 전분질이기 때문에 곡류와 같이 식량 작물로 분류되어 취급하고 있다.

채소류는 이용하는 부위에 따라서 근채류(무 · 당근 · 토란 · 연근 · 생강 등), 엽경채류(배추 · 양배추 · 상추 · 시금치 · 미나리 · 갓 · 파 등), 과채류(호박 · 오이 · 수박 · 가지 · 토마토 · 딸기 등)로 구분하고, 익지 않은 완두 · 강낭콩 · 동부 등은 꼬투리 채소로 구분하며, 고추 · 마늘 · 생강 등은 향신료라고 하여 따로 구분한다.

식물성 식품재료 중에는 향신료, 유지 식품재료, 버섯류, 산나물류, 커피·차·코코아 등 기호 음료 재료들, 사탕무 · 사탕수수 등 감미 재료 등이 있다.

동물성 식품재료는 식육류(쇠고기 · 돼지고기 · 양고기 등)와 조육류(닭고기 · 오리고기 등) 등이 고기로 분류되고, 우유류에는 젖소로부터 얻은 우유와 일부 양젖과 염소젖이 이용되고 있다. 또한, 난류에는 메추리알과 달걀이 있다. 이들 동물성 식품재료는 단백질이 풍부하고 그 품질도 좋아서 귀중하게 이용되지만 값이 비싸서 후진국에서는 많이 이용되지 못하고 있다.

바다나 강에서 생산되는 생선류는 서식 장소나 환경이 다양하기 때문에 그 종류도 많아서 어류, 갑각류, 연체류 등이 있고 수중에서 자라는 김 · 미역 · 다시마 등 해조류가 있다. 이들 재료는 예전에는 자연에서 서식하는 것을 잡거나 채취하였지만 지금은 대부분을 양식하여 이용하고 있다.

그 밖에 식품의 품질을 개선하고 저장성을 높이기 위해서 여러 가지 첨가제를 사용하는데, 비록 적은 양이 사용되지만 중요한 역할을 한다. 이러한 재료에는 천연의 물질이 있는데 이것만으로는 부족하여 인공적으로 합성하여 이용한다.

최근에 와서는 음식의 맛이나 영양에 만족하지 않고 건강에 좋은 것을 찾는다. 이런 역할을 하는 식품을 기능성 식품이라 하며, 이런 성분이 들어 있는 기능성 식품 소재들이 있는데 이것들은 천연 재료이거나 미생물을 이용하여 생산하고 때로는 화학적인 방법으로 천연 재료를 변형시킨 재료들이 사용되고 있다.

2. 식품 재료의 분류

우리가 식생활을 위하여 이용하는 식품재료 종류로는 약 300여 종에 달하는데, 그 분류 방법에는 여러 가지가 있으며, 다음과 같이 분류하고 있다.

생산양식에 따라서 분류하면 농산식품, 축산식품, 수산식품, 임산식품 및 기타 식품으로 나눌 수 있다(표 1-1).

식품의 공급원에 의해서는 식물성 · 동물성 · 광물성 식품으로 분류하고 있으며, 식물성 식품은 다시 농산 · 임산 식품, 동물성 식품은 축산 · 수산 식품으로, 광물성 식품은 소금과 같은 무기염류를 다루고 있다. 따라서 식물성 식품은 주로 탄수화물, 비타민 및 무기질 등의 공급 식품재료이며, 동물성 식품은 주로 지방, 단백질 및 무기질을 공급하는 식품재료이다.

또한, 식품의 주요 구성 성분은 무엇인가? 여기에 ㉮ 탄수화물 성분을 주로 함유하는 식품류에는 곡류, 서류, 두류, 설탕, 엿류 등이고, ㉯ 유지 성분을 주로 함유하는 식품류에는 식물성 유지, 동물성 유지, 마아가린 등이고, ㉰ 단백질 성분을 주로 함유하는 식품류에는 육류, 난류, 우유류, 어패류, 대두, 땅콩 등이고, ㉱ 비타민 성분을 주로 함유하는 식품류에는 녹황색 채소류, 과일류, 간, 어패류 등이며, ㉲ 무기질 성분을 주로 함유하는 식품에는 뼈째 먹는 작은 생선류, 해조류, 식염, 우유 등으로 분류할 수 있다. 따라서 한국인의 일상 식생활에서 섭취하고 있는 식품류를 각 식품에 함유되어 있는 주요 영양소를 근거로 하여 다섯 가지 기초 식품군으로 분류하기도 한다(표 1-2).

한편, 식품의 영양성에 따라 분류하면 ㉮ 열량 공급 식품 : 곡류, 서류, 전분질류, 설탕류, 유지류, 견과류 등으로 인체의 대사 과정 중 에너지를 생산하는 영양소를 말한다. ㉯단백질 공급 식품 : 두류, 어패류, 수조육류, 유류, 난류 등으로 주로 단백질의 함량 비율이 많은 식품이다. ㉰ 비타민과 무기질 공급 식품 : 채소류, 과일류, 해조류 등으로 우리 인체에서 미량이 필요하면서 중요한 기능을 하는 식품이다. ㉱ 기호식품 : 차류, 커피류, 주류, 과자류, 향료, 조미료 등으로 삶의 가치를 높여 주는데 이상적인 기능을 하는 식품이다.

식품의 구비 조건을 살펴보면, 우리가 먹는 식품류는 영양성, 위생성, 기호성 및 경제성을 고려하여 선택 및 섭취를 해야 한다.

식품에서 분해 · 소화된 영양소의 작용 기능에 따라서는 다음의 세 가지로 나누고 또 섭취하는 색소에 따라 나눈다.

① 열량소 : 황색 식품(곡류 · 두류 · 서류 · 유지류 등 활동에 필요한 열량식품)
② 구성소 : 적색 식품(육류 · 어패류 · 두류 · 우유류 · 난류 등 몸의 조직을 구성하는 식품)
③ 조절소 : 녹색 식품(녹색 채소 · 과일· 해조류 등, 생리조절 식품)

6군 분류법은 영양 소요량을 충족시키도록 식품의 배합을 고려하면서 녹색 식품의 섭취를 권장한 매우 합리적인 분류 방법이다.

① 녹황색 채소 : 카로틴(carotene), 비타민 C, 무기질(Ca · Mg · Fe 등)
② 담색 채소 : 무기질 및 비타민
③ 육류, 어류, 두류, 난류 : 지질, 단백질

④ 버터, 간유, 표고버섯 : 비타민 A · D
⑤ 작은 생선, 우유, 해조류 : 무기질 중 특히 칼슘, 비타민 B군
⑥ 곡류, 과일, 서류, 설탕 : 탄수화물(당질의 열량소)

[표 1-1] 생산 양식에 의한 식품의 분류

식품군	주요식품		
농산식품	곡류	쌀, 보리, 밀, 기타 맥류 및 잡곡	
	두류	대두 및 그 제품, 팥, 기타 두류	
	서류	고구마, 감자, 토란, 기타	
	채소류	엽채류	배추, 양배추, 상추, 셀러리, 시금치
		근채류	무, 순무, 당근, 우엉, 생강, 연근, 토란
		인경채류	양파, 파, 마늘, 참나리
		경채류	죽순, 아스파라거스
		과채류	토마토, 가지, 오이, 피망, 수박, 참외, 월과
		화채류	꽃양배추, 브로콜리, 아기양배추
	과일류	인과류	배, 사과, 감, 밀감, 비파
		핵과류	매실, 복숭아, 자두, 대추, 앵두
		장과류	포도, 파인애플, 무화과, 바나나, 딸기
		견과류	밤, 은행, 호두
축산식품	수조육류	쇠고기, 돼지고기, 양고기, 닭고기, 고래고기	
	우유 및 유제품	우유, 산양유, 분유, 버터, 치즈, 요구르트	
	알 류	달걀, 오리알, 메추리알	
	벌 꿀	벌꿀, 로열젤리	
수산식품	어 류	가물치, 고등어, 꽁치, 기타 어류	
	패 류	게, 굴, 조개, 전복, 기타 패류	
	해 조 류	미역, 김, 다시마	
임산식품	버 섯 류	송이, 표고버섯, 느타리버섯	
	산 채 류	고사리, 고비, 더덕, 씀바퀴, 두릅나무	
기타	식용유지, 기호식품, 조미료, 인스턴트 식품, 양조식품, 식품첨가물		

[표 1-2] 다섯 가지 기초 식품군

군 별	식 품 류	주요 영양소	식 품 명
1. 단백질군	고기, 생선, 알 및 콩류	단백질, 철분, 비타민 B_{12}, 아연, 비타민 B_1, 나이아신	쇠고기, 돼지고기, 닭고기, 토끼고기, 생선, 조개, 굴, 두부, 콩, 땅콩, 된장, 달걀, 햄, 베이컨, 소시지, 치즈, 두유, 어묵
2. 칼슘군	우유 및 유제품, 뼈째 먹는 생선	칼슘, 단백질, 비타민 B_2, 비타민 B_{12}, 비타민 A	멸치, 뱅어포, 잔새우, 사골, 우유, 분유, 아이스크림, 요구르트
3. 무기질 및 비타민군	채소 (녹황·담색 채소) 및 과일류	무기질 및 비타민	시금치, 당근, 쑥갓, 상추, 풋고추, 부추, 깻잎, 토마토, 배추, 무, 양파, 파, 오이, 양배추, 콩나물, 숙주, 사과, 귤, 감, 딸기, 포도, 배, 참외, 수박, 과일 주스, 과일 통조림, 미역,다시마, 파래, 김, 톳
4. 당질군	곡류, 잡곡류, 감자류	당질, 단백질, 무기질, 비타민 B_1	쌀, 보리, 콩, 옥수수, 밀, 감자, 고구마, 토란, 밤, 밀가루, 미숫가루, 국수류, 떡류, 빵류, 과자류, 캔디, 초콜릿, 설탕, 꿀
5. 지방군	유지류	지방, 지용성 비타민	참기름, 콩기름, 옥수수기름, 채종유, 쇠기름, 돼지기름, 면실유, 들기름, 쇼트닝, 버터, 마아가린, 깨, 잣, 호두

3. 식품재료의 성분

식품을 구성하는 성분으로는 일반 성분과 특수 성분이 있다. 일반 성분은 탄수화물, 지방, 단백질, 무기질 및 비타민을 포함한 5대 영양소를 말하며, 이들은 영양적 가치를 가지며 물을 포함하면 6대 영양소로 나눈다. 한편, 특수 성분은 색, 맛, 냄새, 효소 및 유독 성분으로 주로 식품의 기호적인 가치를 부여하고 있다.

1) 식품의 일반 성분

식품재료에서 **수분**(water, moisture)의 역할은 매우 중요하다. 식품재료의 신선도, 물성, 향미, 색소 및 보존성 등에 큰 영향을 미친다. 그뿐만 아니라 식품의 구조와 형태, 맛 등에 큰 영향을 주게 된다. 식품에 포함된 수분의 기능은 ㉮ 탄수화물, 지방, 단백질 등의 유기질과의 작용에 관여하여 그 일부분을 형성하고, ㉯ 수용성 탄수화물, 수용성 단백질, 염류 등에 대하여 용매로서 작용하며, ㉰ 생명체 내에서 생화학 반응 · 물질운반 · 삼투현상 등의 생리적 기능에 관여하기 때문에 생명유지에 관여하며, ㉱ 조리 · 가공 · 저장 시에 성분들의 변화를 주기도하며 식품의 물리 · 화학적 성질 등에 영향을 미친다.

따라서 생체 내에서 수분은 물질의 운반, 체액의 전해질 균형, 세포의 삼투압 유지, 체온조절 등의 작용뿐만 아니라 체내에 있는 모든 체액을 구성하여 윤활제로서 작용한다.

탄수화물(carbohydrate)은 자연계에 다량 존재하는 물질로 탄소(C), 수소(H) 및 산소(O)를 필수적으로 포함하는 무기질로서, 이산화탄소(CO_2)와 물의 작용으로 엽록소(chlorophyll)에서 햇빛에 의해 광합성 작용(photosynthesis)으로 합성된다. 이와같이 합성된 탄수화물은 우리식사 중 총섭취열량의 60% 이상을 차지하는 주열량소이다. 주로 식물의 저장 형태인 전분이며, 동물체의 글리코겐(glycogen), 식물체의 구성 성분인 섬유소, 그리고 에너지 생성이 쉬운 포도당(glucose) · 과당(fructose) · 설탕(sucrose) 등 당류의 형태로 식품 중에 존재한다. 이 중 포도당은 뇌, 허파, 신경조직 및 체조직의 유일한 에너지 공급원이며, 간에서는 0.1%의 혈당량을 일정하게 유지한다. 또한, 여러 가지 촉매 물질들과의 작용 또는 다른 물질들을 이용하여 단백질과 지방을 합성하기도 하고, 지방의 에너지화에도 필수적이다. 즉 에너지 생산을 위하여 많은 양의 지방이 연소(산화)되어야 하는데, 이때 탄수화물이 부족하면 지방의 완전 연소가 어려워져, 지방의 불완전 연소로 인한 중간 대사산물인 케톤체(ketone body)가 혈액 내에 축적되어 산중독증(acidosis)을 일으켜서 우리 몸에 심각한 결과를 초래할 수도 있다. 또한, 탄수화물 물질의 부족은 단백질이 포도당으로 전환되어 에너지로 변하기 때문에 그 양만큼 단백질의 체구성과 보수에 작용할 단백질을 소모하는 결과이므로 건강한 생활이 되지 못하며, 탄수화물이 충분하면 단백질이 절약된다. 한편, 우리가 섭취하는 당질인 설탕, 포도당, 과당 등은 감미료로 사용되어 식욕을 촉진하고 영양에도 기여한다.

지질(지방질 또는 유지, lipid)은 동 · 식물체에 있는데 글리세롤(glycerol)과 지방산(fatty acid)의 에스테르(ester)의 결합으로 단순지질인 중성지질(triglyceride)의 형태로 존재하며, 단순지질에 인산, 당, 당백질, 색소 및 금속 등이 결합된 복합지질, 그 외 유리지방산, 납(wax), 인지질, 스테롤(sterol), 정유 등의 지질이 분해·유도된 유도지질로 나눈다.

일반적으로 지질의 분류는 단순지질, 복합지질, 유도지질 등으로 분류하고 있다. 단순지질은 주로 피하조직에 저장되어 있고 에너지원으로 이용하고 있으나, 복합지질과 유도지질은 생체막, 뇌, 신경세포 등 조직의 구성 성분으로 존재하며 에너지원으로 이용되지 않는다.

따라서 지질의 역할은 ㉮ 영양소가 연소하여 열량(에너지)을 공급해 주는 열량영양소이며, ㉯ 지방조직의 구성 성분으로 동물조직과 내장, 그리고 식물종자 중의 저장물질로 널리 분포되어 있다. ㉰ 체내 장기를 보호하고 체온을 조절해 주며, ㉱ 필수지방산과 지용성 비타민을 공급하고 비타민 B_1의 절약작용을 한다. ㉲ 음식에 향미를 더해주고 식감을 증진시키는 효과가 있으며, ㉳ 소화되는 시간이 느리므로 오랫동안 포만감을 지니게 한다.

단백질(protein)은 모든 생명체의 주요 성분으로 생물체의 합성·분해과정 중 생명유지에 가장 중요한 영양소이다. 단백질의 어원이 '첫째로'의 뜻을 가진 그리스어 proteosis라는 사실에서도 알 수 있듯이 중요한 기능을 한다. 단백질의 기능은 ㉮ 새로운 조직의 합성과 보수에 관여하며, ㉯ 효소, 호르몬 및 항체를 형성하여 체내 대사와 면역을 가지게 하며, ㉰ 혈장단백은 알부민, 글로불린, 피브리노겐 등인데 대부분 간장에서 만들어지며, ㉱ 체내 대사과정을 조절하여 산 · 염기 평형과 수분을 조절하며, ㉲

포도당 생성 및 에너지를 공급하는데, 신경조직이나 적혈구의 에너지원으로 포도당을 지속적으로 공급해주기 위하여 탄수화물을 충분히 섭취하지 못하면 간이나 신장에서 아미노산으로부터 포도당을 합성한다.

무기질(회분, 재, mineral)은 약 100여 종 이상의 원소가 있으나, 식품이나 우리 몸의 구성 성분이면서 중요한 생리작용을 나타내는 무기질은 약 20여 종에 불과하다. 이러한 원소들은 생물체 내에서 무기염류 또는 단독물질로만 존재하는 것이 아니라 지질, 단백질, 혈색소, 효소, 색소 등의 유기 화합물과 결합한 유기염류로 존재할 때도 있다.

무기질은 체내에서 뼈나 치아 등의 경(硬)조직을 구성하고 근육 · 혈액 · 장기 · 피부 · 신경 등과 같은 연조직이나, 호르몬이나 효소의 촉매물질의 구성요소가 된다. 무기질의 생리조절 기능으로는 ㉮ 체액 성분으로써 산·염기의 균형 유지를 위해 pH를 조절하며, ㉯ 체내의 삼투압을 조절하고, ㉰ 효소의 반응의 활성화, 신경의 자극, 근육의 수축 등의 조절 기능이 있고, ㉱ 혈액 응고에 관여한다. 한편, Ca · Mg, · Na · K 등은 알칼리성의 수산화물이 되거나 해리하여 양이온이 되므로 알칼리 생성 원소라 하고, 이들 원소를 많이 함유하고 있는 채소류 · 과일류 · 해조류 · 감자류 등을 알칼리성 식품이라 한다. P · Cl · S 등은 음이온을 만들어 산 생성 원소라 하며 곡류, 육류, 어류, 달걀, 두류 및 일부 견과류 등을 산성식품이라 한다.

비타민(vitamin)은 생물체 내에서 에너지를 만들거나 몸 조직을 구성하지는 않지만 동물의 생명 유지에 필수불가결한 미량영양소이다. 비타민은 20여 종이 알려져 있으며, 유기용매에 녹는 지용성(脂溶性)과 물에 녹는 수용성(水溶性) 비타민으로 분류되며, 지용성 비타민의 특성은, ㉮ 하루 섭취량이 필요량 이상일 경우 체내에 저장된다. ㉯ 부족시 결핍 증세가 서서히 나타난다. ㉰ 비타민의 전구체(provitamin)가 있다. ㉱ 매일 식사에서 절대량으로 공급할 필요가 없다. ㉱ 구성원소는 탄소, 수소 및 산소이다. ㉲ 기름과 유기용매에 녹는다. 수용성 비타민의 특성은 ㉮ 체내 필요량만 보유한다. ㉯ 결핍증세가 빨리 나타난다. ㉰ 일반적으로 전구체가 없다. ㉱ 매일 식사에서 필요량 정도는 공급되어야 한다. ㉱ 구성원소는 탄소, 수소, 산소 및 질소이고, 코발트(Co)나 유황(S)을 함유하는 것도 있다. ㉲ 물에 용해한다. 그 외에도 비타민은 성장 촉진작용, 신경의 안정성 유지, 조효소로서 체내 대사작용 조절, 질병에 대한 저항성 등 생체 내의 대사나 생리기능을 조절한다. 일반적으로 동물체 내에서는 생합성되지 않기 때문에 음식물로 섭취해야 하는 물질이다.

비타민 A·D·E·K·F 등의 지용성 비타민과 비타민 B_1·B_2·B_6·B_{12}·나이아신(niacin)·엽산(folic acid)와 비타민 C·P·L 등의 수용성 비타민으로 분류된다.

예를 들면, 비타민 A는 상피세포 기능과 시력을 정상적으로 유지하는 데 필수적인 요소이며, 비타민 D는 골격 형성과 칼슘의 항상성 유지에 중심적 역할을 하고, 비타민 E는 출산과 관계가 있는 항불임 인자일 뿐만 아니라 항노화 작용 및 질병을 예방하는데 도움이 되고 있다. 비타민 K는 출혈 시 혈액 응고를 촉진하는 인자이며, 비타민 F는 필수지방산을 말하는데 체내에서 모세혈관의 저항성을 높이고 혈압을 강하하는 작용이 있다.

비타민 B_1은 탄수화물 대사에 중요한 역할을 하는 보효소로서 항각기성·항신경염성 인자이며, 비타민 B_2는 효소 및 보효소의 구성 요소로서 세포의 호흡작용에 관여하며 비타민 중에서 유일하게 황색 색소를 가지고 있다. 항피부염 인자인 비타민 B_6는 인산과 결합하여 단백질·지질·탄수화물 대사에 관여하기도 하며, 나이아신은 비타민 B_2의 복합체에서 분리된 것으로 결핍 시 펠라그라(pellagra)나 흑설병 등의 증세를 나타내는 항흑설병 인자이다. 엽산은 성장 및 조혈작용에 필요하며 결핍 시 악성빈혈의 원인이 된다. 비타민 C는 항괴혈성 인자로서 철분의 흡수를 촉진하고 면역성과 해독작용이 있으며 피로회복·갈변방지 등의 작용을 한다. 비타민 P는 수용성 플라보노이드(flavonoid) 색소로서 혈관을 강화하는 작용이 있고, 비타민 L은 유즙의 분비를 촉진하는 비유 인자이다.

2) 식품의 특수 성분

(1) 식품의 색

모든 식품은 각기 특유의 색을 가지고 있다. 이와 같은 색 성분은 영양적 가치는 없으나 식욕을 돋우고 식품의 신선도 및 품질을 평가하는 요인이며, 식품의 향기·맛·기호성 등에 크게 영향을 미치게 된다.

식품에 존재하는 색소들은 식품 중에 원래 존재하는 자연색소와 식품첨가물인 인공색소로 분류되며, 자연색소는 다시 식물성 색소와 동물성 색소로 나뉜다.

식물성 식품의 색으로, 지용성 색소에는 식물의 녹색 부위인 엽록체에 존재하는 클로로필(chlorophyll)과 당근, 토마토, 고추, 감 등의 선홍색 색소인 카로티노이드

(carotenoid)가 있다. 수용성 색소에는 양배추, 양파, 감자, 밀가루 등의 황색 계통 색소인 플라보노이드(flavonoid)계와 가지, 딸기, 앵두의 적색 · 청색 · 자색 색소인 안토시안(anthocyan)계 색소가 있다. 한편, 탄닌(tannin)은 무색이지만 쉽게 산화되어 갈색 또는 흑갈색의 불용성 물질로 변하므로 불용성 색소라 한다.

동물성 식품의 색으로, 수조어육의 근육의 색은 주로 혈색소인 헤모글로빈(hemoglobin)과 육색소인 미오글로빈(myoglobin)이지만 육류의 조리 · 가공 중 혈액이 대부분 제거되므로 사실상 육류의 색은 거의 미오글로빈에 의해 나타난다. 그 외 수용성의 치토크롬(cytochrome)과 플라빈(flavin) 색소 및 지용성의 카로티노이드계 색소가 있다. 우유에는 리보플라빈(riboflavin)과 카로틴(carotene), 크산토필(xanthophyll) 등의 색소가 들어 있으며, 달걀 노른자에는 카로티노이드계의 루테인(lutein)과 제아크산틴(zeaxanthin) 등이 있으며, 달걀 흰자에는 수용성 색소인 리보플라빈이 들어있다.

(2) 식품의 맛

식품의 맛은 여러 종류의 정미 성분이 혼합된 종합적인 것으로, 주로 미각에 의해 느껴지지만 그 외 촉각, 통각, 온각 등이 혼합되어 있기 때문에 이들 감각을 통틀어 영양감각이라 한다. 맛의 종류는 4원미라 하여 단맛 · 짠맛 · 신맛 · 쓴맛 등 4가지로 분류하고 이 외에 혼합맛 또는 보조맛으로 매운맛 · 맛난맛 · 떫은맛 · 금속맛 · 알칼리맛 · 아린맛 등이 있다.

맛에 대한 온도의 영향은 일정하지 않지만 일반적으로 혀의 미각은 10~40℃일 때 잘 느끼고 특히, 30℃ 정도에서 가장 예민해진다. 신맛은 25~50℃, 단맛은 20~50℃, 짠맛은 30~40℃, 쓴맛은 40~50℃, 매운맛은 50~60℃에서 가장 잘 느껴진다. 또한, 맛 성분에 따라 강하게 느끼는 부분이 다른데, 단맛은 주로 혀끝에서, 쓴맛은 혀 안쪽, 신맛은 혀의 양쪽, 짠맛은 혀끝과 양쪽, 매운맛은 혀끝에서 가장 강하게 느낀다고 한다.

한편, 미각을 우리가 아는 맛으로 느끼는 데에는 각 정미물질 간에 여러 가지 복잡한 작용이 일어나고 있다. 즉 서로 다른 정미성분이 혼합되었을 때 주요 정미성분의 맛이 강해지는 현상을 맛의 대비현상 또는 상승작용이라 하며 일반적으로 단맛에 대해 짠맛과 쓴맛이, 짠맛에 대해서는 신맛이 대비현상을 나타낸다. 한 가지 맛을 느낀

직후에 다른 맛을 느끼지 못하는 현상을 맛의 변조현상이라 하고, 두 가지 정미물질을 혼합함으로써 각각의 고유한 맛을 나타내지 못하고 약해지거나 없어지는 현상을 맛의 상쇄작용이라 하는데, 이러한 작용은 단맛과 신맛, 단맛과 쓴맛에서 주로 느껴진다.

(3) 식품의 냄새

냄새는 식품의 가치와 기호성에 큰 영향을 주는 요소로, 우리에게 쾌감을 주는 냄새를 향(香, odor), 불쾌감을 주는 것을 취(臭, stink)라 한다. 풍미(flavour)란 식품의 냄새와 맛이 혼합된 종합적인 감각을 말하며 넓은 의미에서 질감(texture)을 포함시키기도 한다.

과일류에는 대개 방향족 알코올, 지방산 에스테르, 테르펜(terpene)류 등이 많이 함유되어 있어 특유의 상쾌하고 좋은 향기를 내며, 채소류의 냄새 성분은 과일류와 마찬가지로 알데하이드류, 케톤류, 산류, 에스테르류 등의 향기 성분 외에 휘발성인 유황 화합물 또는 그 분해물 등이 주된 향기 성분을 이루고 있다.

신선한 육류의 냄새는 주로 아세트알데하이드(acetaldehyde)에 기인하며 신선도가 저하되면 암모니아(ammonia), 아민(amine)류, 황화수소(H_2S), 메르캅탄(mercaptan)류, 인돌(indole), 스카톨(skatole) 등이 생성되어 불쾌취를 낸다. 선도가 좋은 어류는 거의 무취에 가까우나 선도가 저하됨에 따라 아민류, 황화수소, 메르캅탄, 인돌, 스케톨 등에 의해 불쾌취가 나며 특히, 어류의 비린내는 트리메틸아민(trimethylamine)에 의한 것이다.

신선한 우유의 냄새 성분은 포름알데하이드(formaldehyde) 및 카르보닐(carbonyl) 화합물, 부티르산(butyric acid), 메틸 설파이드(methyl sulfide) 등이다. 우유를 가공할 때에는 휘발성 카르보닐(carbonyl) 화합물이 생성되고, 우유 및 유제품의 특이한 향기 성분은 락톤류(∂-lactones)에 기인하며, 버터의 향기 성분은 다이아세틸(diacetyl) 등이다.

(4) 효소

효소는 생활 세포에서 생산되어 극미량으로 생명체의 화학 반응을 촉진 또는 지연시키는 일종의 생체 촉매 물질로서, 효소의 본체는 단순 단백질 또는 복합 단백질로 되어 있는 활성 단백질이다. 이들 효소는 신선한 식품에 작용하여 식품의 성분을 변화시킬 뿐만 아니라 가공, 저장, 발효, 부패 과정에서 식품 자체의 효소 외에 미생물의 효소가 함께 작용하여 식품 성분 변화에 중요한 역할을 하고 있다.

식품에 관계되는 효소에는 가수분해 효소와 산화환원 효소가 있다. 가수분해 효소인 카보하이드라아제(carbohydrase)는 탄수화물 가수분해 효소로서 아밀라아제(amylase), 수크라아제(sucrase), 말타아제(maltase), 락타아제(lactase) 등이 있다. 에스테라아제(esterase)는 에스테르 결합을 가수분해시키는 효소로 유지를 지방산과 글리세롤로 분해시키는 리파아제(lipase)가 대표적이다. 프로테아제(protease)는 단백질을 가수분해시키는 효소로 펩신(pepsin), 트립신(trypsin), 레닌(rennin), 펩티다아제(peptidase) 등이 있다.

한편, 산화환원 효소는 세포 내에서 산화와 환원을 촉매하여 에너지를 방출하는 데 관여하는 호흡효소로서, 페록시다아제(peroxidase), 카탈라아제(catalase), 페놀라아제(phenolase) 등의 산화 효소와 피리딘(pyridine), 플라빈(flavin) 등의 탈수소 효소가 있다.

효소의 반응 속도는 효소의 농도, 기질의 농도, pH, 반응시간 등에 따라 달라지지만 일반적으로 최종 온도는 30~40℃이며, 최적 pH는 4.5~8.0이다. 초기에는 효소의 농도와 그 활성도에 비례하여 반응 속도가 증가하지만 반응이 진행되면서부터는 반응 생성물에 의해 효소의 작용이 저하되어 정비례하지는 않는다.

4. 식품재료의 저장

식품의 저장 원리는 식품을 저장하는 동안에 식품 재료로서의 영양적 가치, 기호적 가치 및 위생적 가치 등의 품질이 변하지 않도록 유지하는 일이다. 저장 중의 식품재료는 생물학적 · 화학적 · 물리적 요인 등에 의해 변질하여 품질의 가치가 떨어지는데 생물학적 변질은 쥐 · 진드기 · 해충 등과 곰팡이 · 효모 · 세균 등의 미생물에 의해 식품이 침해되는 경우를 말한다. 화학적 변질은 산화 · 분해 · 중합 등의 화학반응에 의해서 영양 성분 및 색 등이 변화되는 것을 말하며, 효소가 관여하는 생화학적인 변질도 여기에 포함된다. 물리적 변질은 수분함량의 변화에 의한 손상과 진동 · 충격 등 기계적인 외부 힘에 의한 손상 등을 말한다.

변질에 관여하는 인자로는 온도, 습도, 가스 조성, 빛, 바람, 미생물, 해충, 충격, 압력 등으로 이들은 복합적으로 관여하므로, 식품의 변질을 방지하고 최종 소비될 때까지 그

안정성을 유지하기 위해서는 환경 요인을 적절하게 조절하는 것이 매우 중요하다.

1) 곡류의 저장

곡류는 비교적 수분이 적고 생리적으로도 안정된 상태에 있을 뿐만 아니라 환경 적응성이 강하여 다른 식품에 비해 장기간 저장이 가능하지만, 그대로 방치해 두면 미생물이나 외부의 영향, 호흡·산화·효소 등에 의한 화학적 성분 변화로 변질되거나 부패한다.

곡류 저장 중의 성분 변화로 전분과 단백질의 변화는 비교적 느린 편이나, 지방은 유리 지방산으로 분해되는 등 그 변화가 가장 심한 편이다. 또한, 무기질 중 염소(Cl)나 칼륨(K)은 곡립의 겉층에서 배아부로 이동하고 비타민 B군은 감소되는데, 특히 여름철에 그 변화는 현저해진다.

생리적 변화 중 호흡과 발열은 매우 중요한 문제로써 수분과 온도는 호흡의 양을 결정하는 요인이 되며, 두 조건이 다 낮으면 호흡이 감소되고 저장성이 좋아진다. 그러나 저장 중 왕성한 호흡으로 인해 발열하는 경우가 많으므로 이로 인해 미생물의 번식이 활발해진다. 곡류는 수분함량이 보통 15% 내외이므로 곰팡이에 의해 변질되기 쉬운데, 이들은 주로 청색, 녹색, 분홍색, 회색, 검정색 등의 색깔을 나타내는 리조퍼스(*Rhizopus*), 아스퍼질러스(*Aspergillus*), 페니실륨(*Penicillium*)속 등이다. 곰팡이에 의해 변질되면 불쾌취 발생, 표면 변색, 발열, 영양 손실 및 독소를 생성하여 품질을 손상시키며 심한 경우에는 먹을 수 없게 된다.

또한, 저장 곡류에 대한 해충이나 쥐 등의 피해도 커서 전체 손실량의 약 7%에 달하는 것으로 추산되고 있다. 우리나라에서 주로 번식하는 해충으로는 바구미, 그라나리 바구미, 대나무좀, 곡식나방, 곡식얼룩나방 등이 있으며 이들에 의해 중량 손실뿐만 아니라 배설물이나 대사산물에 의해 악취가 나고 유해 미생물의 오염원이 되기도 한다.

우리나라에서 서식하면서 피해를 주는 쥐는 마루 밑이나 벽 밑에 굴을 뚫고 사는 몸이 큰 집쥐와 집안이나 지붕에서 서식하는 몸이 작은 곰쥐가 있다. 이들은 해충과 마찬가지로 양곡을 먹어치우고, 다량의 배설물에 의한 오염이나 포장 용기 또는 창고에 구멍을 뚫어 손상을 입히고 있다.

곡류의 저장방법으로, 저온저장은 곡류의 생리적 작용을 억제시키기 위해 냉풍 순환식이나 직접 냉각법을 이용하여 15℃ 이하의 저온에서 수분함량 14.5% 이하, 수분 활성도(Aw) 0.75 이하, 상대습도 70~80%의 조건을 유지시켜 온도와 습도를 조절하는 방법이다.

무포장 저장은 수확 후 벼나 원맥의 상태로 빈(bin)이라 불리는 저장조에 넣고 건조시키는 것으로 수분함량을 6개월 정도의 단기 저장일 때는 13% 이하, 장기 저장일 때는 12% 정도의 조건으로 유지시킨다.

CA(Controlled Atmosphere) 저장은 통기가 되지 않는 밀폐 상태로 저장하는 것으로, 저장 곡류는 호흡에 의해 밀폐용기 내의 산소를 소비하고 탄산가스를 방출함으로써 곡류 주변은 탄산가스로 가득 차게 되어 해충이나 미생물의 생육 및 곡류의 호흡을 억제시켜 품질의 변화를 줄이는 방법이다.

약품에 의한 저장은 병충해를 구제하기 위해 인화알루미늄(aluminium phosphide), PGP제 등의 방충제와 클로로피크린(chloropicrin), 인화수소 등의 훈증제를 사용한다. 또한, 쥐의 피해를 막기 위해서는 인화아연(燐化亞鉛), 쿠마린(cumarin)계 제제와 인단(indan)계 제제를 이용해서 쥐를 제거하는 방법이 있다.

2) 과일·채소류의 저장

과일 · 채소류 등의 청과물은 육류나 어패류와는 달리 수확 후에도 호흡 · 생장 · 추숙 · 증산작용 등의 생활작용을 계속하므로 쉽게 품질이 저하된다. 또한, 과일은 수분함량이 85~90%, 채소는 90~95%로 많아 생리작용이 왕성하고, 조직이 부드러워 상처를 받기 쉬우므로 미생물에 의해 더욱 쉽게 변패된다. 따라서 과일 · 채소류를 저장한다고 하는 것은 그 생리작용을 완만하게 함으로써 수명을 연장시키는 것이라고 볼 수 있다.

과일이나 채소류는 수확하는 시점이 저장의 출발점이라 할 수 있으며, 이때부터 물질의 변화가 생기고 생리작용이 쇠퇴해짐에 따라 미생물이 작용하여 식용가치를 잃게 된다. 그러나 바나나나 서양배 등은 미숙할 때 수확하여 저장하면 과육이 연화되고 감미와 향기를 내게 되며, 감은 저장 기간 중에 떫은맛이 없어져 식품 가치를 향상시켜 주기도 한다.

과일·채소류의 저장성은 저장 온도와 환경에 따라 크게 영향을 받는다. 저온저장법은 실내의 공기를 0.2~0.3m/sec의 유속으로 유동시켜 온도를 0℃ 정도로 유지시키는 방법으로, 호흡작용이 억제되고 수분의 증발이나 향기 성분의 손실도 억제된다. 그러나 오이나 양파처럼 비교적 높은 온도에서 저장하지 않으면 안 되는 것도 있다. 오이는 13℃ 부근일 때 가장 저장 효과가 좋으며, 양파는 10~20℃ 내에서 저장할 때 저장성이 가장 낮고 그 이상의 온도에서는 오히려 저장성이 좋아진다. 한편, 0℃ 이하로 저장하면 저온장해 또는 부분 동결 등으로 세포사(細胞死)를 일으켜 급격하게 변질·부패된다. 따라서 청과물을 가볍게 열처리한 후 동결하는 블랜칭(blanching)이라는 냉동저장법이 개발되었다. 블랜칭 방법은 90℃ 전후에서 2~3분간 열처리한 후 급속 동결하는 것으로 밀감 · 딸기 · 서양배 · 파인애플 · 사과 · 감 등의 과일류와 시금치 · 양배추 · 배추 · 당근 · 우엉 등의 채소류에 이용되고 있다.

ICF(Ice Coating Film) 저장은 과일 · 채소류 표면에 물을 분무하여 동결시킨 후 과피 표면을 인공서리, 인공얼음, 인공설(人工雪) 등의 얼음 피막으로 덮고 −0.8~−0.1℃에서 저장하는 방법으로 양배추, 딸기, 배 등에 응용되고 있다.

피막제는 주로 과일의 저장에 이용되며, 과일의 표면에 계면활성제나 합성수지 물질을 발라 얇은 피막을 형성시킴으로써 광택을 좋게 하고 증산작용을 억제하여 품질 향상에 기여하게 된다. 피막제의 종류로는 모르포린 지방산염(morpholin fatty acid salt), 식초산 비닐수지(polyvinyl acetate), 밀류(waxes) 등이 있다.

플라스틱 필름 포장법은 가스 투과성은 있으나 수분 투과성이 없는 폴리에틸렌 등과 같은 플라스틱 필름으로 밀봉하여 방치함으로써 호흡작용에 의해 생긴 CO_2가 증가되고 산소가 줄어들어 증산작용 및 호흡이 억제되어 저장성을 향상시키는 방법이다.

CA 저장은 저온을 유지해 주는 동시에 밀폐실 속의 산소 함유량을 줄이고, 그 대신 질소나 CO_2 등의 불활성 기체로 대치시켜 환경 기체의 조성을 변화시켜 줌으로써 호흡이 억제되어 저장 중 본래의 색깔과 경도를 유지하며, 충해 방지에도 효과적이다. 예를 들어 사과의 CA저장은 CO_2 함량 2~8%, O_2 3%, 실내온도 0~3℃가 가장 적당하며, 토마토는 CO_2 2~3%, O_2 3~5%, 온도 10~12℃, 감자는 CO_2 2~3%, O_2 3~5%, 온도 3℃에서 가장 좋은 결과를 나타내고 있다.

3) 육류의 저장

육류는 비교적 수분이 많고 여러 가지 영양소를 함유하고 있기 때문에 도살 과정 중 해체 작업에서부터 세균이 조직 속으로 침입하게 되고, 도살 후 자가소화 효소에 의한 효소 체계의 변화로 인해 부패와 변질이 진행되므로 육류의 저장은 도살한 순간부터 시작된다고 할 수 있다.

식육의 품질을 손상시키지 않고 오래 보존하려면 저온 상태에서 미생물의 발육을 억제하는 것만으로는 불충분하므로 건조법, 염장법, 훈연법등의 가공 방법을 이용하거나 항산화제의 처리, 탄산가스 처리 및 방사선 살균 등을 이용하고 있다. 따라서 대부분의 식육 가공은 저장을 겸한 원리를 활용하는 것이다.

식육의 저장법 중 가장 대표적인 것은 냉장 · 냉동법으로, 저온 상태에서는 화학적, 효소적 변화 및 미생물의 증식이 억제되어 색 · 냄새 · 풍미 · 다즙성 등의 기호적 특성의 변화를 최소화할 수 있으며 드립(drip)의 양과 영양분의 손실을 줄이고, 지방의 산패를 방지할 수 있다. 식육의 경우 그 저장온도에 따라 냉장육, 칠드육(super chilled meat), 반동결육, 동결육 등으로 구별할 수 있다. 냉장육은 동결되지 않는 저온에서 저장하는 것으로 대체로 0~10℃에서 취급하는 것을 말하며, 이 저장기간 동안 고기의 숙성이 진행된다. 또한, 식육의 표면에 습기의 응축이 생기지 않도록 하기 위하여 식육을 건조시키지 않는 범위 내에서 적당히 공기를 유통시킨다. 그러나 이러한 상태에서는 장기간 저장이 불가능하여 10~14일 정도밖에 저장할 수 없다. 특히, 신선육 저장 시 빙점에 가까운 -1~1℃의 조건에서 저장하는 것을 칠드육이라 하여 고기의 표면만을 동결시키는 것으로 저장성이 좋아 약 30일 정도 저장이 가능하다. 동결육은 빙결점 이하인 -5~-10℃ 정도의 저온에서 동결하는 경우도 있으나 세균의 번식을 방지하고 작은 빙결정으로 근육의 조직에 변화가 없도록 -1~-5℃인 최대 빙결정 생성대를 단시간(30분 이내) 내에 통과시켜 -29~-30℃에서 급속 동결한 후 -18℃ 이하의 저온에서 동결저장하는 경우를 말하며, 반동결육은 -2~-3℃의 저온에서 저장하는 경우를 말한다.

저온으로 육류를 저장할 때에도 취급과 처리에 많은 주의가 요구되지만 결국 동결하거나 저장할 때의 온도가 낮을수록 조직 구조의 변화가 적고 해동 시 액즙의 손실, 즉 드립이 적으며 고기의 품질에 대한 영향력도 적다.

4) 난류의 저장

달걀은 가공 및 조리 전까지는 조직이 생활현상을 하는 생체 식품으로서 저장 중의 변화는 주로 생리작용에 기인하는 것으로 육류나 어패류의 자가소화와 부패 등의 사후변화와는 크게 다르다. 달걀은 변질 · 부패 과정이 비교적 단순하고 저장성이 좋아서 그대로도 상당한 기간 동안 보존 가능하며 저장 방법 또한 간단한 편이다.

달걀의 저장 중에 변화로는 알 껍데기의 꺼칠꺼칠한 표면에서 석회질 분말이 떨어져 반들반들해지며, 주로 난백에 있는 수분이 증발되어 중량이 감소되고 기실이 확대되어 비중이 줄어든다. 신선한 달걀의 PH는 7.1정도이나 저장 중 난백에 녹아 있던 CO_2가 수분증발에 의해 난각 밖으로 발산되므로 PH는 9.5~9.7에 이르게 되어 알칼리성이 강해진다. 신선 난백은 60% 정도가 농후 난백이지만 저장 기간이 경과할수록 점성이 급속하게 감소되어 수양화(水樣化)되며 빛깔도 노란색을 띠게 된다. 그 외 알껍질막 · 난황

막 · 난황 · 난백 · 알끈 등이 서로 섞이고 기공으로부터 세균이 오염되어 부패되기 쉽다.

달걀의 저장법으로 냉장법은 달걀의 내용물이 얼지 않을 정도의 저온으로 저장하는 것으로, 장기저장인 경우는 0~5℃가 좋으나 단기저장에는 15℃가 경제적으로 적당한 온도이다. 습도는 70~80%가 적당하며 90% 이상이 되면 곰팡이가 발생하기 쉽다. 달걀은 저장 중 그 부근의 냄새를 흡수하여 품질을 저하시키므로 냉장고 내부가 청결해야 하고 냄새가 많은 것과 함께 두지 않도록 주의해야 한다.

냉동법은 저장 및 수송이 간편한 가공 원료란을 저장하는 방법으로, 달걀을 깨서 껍질을 제거하고 내용물을 분리하거나 전액란으로 -18~-21℃에서 2일간 동결하거나 -23.3~-28.9℃에서 급속 동결하여 -12℃에서 저장하는 것이다.

가스 저장법은 달걀 저장 중 CO_2가 배출되어 알 내용물이 알칼리성으로 변해 부패되기 쉬우므로, 달걀을 밀폐 용기에 넣고 감압한 다음 CO_2나 N_2 가스를 일정 농도로 혼합한 공기 중에서 저온으로 저장하는 방법으로 수분의 증발을 막을 뿐 아니라 미생물의 침입도 막을 수 있다.

피복법은 달걀 껍데기에 파라핀 · 합성수지류 · 젤라틴 · 물유리 · 기름 등을 알 표면에 발라 기공을 막음으로써 미생물의 침입이나 탄산가스 또는 수분의 증발을 막을 수 있는 방법이다.

5) 어패류의 저장

어패류는 수분이 많고 조직이 연약하여 미생물이 자라기 쉽고 생육이 활발하여 신선식품 중에서 가장 부패되기 용이하기 때문에 원활한 유통과 여러 가지 조작법이 강구되고 있다. 근래에는 근해의 어업 자원이 줄어드는 반면 원양어업이 발달하고 기계장치의 발달로 냉장, 냉동법이 급격하게 증가하는 추세이며, 조리냉동식품 · 연제품 · 염장품 · 건제품 · 훈제품 · 통조림 등의 어패류 가공품은 그 자체가 저장법인 것이 특징이다.

어패류 저장법으로서 빙장법은 얼음의 장점 살려 저장하는 방법으로 간편하고 냉각이 빠르며 어체 표면의 건조를 막을 수 있어 수송 중이나 단기간 저장 또는 동결저장을 위한 예냉으로 이용된다. 빙장법으로는 얼음 조각과 어체를 섞어서 냉각시키는 쇄빙법(碎氷法)과 담수나 해수에 얼음을 섞어서 0℃ 또는 2℃ 이하의 온도로 된 액체에 어체를 넣어 냉각시키는 수빙법(水氷法)이 있다. 얼음은 항생제, 소금, $MgCl_2$, $CaCl_2$ 등의 수용액을 동결시킨 염수빙이나 특히 포화 식염수를 동결시켜 -21.2℃에서 녹는 공융빙(共融氷)을 이용한다.

냉각저장은 어체를 동결시키지 않고 0℃ 내외에서 냉장실 습도를 90~100%로 유지시키면서 때때로 실내의 공기를 교환해 주며 단기간 저장에 이용하는 방법이다. 특히, 어묵은 동결하면 제품의 탄력이 없어지고 조직이 변화하여 품질이 저하되므로 동결되지 않는 온도로 냉장 보존하는 것이 좋으며, 염장품의 저장온도는 -2~-4℃, 건제품은 2~4℃ 정도가 적당하다.

동결저장법은 어체의 크기 또는 다음 과정의 가공을 감안하여 원형 그대로 또는 세미드레스(semi-dress), 드레스(dress), 필렛(fillet), 청크(chunk), 스틱(stick) 등의 부분육 상태로 -40~-50℃에서 급속 동결시킨 후 -20℃에서 보관하는 방법이다.

CHAPTER

02 곡류

지구상에 태어난 인류가 수렵생활을 하다가 부족한 식량을 얻기 위해 농사를 짓기 시작한 이래 현재는 전 세계 모든 나라에서 밀과 쌀, 그리고 옥수수 등의 곡류를 주식으로 하고 있다. 우리나라도 예외는 아니어서 잡곡을 먹다가 쌀을 이용하기에 이르렀고 여기에 밀이 쌀과 함께 중요한 식량이 되고 있다.

곡류란 식물학상 화본과(禾本科)에 속하는 식물의 열매를 말하는데, 그 용도의 특성에 따라 미곡(米穀), 밀과 보리 등의 맥류(麥類), 그리고 옥수수 · 조 · 메밀 등 잡곡(雜穀)으로 구분한다.

이들 곡류는 환경에 대한 적응성이 강하고, 단위면적당 생산량이 많으며, 전분질이 주성분이고 수분이 적어 1년 내내 저장할 수가 있으며 맛이 담백하여 상식(常食)으로 적합하기 때문에 널리 이용되고 있다.

곡류가 지니는 식품학적 가치는 ㉮ 열량영양소인 당질을 많이 함유하며, ㉯ 대량생산이 가능하며, ㉰ 저장 및 운송 중 부패 변질이 적고, ㉱ 단백질 함량이 높은 편이며, ㉲ 1차 가공만으로도 식량이 가능하다는 점이다.

일반적으로 곡류는 탄수화물이 약 60~70%, 단백질이 약 9~14%, 지질은 약 2~3%로 적게 함유하고 있으나 불포화지방산의 함량이 높아서 저장 중 변패되는 특성이 있다. 비타민은 편차가 큰 편이며, 무기질은 인의 함량이 높아서 산성식품이며 칼슘과 철은 부족하다. 이들 곡류의 재배 역사는 [표 2-1]과 같이 곡물의 종류에 따라서 다양한 원산지와 재배 역사를 알 수 있다.

지금 우리나라의 주식이 되고 있는 쌀은 2,000년 전 이전에 중국으로부터 전파된 것으로 추정된다.

벼는 다른 곡류와는 달리 물이 있는 논에서 주로 재배되고 나머지 곡류는 밭에서 재배되며, 보리나 밀은 추운 겨울철을 지나야 하는 것이 특색이다.

벼는 세계 총생산량의 90%가 아시아에서 생산되고, 밀은 러시아 · 중국 · 미국을 비롯

[표 2-1] 곡류의 원산지와 재배 역사

곡 류	원 산 지	재배 역사
벼	인도 · 인도지나	2,500년
보리 二條野生原種	홍해 – 코카서스 · 카스피해 지역	7,000~10,000년 전
보리 六條野生原種	티베트의 양자강 상류	
밀	코카서스 남부	10,000~15,000년
호 밀	아프가니스탄 · 이란 · 트랜스코카서스	적어도 3,000년 이상
조	동부아시아 · 북부아프리카	신석기 시대
수 수	아프리카의 적도 부근	2,000년 이상
옥수수	남아메리카 안데스산 기슭	2,000년 이상
메 밀	바이칼호 · 만주 등 동북아시아 · 중앙아시아	약 1,000년

한 전 세계에 걸쳐 넓은 지역에서 생산되며, 옥수수는 북 · 중앙 아메리카의 미국, 멕시코와 브라질과 아르헨티나 등의 남아메리카 여러 나라에서 생산된다.

우리나라의 경우 각종 곡류 중 쌀의 생산량이 전체의 90% 이상을 차지하고 밀이나 옥수수는 생산량이 미미하여 대부분 수입에 의존하고 있다. 선진국인 프랑스의 경우 전 식량 자급율이 97% 이상이라는 사실이 놀라울 뿐이다.

1. 곡류의 구조와 화학적 조성

곡류는 [그림 2-1]에서 보는 바와 같이 알갱이의 형태나 크기가 각각 다르지만 모두 과피와 종피로 둘러싸인 내부에 전분질과 단백질로 된 배유와 싹을 이루는 배아가 들어 있다.

전체적으로 쌀과 맥류는 타원형이지만 맥류는 중앙에 골이 져 있고, 조나 수수 등은 원형에 가까우며 옥수수는 종류에 따라 형태가 여러 가지이다.

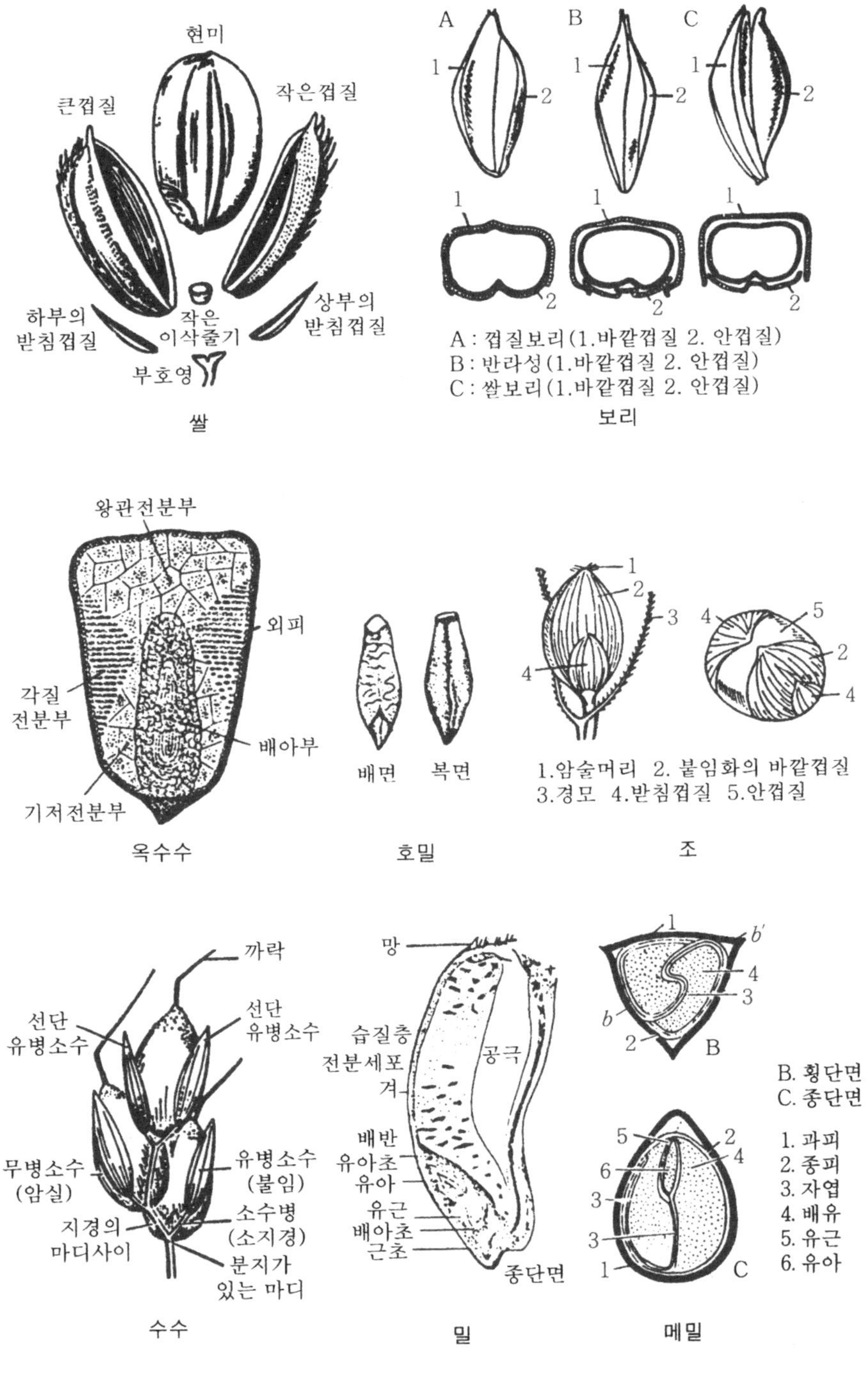

현미
큰껍질
작은껍질
하부의
받침껍질
작은
이삭줄기
상부의
받침껍질
부호영
쌀
A
B
C
1
2
A : 껍질보리(1.바깥껍질 2. 안껍질)
B : 반라성(1.바깥껍질 2. 안껍질)
C : 쌀보리(1.바깥껍질 2. 안껍질)
보리
왕관전분부
외피
각질
전분부
배아부
기저전분부
옥수수
배면
복면
호밀
1
2
3
4
5
1.암술머리 2. 붙임화의 바깥껍질
3.경모 4.받침껍질 5.안껍질
조
까락
선단
유병소수
선단
유병소수
무병소수
(암실)
유병소수
(불임)
소수병
(소지경)
지경의
마디사이
분지가
있는 마디
수수
망
습질층
전분세포
겨
공극
배반
유아초
유아
유근
배아초
근초
종단면
밀
1
b'
4
3
b
2
B
B. 횡단면
C. 종단면
5
2
4
6
3
3
1
C
1. 과피
2. 종피
3. 자엽
4. 배유
5. 유근
6. 유아
메밀

[그림 2-1] 곡류의 구조

곡류는 [표 2-2]에서 보는 바와 같이 전분을 포함한 당질이 60~70% 들어 있고 단백질 이 7~14%가 들어 있으며 지방질은 아주 적게 들어 있다.

[표 2-2] 곡류의 화학 성분

[단위 : %]

화학성분	쌀	밀가루*	옥수수	수수	좁쌀	보리	귀리	메밀
수 분	11.7	13.7	13.1	12.0	12.5	14.8	12.5	13.5
열량[Cal/100g]	366	348	336	336	364	323	317	361
단 백 질	6.8	13.8	9.6	10.3	10.5	10.3	13.0	12.1
지 방	1.0	1.0	3.8	4.7	2.7	1.9	6.2	3.1
당 질	79.6	70.9	69.1	69.5	72.1	68.1	51.7	68.5
섬 유	0.4	0.2	2.9	1.7	0.5	2.6	10.6	1.0
회 분	0.5	0.4	1.5	1.8	1.4	2.1	3.0	1.8
티 아 민[mg%]	0.15	0.10	0.33	0.35	0.2	0.4	0.30	0.46
리보플라빈[mg%]	0.08	0.05	0.11	0.10	0.07	0.10	0.10	0.11
니 아 신[mg%]	1.5	0.6	1.4	6.0	1.7	7.0	1.5	4.5

※강력분 1등급

2. 곡류의 가공저장

곡류는 껍질을 벗겨 알갱이 째로 밥이나 죽의 형태로 익혀 먹거나 가루 내고 반죽하여 빵 이나 국수 형태로 가공하여 먹는다. 보리의 경우는 알갱이 중앙에 골이져 있기 때문에 껍질을 완전하게 벗기기가 어렵지만 밀의 경우는 밀기울이 질겨서 아예 가루 내어 껍질을 제거한 후 밀가루로 이용한다. 곡류는 이들 용도 이외에도 알갱이를 튀기거나 당화 시키고 발효에 의해 술을 만들기도 하며 떡을 만들기도 한다.

이들 곡류는 생산되는 시기가 한정되어 있는데 1년 내내 먹어야 하므로 이듬해 새 곡식이 나올 때까지 저장을 해야 하고, 때로는 흉작이나 만일을 대비해서 2~3년까지도 저장을 해야 한다. 그런데 곡류는 살아 있는 생명체이므로 저장하는 동안 호흡에 의해서 당분이 소모되고 열이 발생되며, 쥐 또는 곤충이나 미생물의 먹이가 되기도 한다. 곡류는 저장하는 동안 각종 화학 반응에 의하여 품질이 저하되고 심할 경우 먹지 못하게 된다.

쌀의 경우 껍질이 있는 벼로 저장하게 되면 미생물 등의 피해를 어느 정도 막을 수 있지만 호흡에 의해서 열이 발생하면 미생물의 피해를 입는다.

한편 껍질을 벗겨 쌀로 저장하면 부피를 줄여 편리하게 저장할 수 있지만 지방 성분이 화학적인 산화에 의해서 변질이 된다. 그러나 이들 요인에 의한 변질보다도 곤충이나 쥐에 의한 피해가 커서 이들을 방제할 수 있는 방법들이 강구되고 있다.

곡류는 일정한 자루나 포대에 넣거나 낟알 형태로 저장하고 있는데 여러 가지 사정에 따라 포장하여 창고에 저장하거나 낟알로 대형 사일로 등에 저장한다. 현재 우리나라에서는 건조 · 저장 · 도정을 한 곳에서 할 수 있는 미곡 종합 처리장(Rice Processing Center. RPC)이 건설되어 이용되고 있다.

3. 중요한 곡류

1) 쌀

쌀(rice)이 우리나라에서 재배되기 시작한 것이 3,000년 전이며 주식이 된지도 1,500년 이상이나 되었으며, 우리의 생명을 지켜주고 있을 뿐만 아니라 농업국이던 과거 우리나라의 사회 문화와 경제적으로 중요한 역할을 하여 왔다. 지금도 우리의 농경지 중 논이 차지하는 비중이 제일 크며, 논에는 벼를 재배하는 것이 알맞기 때문에 토지 자원을 활용하는 의미에서 그 중요성이 크다고 할 수 있다. 그동안 만성적인 식량 부족 때문에 쌀의 증산에 많은 연구와 노력을 기울인 결과 자급 달성이 이루어지고, 지금에 와서는 오히려 남는다고 하여 쌀의 생산을 줄이는 정책까지 쓰고 있다.

쌀은 맛이 담백하여 일년 내내 밥을 지어 먹어도 싫증을 내지 않고 먹을 수 있고 여러 가지 형태로 떡을 만들어 명절이나 제사, 그리고 잔치음식으로 오랫동안 이용해 오고 있으며 또 당화시켜 식혜나 엿, 그리고 발효시켜 술을 빚어 이용하는 등 그 용도가 다양하여 우리나라 모든 식품재료 중 가장 중요한 위치를 차지하고 있다.

벼는 7천 여 종이나 된다고 알려져 있다. 그 중 재배되고 있는 것은 일본형(Japanica type)으로 알려져 있는 일반미와 인도형(Indica type)으로 알려진 안남미로 구분하며 또 자바형(Java type)은 인도형과 유사하다(표 2-3).

우리나라는 일본형의 쌀을 이용하고 있는데 이것은 쌀알이 비교적 둥글고 밥을 지었을 때 끈기가 있어서 식미가 좋다. 주로 한국 · 일본 · 유럽 · 호주 · 중국의 양자강 하류 등지의 온대지방에서 재배된다. 한편 인도형은 쌀 알갱이가 길고 밥을 지으면 점성이 적어서 푸실푸실하여 맛이 없다고 하지만 동남아시아 지역에서는 오히려 인도형 쌀을 선호한다. 한편 자바형은 자바 · 수마트라 · 필리핀 · 중앙아메리카 등지에서 재배되며 인도형에 포함하기도 한다.

쌀 증산을 위해서 한때는 일본형과 인도형을 교배시켜 통일벼 품종을 개발하여 생산하기도 했는데 여러 가지 특성상 생산이 중단되었다.

같은 일반미라도 품종에 따라, 또 재배 환경에 따라 밥맛이 다르다. 종전에는 일본에서 육성된 아끼바레라고 하는 품종이 좋고 지역에 따라 김포 쌀, 여주 이천 쌀 등이 좋다고 알려지기도 하였으며, 지금은 토양 오염 때문에 친환경 지역의 쌀이 좋다거나 간척지의 쌀이 좋다고 하는 등 다양한 품종과 처리를 달리 한 쌀들이 생산되고 있다.

[표 2-3] 일본형과 인도형 쌀의 특성

구 분	일본형	인도형
벼의 키	벼의 키가 크다.	벼의 키가 작다.
형태	쌀알이 둥글고 굵으며 단단하다.	쌀알이 길고 부스러지기 쉽다.
점성	세포막이 얇아 가열로 쉽게 파괴되어 호화점성이 강하다.	세포막이 두꺼워 파괴되지 않아 전분립이 세포막 내에서 호화되어 점성이 약하다.
아밀로스/아밀로펙틴함량	17~27% / 73~83%	27~31% / 69~73%
호화온도	65~67℃	70~75℃
관능적 평가	가열흡수율, 팽창용적율이 낮고 윤기가 나며 쫄깃쫄깃한 물성이 좋다.	가열흡수율, 팽창용적율이 높고 윤기가 없으며 푸슬거리고 맛이 떨어진다.

쌀에는 전분의 성질이 다른 찹쌀과 멥쌀이 있다. 즉, 찹쌀은 아밀로펙틴(amylopectin)이 많고 아밀로오스(amylose)가 적어서 점성이 강하여 소화 흡수 속도가 양호하나 소화율에는 큰 차이가 없다.

벼는 추운 지방에서 자란 것은 입질이 단단하고 더운 지방의 것은 쉽게 부서지며 그래서 맛에 차이가 난다. 또 일찍 수확하는 조생종과 늦게 수확하는 만생종 간에도 차이가 난다. 너무 일찍 베어서 알갱이가 완숙되지 않으면 청미(青米)가 많고 도정 수율이 낮으며 저장 중에 곤충의 피해도 받기 쉽다. 그렇다고 너무 늦게 수확하면 도정할 때 부 서지기 쉽고 역시 품질이 좋지 않다.

적당한 시기에 벼베기를 하여 건조한 땅에서는 그대로 펼쳐놓거나 습한 경우는 다발로 묶어서 며칠간 세워 놓아 수분의 증발을 촉진한 뒤에 거두어 들여 탈곡하여 다시 건조하여 수분을 15% 이하로 하여 저장한다. 그러나 지금은 기계로 수확하여 바로 탈곡한 후 인공으로 건조하는 방식으로 바뀌고 있다.

일반적으로 벼의 형태로 저장하는 것이 곤충이나 미생물의 피해를 줄일 수 있어 가장 안전한 방법이지만, 저장 창고의 이용 면에서는 왕겨를 벗겨낸 현미의 형태로 하면 부피가 절반으로 줄어들고 저장성도 유지되어 좋은 방법이 될 수 있다. 그러나 현미를 만드는 공정이 별도로 필요하기 때문에 반드시 최상의 방법이라고 할 수만은 없다.

벼는 도정하여 쌀로 만드는데 먼저 왕겨를 벗겨 낸 것을 현미라 한다(그림 2-2). 왕겨의 무게는 전체의 20%에 해당되지만 현미의 용적은 50~60%로 줄어든다. 이 현미에는 8%의 쌀겨가 들어 있는데, 이것을 벗겨내면 우리가 먹는 백미가 된다. 일반적으로 90% 쌀겨를 벗겨 낸 것을 이용하는데 이것을 9분도미라고 한다. 쌀겨는 쓴 맛을 내고 검은 빛깔이 있다고 하여 100%를 벗겨 내거나 그 이상을 깎아내기도 하지만 그럴 필요는 없다.

백미로 만드는 과정에서는 영양이 풍부한 배아가 떨어져 나가므로 영양 성분상으로는 손실이 따르지만 맛은 좋아진다.

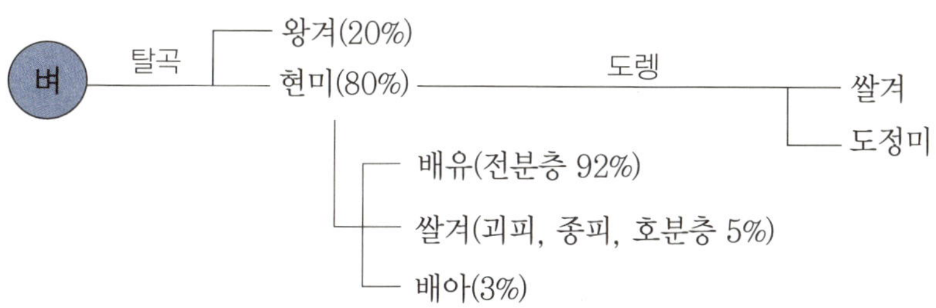

[그림 2-2] 벼에서 쌀의 도정 과정

[표 2-4] 쌀과 부산물의 화학성분 [단위 : % 건조물]

성분 / 품목	조단백질[1]	조지방	조섬유	회분	당질[2]
현 미	7.1~15.4	0.6~4.0	0.2~2.6	0.5~2.1	74.5~90.2
백 미	5.6~13.3	0.2~2.7	0.1~1.3	0.3~1.9	84.0~83.4
미 강[3]	12.1~17.2	14.6~21.7	8.7~15.6	9.0~15.7	39.8~49.1
배	17.7~26.4	15.2~24.7	2.0~10.5	6.1~10.1	36.2~57.3

※1) N×5.95, 2) 가용성 무질소물 3) 배아 포함

쌀의 주성분은 전분질이고 단백질은 6~10%가 들어 있는데, 이 단백질에는 필수아미노산인 리신이 적게 들어 있어 품질이 좋지 못하다. 이를 보충하기 위해서 콩이나 육류 단백질로 쌀 단백질의 제한 아미노산인 라이신을 보충하는 것이 바람직하다.

지방질은 쌀겨나 배아에 많이 들어 있지만 백미에는 0.2~2.7%가 들어있다. 그러나 이 지방이 쌀을 저장하는 동안에 산화되어 식미를 떨어트리는 원인이 된다.

무기질 역시 쌀겨나 배아에 많고 쌀에는 0.3% 가량 들어 있는데, P 및 K는 많고 Ca과 Fe가 적으며 섬유질은 0.3%에 불과하다. 특히 인이 많이 들어 있어 쌀은 산성식품으로 분류되기도 한다. [표 2-4]에서 보는 바와 같이 배아에는 단백질, 지방질, 비타민 등이 풍부하게 들어 있어서 현미를 직접 이용하거나 배아가 제거되지 않게 도정한 배아미로 이용하기도 한다.

쌀을 저장하기위한 조건은 온도 10~15℃, 습도 70~80%로 유지하는 것이 좋다.

쌀겨에는 단백질분해효소 저해제(protease inhibitor)를 함유하고 있어서 항암성이 있다고 한다. 쌀겨의 피트산(phytic acid)은 소장에서 필요 이상의 Ca이 흡수되는 것을 억제하여 결석예방에도 효과가 크다.

2) 보리

보리(barley)는 가장 오랫동안 재배되어 온 곡류 중의 하나이며, 약 7,000년 전 중앙아시아 근방이 원산지로 알려져 있다. 최초의 문명인 이라고 할 수 있는 수메르인들이 보리를 이용한 요리로 배를 채웠다는 문헌이 있다. 세계 생산량은 쌀 · 밀 · 옥수수 · 보리 순으로 생산되고 있다. 우리나라는 삼한시대 이전부터 재배되었던 것으로 알려져 있다. 현재 생산국으로는 러시아 · 독일 · 프랑스 · 영국 등의 유럽 지역, 미국 · 캐나다의 북미

지역, 중국 등지에서 생산하고 있다.

보리는 이삭의 알갱이 배열에 따라 여섯 줄로 구성된 6조종(六條種) 보리와 2조종(二條種) 보리가 있고 껍질이 알갱이에서 분리되지 않는 껍질보리(皮麥, covered barley)와 성숙 후에 잘 분리되는 쌀보리(裸麥, naked barley)가 있으며, 가을에 뿌려 겨울을 지나고 여름에 수확하는 가을보리와 봄에 뿌려 여름에 수확하는 봄보리가 있다. 또한 쌀과 마찬가지로 전분질의 아밀로스 함량이 적고 아밀로펙틴이 대부분을 차지하고 찰보리와 그렇지 않은 일반 보리가 있다. 보리의 파종시기에 따라서 가을보리와 봄보리로 나눈다. 보리알의 중앙에 세로 홈이 있어 도정에 의하여 제거되지 않고 강층에 남아 섬유소 함량이 많고, 소화흡수율이 떨어지는 결점이 있는데, 이를 극복하기 위하여 기계로 눌러 압맥을 만들면 소화율이 향상된다.

보리는 당질 함량이 약 70~73%로 쌀보다는 낮으며, 그 중 60%가 전분질이다. 보리의 단백질은 호르데인(hordein)과 글루텔린(glutelin)이며, 필수아미노산이 적은 것이 흠이다. 비타민류는 배유의 내부에 함유하므로 도정에 의하여 손실이 적지만 비타민 A · C는 극히 적고, B_1 · B_2 는 도정 후 비교적 손실이 적다. 보리의 기능성은 점착성의 섬유질인 베타-글루칸(β-glucan)이 혈액 중 콜레스테롤(cholesterol) 함량을 낮추어 주며, 다량의 섬유소는 배변을 용이하게 하여 대장의 기능 향상에 기여한다고 한다.

3) 밀

밀(wheat)은 기원전 10,000년 경부터 재배하였으며, 원산지로는 아프가니스탄에서 카스피 해안으로 추정한다. 밀은 온대에서 한랭한 지역에 적합한 작물이며 기후에 대한 적응력이 강하여 지구상 널리 분포되어 있다. 밀의 종류는 20여 종이며, 실제 많이 이용하고 있는 것은 90% 이상이 보통밀(小麥, *Triticum aestivum L.*)이고 약 7% 이내가 듀럼밀(T. *durm Desf*)이며 마카로니 소맥이라고도 불린다. [그림 2-3]에서 처럼 밀의 이삭모양은 여러 가지가 있다. 보리와 마찬가지로 가을밀과 봄밀이 있으며 종피의 빛깔에 따라 적소맥(赤小麥)과 백소맥(白小麥), 알갱이의 조직에 따라 연질소맥과 경질소맥으로 구분한다. 입자의 질감에 따라 글루텐의 함량이 낮고 전분의 함량이 높은 연질소맥과 글루텐 함량이 높고 전분의 함량이 낮은 경질소맥으로 구분한다(표 2-5).

경질소맥은 강력분 제조에 이용하며 제빵적성이 뛰어 나고 미국 · 캐나다에서 주로 재배한다. 연질소맥은 박력분 제조에 이용하며 케익 · 쿠키 · 크래커를 만드는데 이용하는데 남미 지역인 브라질 · 아르헨티나에서 재배되는 특징이 있다. 한편 듀럼밀은 초경질

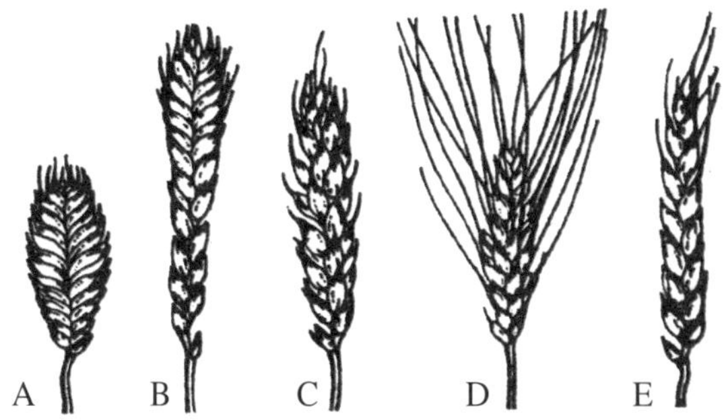

[그림 2-3] 밀의 이삭 모양

밀로서 스파게티 · 마카로니의 제조에 이용하며 지중해 연안국에서 재배하고 있다.

밀의 천립중량은 중간정도가 30~35g이다. 밀의 겨층이 약 8%, 배아가 약 3%, 배유는 약 89% 정도 차지하며, 일반적으로 배유부분을 밀가루로 제조한다.

밀가루의 제조과정은 ㉮ 원료밀을 정선하고 조질과정을 거치는데 조질은 상온에서 가수처리하는 템퍼링(tempering)과 컨디셔닝(conditioning)이 있으며, 조질과정은 일반적으로 배유, 배아, 겨가 쉽게 분리되도록 하는 과정으로 밀가루 품질에 큰 영향을 미친다. ㉯ 조질과정을 거친 밀의 껍질이 파괴되지 않도록 밀기울을 분리하는 과정이다. ㉰ 일정 기간 방치하여 밀가루의 성질을 안정시키는 숙성과정인데 약 60~90일이 소요된다. 이때는 반드시 표백과정을 동시에 행한다.

밀가루의 품질은 ㉮ 글루텐 단백질의 함량과 질, ㉯ 밀가루 입자의 크기와 색도를 들 수 있다. 밀가루의 주된 단백질 글루텐(gluten)은 점성을 나타내는 글라이딘(gliadin)과 탄력성을 나타내는 글루텔린(glutelin)으로 이루어 지며, 아미노산 조성은 필수아미노산인 라이신(lysine), 메치오닌(methionine) 및 트레오닌(threonine)이 부족하다.

지방은 배아에 주로 존재하며, 배아에는 항산화력이 있는 비타민 E, 레시틴(lecithin)이 함유되어 있고, 비타민 B 복합체와 D가 부족하며, 특히 무기질 중 Ca · Fe이 부족하므로 강화 할 필요가 있다.

밀가루는 전립 밀가루(whole wheat flour), 제빵용 밀가루(cake flour), 비타민 강화 밀가루(enriched flour) 등으로 특성을 조정하여 시판하고 있다.

트리티케일(wheat rye, triticale)은 밀에 호밀의 강한 내한성과 왕성한 생장력을 도입한 잡종이다.

[표 2-6] 밀의 입질, 분질, 용도

입 질	분 질	단백질함량[%]	습부율[%]	건부율[%]	신장력	용 도
초자질	경 질	〉12	〉36	〉12	강약	마카로니 · 스파게티, 고급빵
초자질	반경질	10.5~12	중간	중간	강약	면, 빵
중간질	중간질	9.5~10.5	중간	중간	강약	면, 과자
분상질	연 질	〈9.5	〈25	〈8	약	카스테라·비스킷, 튀김용

호밀(胡麥, 黑麥, rye)은 밀과 마찬가지로 재배 역사가 길고 유럽에 서 많이 재배되어 빵을 만드는데 이용되지만, 글루텐을 형성하지 않아 빵이 덜 부풀고 색도 검어서 품질이 떨어진다. 호밀은 단백질이 약 10%이며 이 중에서 글루텔린(glutelin)과 프롤라민(prolamin)이 약 50% 정도를 차지한다. 아미노산은 히스티딘(histidine)과 시스틴(cystine)이 많으며 라이신과 트립토판은 적다. 무기질은 K· P가 다량이며, 비타민 B군도 많이 들어 있다. 대부분 풋베기사료(靑刈飼料)로 이용된다.

귀리(燕麥, oat)는 밀보다 재배 역사가 짧아 중국에서는 서기 3~5세기에 재배되었다. 여름철의 서늘한 기후에 적합하여 우리나라에서는 고원 화전지대에서 많이 재배하였으며 재배 조건은 호밀과 비슷하다. 특히 우리나라에는 고려시대에 원나라의 침입으로 말먹이로 들여왔다는 것이 기원이다. 귀리쌀의 주성분은 전분이지만 단백질과 지방질이 풍부하여 독특한 맛이 있고 소화율도 높다. 귀리의 단백질은 약 13%로 글로불린(globulin)이 약 80% 차지한다. 당질은 약 56% 정도 함유하며 비타민 B군도 풍부하다.

귀리는 식이섬유소를 많이 함유하며 변비의 예방과 치료에 좋다. 특히, 귀리에 들어 있는 점착성의 섬유질은 담즙산을 제거하여 콜레스테롤의 량을 낮추는 역할을 한다. 오트밀로 인스턴트화하여 이용하거나 그대로 죽을 쑤어 먹는다. 식용 이외에도 풋베기 사료로 이용한다.

4) 잡곡류

옥수수(maize. corn)는 멕시코 또는 온두라스가 원산지이고 콜럼버스에 의해 세계에 전파되었으며 밀, 쌀과 함께 세계 3대 곡류 중의 하나 이다.

옥수수는 알갱이의 형태와 크기의 종류에 따라 큰 차이가 나며 배유는 바깥쪽에 단백질이 들어 있고 단단한 전분질로 둘러 싸여있으며, 내부에 부드러운 전분질이 들어 있는데 입질이나 형태에 따라 다음과 같은 종류가 있다(그림 2-4).

① 마치종(馬齒種, dent corn) : 말의 치아처럼 생겼는데 과피가 두꺼워 식용으로 부적당하고 사료, 공업용 원료로 많이 사용한다.
② 경립종(硬粒種, flint corn) : 외부가 단단한 초자질 전분으로 둘러싸여서 충해를 받지 않고 저장이 용이하다. 주로 식용으로 쓰인다.
③ 연립종(軟粒種, soft corn) : 분상질의 전분이 많으며 건조하면 표면에 주름이 생긴다. 전분 원료, 생식, 통조림용 등으로 쓰인다.
④ 감미종(甘味種, sweet corn) : 외부로 초자질이지만 단맛이 많아 식용이나 통조림용으로 쓰인다.
⑤ 폭열종(暴裂種, pop corn) : 외부는 초자질로 단단하고 내부는 부드러우며 볶으면 내부의 배유가 노출되는데 주로 간식용으로 쓰인다.
⑥ 나종(糯種, 찰옥수수, waxy corn) : 전분의 98%가 아밀로펙틴이며 씹으면 찰기가 강하다.
⑦ 그 밖에 연감종(軟甘種, starchy sweet corn), 유부종(有浮種, pop corn) 등이 있다.

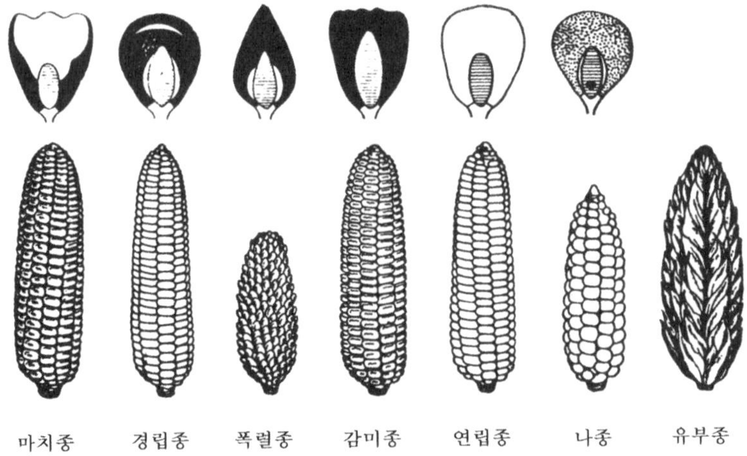

[그림 2-4] 옥수수의 종류와 낱알 형태

옥수수는 전분이 68.7%, 단백질이 9.4%, 지방질이 4.5%이 들어있으며 단백질에는 트립토판(tryptophan)이 거의 없고 라이신(lysine)도 적게 들어 있어서 단백가는 42로 곡류 중에서 제일 낮다. 낮은 단백가와 영양가를 보완하는 방법 중의 하나로 옥수수로 만든 콘플레이크를 우유와 함께 먹거나, 빵을 만들 때 옥수수와 우유를 혼합하는 것은 바람직한 방법이다. 알갱이 중 배아 부위가 전체의 11.7~13.8%를 점유하고 그 중에는 지방질이 30%나 들어 있어서 식용유의 원료로 이용된다. 지방은 배아에 존재하며, 옥수수 기름에는 리놀레산(linoleic acid)의 함량이 높다. 비타민 E가 많이 함유하고 있으나 식품의 산화·흡수에 필요한 나이아신(niacin)의 함량이 적어 장기간 옥수수만 섭취할 경우 펠라그라(pellagra)라는 피부병에 걸리기 쉽다. 황색 옥수수에는 비타민 A의 전구체인 크립토크산틴(cryptoxanthin)이 들어 있다.

옥수수에는 항암성이 있다는 단백질 분해효소 저해제(protease inhibitor)가 존재하며, 혈중 콜레스테롤(cholesterol)을 낮춘다는 리놀레산도 존재한다.

옥수수는 전분질 원료나 식용으로 쓰이는 이외에 분쇄하여 다른 곡물과 배합하여 농후사료로, 줄기나 잎은 건초용으로, 또 풋베기 옥수수로 건초 또는 엔실레지용으로 이용된다.

미숙한 것은 간식으로, 완숙한 것은 주식용, 분말은 엿 · 묵 · 과자 · 빵 · 만두 · 죽의 제조, 전분 · 포도당등의 제조 원료로 쓰이고 배아는 유지 원료, 줄기는 펄프, 기타 원료로 쓰인다.

조(粟, Italian millet, foxtail millet)는 인도, 아프리카, 중국, 러시아의 건조지대에서 재배되며 고대 중세기에 알려져 중요한 식량이 되어 왔다. 토양이 척박하고 가물어서 다른 곡류가 재배되지 않는 지역에서도 잘 자라지만 수확량이 적다.

파종하는 시기에 따라 봄조와 여름조, 입질에 따라 차조와 메조가 있다. 일반 성분은 단백질이 10~12%, 지방질 2~5%, 조섬유 2~3%, 비타민 B_1과 B_2가 다른 곡류보다 많고 소화 흡수율이 우수한 편이다. 우리나라에서는 생산량이 아주 적으며 혼식으로 이용하는 이외에 엿, 떡, 죽, 소주 원료 등으로 이용된다.

당질은 약 73% 정도이며 소화율이 맥류보다 우수하다. 그래서 이유식의 재료로 적당하게 이용한다. 단백질은 프롤라민과 글루텔린이 주된 단백질이다. 아미노산은 필수아미노산인 라이신(lysine)이 부족하고 루신(leucine)은 풍부하다. 무기질은 Ca, K, P 및 Fe가 다량 함유하고 있다,

수수(蜀黍, 高粱, sorghum, great. millet. indian millet)는 단단하고 광택이 있는

껍질에 싸여 있으며 알갱이의 일부가 노출되어 있다. 원형 또는 편원형이고 종피는 갈색, 황색, 백색이며, 입질에 따라 찰수수와 메수수가 있다. 주성분은 전분 76.5%, 단백질 8.5%이며 트립토판(tryptophan)과 시스틴(cystine)이 결핍되고 단백질의 소화율은 60%로 좋지 않으며 HCN성분이 들어 있어서 도정하여 제거해야 한다. 맥류나 다른 잡곡에 비해서 주식량으로 적합하지 않으나 재배하기 쉽고 수확량이 많아 풋베기 사료로 이용되기도 한다.

메밀(蕎麥, buckwheat)은 식물학상 화본과에 속하지 않고 여뀌과에 속하나 주성분이 전분이어서 용도상으로 보아 곡류에 포함시키고 있다. 중앙 또는 동북아시아가 원산지로 주 생산국은 러시아와 폴란드이고 그 밖에 캐나다, 일본, 프랑스, 미국 등지에서 생산된다.

주요 품종으로는 보통종과 내한성이 강하고 알갱이가 작은 달단종이 있다. 알갱이는 삼각형을 이루고 배유에는 S자형으로 접혀진 아엽이 있으며 과피는 단단하고 벗겨지기 쉽다.

메밀가루는 단백질이 12%나 들어 있고 단백가가 80으로 다른 곡류보다 우수하다. 또 모세혈관을 강화시키는 루틴이 6%(건조물)나 들어 있어 고혈압 환자에게 적합하다.

가루로 부침을 하는데 쓰이거나 묵 면 등의 원료로 쓰인다. 한방에서는 장과 위를 강화하고 기력을 높이며 설사를 그치게 하고 통증을 완화시키는 것으로 알려져 있다.

CHAPTER

03 두류

쌀을 주식으로 하는 우리나라에서 콩은 쌀에 적게 들어있는 단백질과 특히 필수아미노산인 리신(lysine)을 공급하여 영양학상 균형을 맞추어 주는 식품재료로써 매우 중요하다. [표 3-1]에서 보는바와 같이, 두류의 원산지와 재배역사는 아주 오랜 역사를 가지고 있으며, [표 3-2]에서 처럼 두류의 종류에 따라서 재배조건 또한 다양하다. 콩과 식물은 쌍떡잎으로 되어 있고 열매가 꼬투리에 들어 있으며, 뿌리에 혹박테리아가 공생하여 질소를 고정하여 주므로 척박한 토양에서도 잘 자랄 수 있다.

콩류는 함유하고 있는 영양성분에 따라 크게 3가지로 나눈다. ① 단백질과 지질함량이 높은 대두 · 낙화생 등, ② 당질의 함량이 높은 완두 · 강낭콩 · 팥 · 녹두 등, ③ 채소의 특성인 청태 콩 · 껍질 콩 · 미성숙 완두콩 등이 예이다.

두류의 식품학적 가치로는 ① 뿌리혹 박테리아의 기생으로 땅을 기름지게 하며, ② 환경에 대한 적응성이 좋고, ③ 재배가 쉽고 생육기간이 짧아서 전 세계적으로 재배하며, ④ 자엽이 대부분을 차지하고 식물성 단백질이지만 생물가가 높고, ⑤ 비타민 B_1과 무기질인 Ca · P · Fe 등의 급원식품이다.

[표 3-1] 두류의 원산지와 재배 역사

식품 \ 연도	원산지	재배 역사	전파 경로
콩	중국 북동부, 만주	4000년	중국 → 한국 → 일본 → 선진각국
팥	중 국	후위(后魏)	중국 → 한국 → 일본
녹 두	인 도	3000년	인도 → 중국 → 한국 → 일본
땅 콩	열대 아메리카		아메리카 → 포르투칼 → 세계 전역
완 두	남부 유럽	신석기	불명
강낭콩	아메리카의 열대		아메리카 → 스페인 → 세계 전역

콩을 제외한 두류의 단백질 함량은 약 20~23%이며, 지질은 땅콩을 제외하고 약 20% 이하이고 녹두는 2% 이하이다. 두류는 껍질부위에 섬유소를 많이 함유하고 있어서 소화율이 낮으며, 소화율 향상 가공법으로 두부 · 두유 · 간장 · 된장 및 콩나물로 섭취하고 있다.

[표 3-2] 두류의 재배 조건

두류	기상조건		우리나라 재배 기간[월]		생육권
	발아온도[℃]	생육적온[℃]	파종	수확	
콩	30~36	15° 이상	5월 말까지	10월	중국 52° N, 캐나다 46° N
팥	15~16	15° 이상	7월 말까지	10월	중국, 한국, 일본
녹 두	36~38	온화한온도	4~7월	10월	중국, 인도, 한국, 일본, 이란, 필리핀
땅 콩	25~37	20~25	4~5월	6~7월	스칸디나비아 60° N까지 세계각지
완 두	25~30	서늘한기후	3~4월, 9월	6월	50~55° N
강낭콩	18~20	25~27	4~5월	9~10월	아시아, 아프리카, 미국, 브라질

콩류의 일반 성분은 [표 3-3]에서 보는 바와 같이 단백질 함량은 콩이 40%로 가장 많고 다른 콩류는 20% 정도이다. 지방질 함량은 땅콩이 45%, 콩은 18%이고 다른 콩류는 2% 이내이며 그 대신 전분함량이 높다.

[표 3-3] 각종 두류의 일반 성분 [단위 : %]

품목 \ 성분	수분	단백질	조지방	당질	조섬유	회분
콩	9.2	41.3	17.6	22.6	3.5	5.8
팥	14.5	21.4	0.6	56.6	3.7	3.2
땅 콩	8.5	23.4	45.5	18.1	2.2	2.3
강낭콩	10.3	20.2	1.8	60.9	3.2	3.6
녹 두	15.6	21.2	1.0	54.9	3.5	3.8
완 두	13.4	21.7	2.3	54.4	6.0	2.2

그 밖에 사포닌(saponin), 헤마글루티닌(hemagglutinin), 레시틴(lecithin) 등의 특수 성분이 들어 있고 단백질의 소화를 방해하는 트립신저해제(trypsin inhibitor)가 들어 있다.

1. 콩

콩(大豆, soybean)은 만주 지방이 원산지로서 우리나라에서는 쌀과 함께 중요한 단백질과 지방질의 공급원으로 이용되어 왔다.

콩의 꼬투리에 2~3개의 알갱이가 들어있고 색깔에 따라 흰콩, 누런콩, 푸른콩, 밤콩, 검정콩, 우렁콩 등이 있다.

콩은 영양성분이 주로 두장의 자엽에 들어 있는데 단백질이 약 40~45%가 들어 있고, 글로불린(globulin)과 알부민(albumin)이 주를 이루며 필수아미노산 중 라이신(lysine)과 이소루신(isoleucine)의 함량은 높으나, 함황아미노산인 메티오닌(methionine)과 시스틴(cystine)이 적게 들어 있으나 영양가는 우수한 편이며 단백가는 73이다.

탄수화물은 약 20% 정도이며 미숙과에 많으나 성숙한 콩에는 약 1% 미만이고, 스타키오스(stachyose), 라피노오스(raffinose) 등의 소당류가 들어 있으며, 지방질은 필수지방산인 리놀레산(linoleic acid)과 인지질인 레시틴이 많이 들어 있다. 무기질은 K · Ca · Na · Mg · P 이 다량들어 있고 비타민 B군은 풍부하지만 C는 거의 없다.

콩은 조직이 단단하여 삶거나 볶더라도 소화율이 70%이지만 가공을 하면 소화율이 증진되어 간장 98%, 두부 95%, 된장 85% 정도로 증가한다.

콩은 단백질이 보수성 · 결착성 · 유화성 등의 식품학적 기능성을 가지며 이소플라본류(isoflavonoid), 리놀레산, 올리고당, 레시틴 등 건강기능성 성분을 가지고 있어서 주목을 받고 있다. 콩의 저장은 수분량 11% 이하와 저장온도는 가능한 낮추는 것이 좋다.

2. 팥

팥(小豆, 赤豆, small red bean)은 한국의 경우 콩 다음으로 수요가 많으며, 원산지는 중국으로 알려져 있다. 콩알갱이보다 적고 종피가 붉은색이여서 소두(小豆) 또는 적두

(赤豆)라 하지만 회백색, 크림색, 담흑색, 담황색, 갈색, 흑색 등 여러 가지가 있으며, 형태는 콩과 비슷하나 한 꼬투리에 4~8개의 알갱이로 구성되며 지방질 대신에 전분질이 들어 있고, 종자의 구조는 종피가 7~8%, 자엽부가 약 92%를 차지한다. 사포닌(saponin)이 들어 있어 변통을 돕는 효과가 있고 황화합물이 들어 있어 특유한 냄새를 낸다. 팥에는 쌀의 소화에 반드시 필요한 비타민 B_1이 다량 함유하므로 팥밥은 이상적인 음식배합이다. 당질이 약 56.6%를 차지하며 주로 전분으로 구성되어 있고, 섬유성은 약 3.7%이다. 단백질은 약 21.5% 이며, 주로 글로불린(globulin)으로 이루어져 있다. 구성 아미노산은 메치오닌(methionine), 시스틴(cystine) 같은 함황 아미노산은 적으나 라이신(lysine)과 트립토판(tryptophan)은 비교적 많다. 지방질은 거의 없으나 무기질 중 K와 P이 많고 Ca과 Na 등은 적다. 팥의 이용성은 다양한 편이며 잡곡밥 · 과자 · 떡고물 · 양갱 · 팥빙수 · 단팥죽 · 빙과 제조용 등으로 쓰인다.

3. 녹두

녹두(綠豆, greengram, mung bean)는 인도가 원산지이며, 한국 · 중국 · 인도 등 아시아 지역이 주산지이다. 녹색을 띤 콩이라는 뜻으로 녹두라고 불리고, 열매의 크기는 팥보다 작지만 형태는 팥과 유사하다. 녹두의 종류는 봄녹두와 그루녹두로 구분한다. 종피 색깔이 녹색이어서 붙여진 이름이지만 황색·녹갈색·흑갈색인 것도 있다.

전분질이 약 55%나 들어 있고, 헤미셀룰로스(hemicellulose)를 약 3.5% 함유한다. 단백질은 약 21%를 차지하며 류신(leucine), 라이신(lysine), 발린(valine) 같은 필수 아미노산이 풍부하다. 녹두는 오장육부를 이롭게하며 기운을 돋우며 입맛을 찾게 하는데 이용한다. 이용성은 당면의 원료로도 쓰이나 청포(녹두묵) · 빈대떡 · 떡고물 · 녹두죽 · 숙주나물 등이다.

4. 강낭콩

강낭콩(菜豆, kidney bean)은 콩보다 크고 신장 모양으로 백색·갈색·적자색·청흑색 등이 있으며 넝쿨성인 것과 왜종이 있다. 주성분은 전분이지만 당질이 약 62%, 단백질이 약 20%이며 주 단백질로는 글로불린이다. 필수 아미노산은 라이신 · 류신 · 트립토판이 다량 들어 있다. 비타민 B_1과 B_2가 많이 들어 있어서 우리나라 국민처럼 쌀밥과 혼식하면 탄수화물의 대사에 도움을 준다. 미숙과는 푸른 꼬투리로 스트링 빈(string bean)이라 영양이 풍부한 채소로 이용하고 있다. 한방에서 강낭콩은 이뇨작용과 자양강장 효과가 있다. 또한 섬유질이 풍부하여 변비의 예방과 치료에 좋은 식품재료이다.

5. 완두

완두(豌豆, pea, garden pea)는 꼬투리가 콩과 비슷하나 5~6개의 열매가 들어 있고 알갱이는 둥글고 백색·녹색·황색·회색 등 다양하다. 건조 완두 콩은 단백질이 약 23%로서 주로 글로불린이다. 지질 중에는 레시틴(lecithin)이 많이 들어 있다. 당질은 팥과 비슷한 전분질이며, 무기질은 Ca · P가 많고, 비타민은 다양한 종류로서 B_1, B_2, C, 콜린(choline) 및 비오틴(biotin)이 풍부하다. 완두는 한방에서 오장육부를 돕고 보양식으로 이용되며 수용성 섬유질이 많아서 배변에 효과적이다. 전분질이 많아 혼식용 · 떡 · 과자의 원료로 이용된다.

6. 땅콩

땅콩(花生, peanut, ground nut)은 브라질, 페루가 원산지이고 탐험가들에 의해서 세계에 전파되었다. 콩류 중 유일하게 땅속에 열매를 맺으며 누에꼬치 모양의 꼬투리에 1~3개의 알갱이가 들어 있다. 지방질이 45%, 불건성유이고 고체산인 아라키드산이 많은 것이 특징이다. 제과 · 버터 · 식용유 · 마가린 제조 원료로 이용되고 깻묵은 사료, 비료 등으로 쓰인다.

CHAPTER

04 서류

고구마, 감자, 돼지감자 및 타피오카는 뿌리채소류로 분류할 수 있지만 전분이 주성분으로 주식 또는 주식의 대용으로 사용되므로 별도로 식량작물로 취급해 왔다. 이들은 식물학상으로 이용 부위가 뿌리나 줄기 등으로 다르지만 공통적으로 전분을 주성분으로 하는 것이 특징이다. 서류의 식품학적 가치로는 ① 서류는 단위면적당 생산량이 많으며, ② 주로 다량의 다당류인 전분을 포함하여 단백질이나 지방의 함량은 낮으나 무기질인 칼륨(K)과 칼슘(Ca) 등의 함량이 높은 알카리성 식품이다. ③ 비타민의 함량은 낮은 편이나 가열에 의한 손실율(손실율 약 10~20%)이 적어서 비교적 안정한 형태이다. ④ 서류는 수분을 80% 이상을 함유하므로 냉해를 받기 쉬운 점이 불리하다. 이들의 원산지는 멕시코나 남아메리카이고 콜럼버스가 유럽을 통하여 세계 전 지역에 전파하였다(표 4-1) 및 (표 4-2).

[표 4-1] 서류의 원산지와 전파 경로

구분 / 서류	원산지	재배 역사	전파 경로
고구마	멕시코 등의 중앙아메리카	고대, 15~17세기에 세계로 전파	중앙아메리카 → 유럽 → 아프리카 → 유럽 → 일본 → 한국
감 자	칠레	1,000년 전	남아메리카 → 스페인 → 유럽 → 인도 → 중국 → 한국
카사바	브라질	고대	브라질 → 스페인 → 세계 전역
돼지감자	남아메리카	고대	

[표 4-2] 서류의 지역별 생산량

[단위: 1,000톤]

지역 \ 종류	감자	고구마	카사마	총계
아프리카	12,410	11,355	100,846	124,609
북·중앙 아메리카	27,854	1,275	1,259	30,388
남아메리카	14,370	1,240	31,570	47,180
아시아	122,236	124,426	51,651	298,313
유럽	132,725	70	-	132,795
오세아니아	1,763	614	184	2,561
총계	311,358	138,980	185,508	635,846

1. 고구마

고구마(甘著, sweet potato)의 원산지는 중앙아메리카라는 설이 있으며, 조선시대 영조 39년(1763)에 도입된 비교적 새로운 작물로서 메꽃과에 속하며 온대에서는 1년생이지만 열대에서는 숙근성이 되는 것도 있다. 품종, 생육 조건에 따라 형상, 껍질의 색, 육질 등이 다르며 성분에 차이가 난다.

일반 성분은 수분 71~77%, 전분 18~25%, 단백질은 0.6~1.4%로 글로불린(globulin)의 일종인 이포마인(ipomain)이 약 70%를 차지한다. 카로틴이 들어있어 황색을 띤다. 수확 후에 줄기나 상처 부위에서 우유와 같은 액체를 분비 · 산화하여 흑변하는데 이 성분은 잘라핀(jalapin)이다. 고구마를 식용하는 데는 적색 계통이 좋고 육질이 분질이고 단맛이 많은 것이 좋다. 전분용이나 주정용은 전분수율이 높고 백도가 높으며 가루의 점도가 높은 것이 좋고, 사료용은 고구마 뿌리 이외에 잎줄기의 수량도 높은 것이 좋다. 고구마의 저장 최적 온도는 12~13℃, 습도 85~90%가 적당하고 상처난 것은 부패하기 쉽다.

고구마에는 β-카로틴(β-carotene)이 함유되어 폐암 등을 예방하며, 고구마의 섬유소는 콜레스테롤(cholesterol) 배출능력이 우수하며 배변 효과가 크다. 그러나 조리된 고구마 100g의 열량이 130kcal나 되므로 비만이나 당뇨병 환자에게는 과식하지 않는 것이 좋다.

고구마는 찌거나 구워먹고 튀기거나 국을 끓이는 데에도 이용된다. 일부는 주정용으로 이용되고 전분 원료로도 이용된다. 잎이나 줄기는 소 · 돼지의 사료로 요긴하게 이용된다.

2. 감자

감자(馬鈴薯, potato)의 원산지는 남미의 안데스 산맥 티티카카호 주변으로 알려져 있으며, 5C 경 잉카족의 주식으로 이용되었다고 한다. 우리나라는 순조 24년(1834년)에 만주의 간도 지방으로부터 도입되었다고 한다. 감자는 척박한 땅에서도 잘 자라며 쌀, 보리를 재배하기 어려운 지역에서도 식량원으로 이용한다. 가지과에 속하고 1년생 식물로 땅속의 줄기 마디에 복지(匐枝)가 발생하고 그 끝이 비대하여 덩이줄기가 되는데 품종에 따라서 여러 가지 형태가 있고 백색, 홍색, 자색 등 여러 가지가 있다.

우리나라에 가장 많이 보급된 품종은 남작을 비롯한 몇 가지가 있다. 고구마에 비해서 수용성 양분이 적어서 맛이 담백하여 여러 나라에서 주식으로 이용된다. 감자의 주성분은 수분이 약 80%, 단백질이 약 2%, 당질이 약 19%, 펙틴 포함 섬유질이 0.5%, 무기질이 P가 Ca 보다 많다. 또한 감자에는 K를 함유하여 Na를 포함한 식염과 함께 섭취하는 것이 Na/K 균형에 도움이 된다. 감자는 섬유질이 많아서 혈중 콜레스테롤(cholesterol)를 저화시키며, 심장질환 등의 성인병 예방에 좋은 식품이다. 감자껍질 부위의 폴리페놀(polyphenol)의 일종인 클로르제닉 산(chlorogenic acid)은 항암효과가 있다. 감자는 살색이 노란 것일수록 단백질이 많은데 이런 것은 전분이 적고 회분이 많으며 맛이 진하다. 감자에는 비타민 C가 많고, B_1도 상당히 많아 겨울철 채소 대용 영양 공급원으로 중요하다. 감자는 겨울철 비타민 B군과 C의 좋은 급원이다.

감자를 햇볕에 쬐이면 파랗게 되는데 이것은 독성인 솔라닌(solanin)이라고 하는 당알칼로이드가 생성되기 때문이다. 감자의 저장의 최적온도는 1~3℃, 습도는 85~90%이다. 감자는 주식과 부식, 간식, 전분 원료, 주정 원료 등으로 다양하게 이용된다.

3. 카사바

카사바(cassava, tapioca)는 일반적으로 타피오카로 알려져 있는데 중남미 일대가 원산지이고 세계적으로 널리 분포하고 있어서 그 명칭도 지역에 따라 인도네시아(ubikettela, kaspe), 남미(manioca, yumu, yucca), 브라질(mandioca. aipin), 아프리카(manioc), 인도와 말레이시아(tapioca), 아프리카, 태국 및 실론(cassava, cassada) 등으로 다양하다.

카사바는 반 관목의 다년생식물로 뿌리는 30~120㎝, 지름 4~15㎝, 무게 1~8㎏이다(그림 4-1).

그 종류가 2,000종이나 되지만 잘 알려진 것은 쓴맛이 나는 종(種)과 단맛이 나는 종으로 나눈다. 이들은 청산이 들어 있는데, 감미종은 껍질 부분에만 들어 있어서 껍질을 벗기고 나서 식용으로 이용하고 고미종은 전체에 들어 있기 때문에 전분 추출용으로 쓰인다.

뿌리를 6㎝ 정도의 길이로 절간한 칩이나 펠릿으로 만들어 유통하고 있으며 감미종은 고구마처럼 삶아서 식용한다. 이용성은 가축사료, 의약품, 섬유공업 등의 재료로 사용한다.

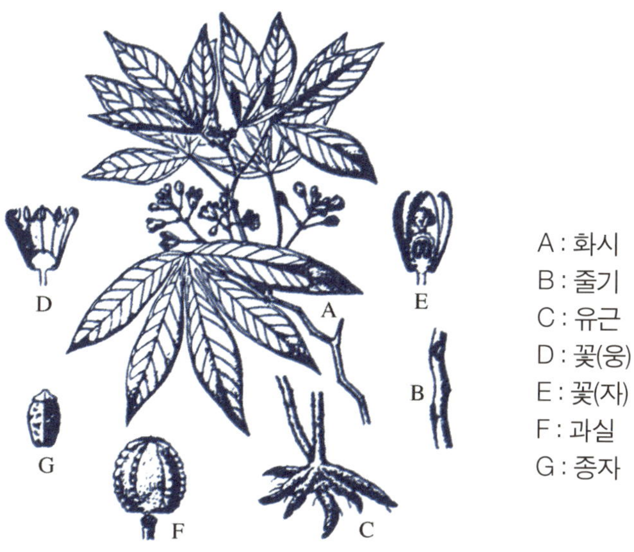

[그림 4-1] 카사바의 형태

4. 돼지감자

국화과에 속하는 1년생 초본으로 뿌리는 [그림 4-2]에서 보는 바와 같이 다수의 혹의 형태를 이루고 표면은 백 · 황색이다. 수분이 많고 이눌린(inulin)이 15% 정도 들어 있는데 사람은 소화시키지 못하고 돼지는 소화시키므로 돼지감자라는 명칭이 부여되었다. 소화가 잘 안 될 뿐만 아니라 불쾌한 냄새가 있어서 그대로 먹기는 부적당하지만 된장이나 겨로 절여서 먹으면 좋다. 유럽에서는 샐러드용으로 쓰이고 일부 잎줄기와 함께 가축사료로 쓰인다.

[그림 4-2] 돼지감자의 꽃과 덩이줄기

CHAPTER

05 채소류

1. 서론

채소류는 해로운 성분을 함유하지 않은 식물의 뿌리, 줄기, 잎 또는 꽃 등 어느 것이나 식용하는 것을 말한다. 이는 계절이나 지역을 불문하고 전 세계에 걸쳐서 생육되고 있으며, 이용하는 부위에 따라 엽채류 · 근채류 · 경채류 · 과채류 · 화채류로 분류하는 것이 보통이다. 채소류의 특징은 ① 일반적으로 수분을 많이 함유하고 있어 저장성이 낮다. ② 포도당 · 과당 · 자당 등의 당분(糖分), 만니톨(mannitol) 등의 당 알코올, 사과산 · 주석산 · 구연산 등의 산류를 비교적 많이 함유하여 조화된 상쾌한 맛을 준다. ③ 저급지방산의 에틸(ethyl), 아밀(amyl) 또는 부틸(butyl), 에스테르(ester) 등의 방향성분인 에스테르류를 비교적 많이 함유하고 있어 향기가 좋다. ④ 비타민 C · A · B_1 · B_2 등의 비타민류 및 무기질을 비교적 많이 함유하여 영양적 가치가 크다. ⑤ 잘 익은 채소류는 안토시안(anthocyanin)계 색소, 카로티노이드(carotenoid)계 색소, 플라보노이드(flavonoid)계 색소, 및 엽록소(chlorophyll)계 색소 등을 함유하므로 색깔이 아름다워 기호성을 준다. ⑥ 채소에 따라서 펙틴(pectin)이 많이 들어 있어 매끈한 촉감을 가질 뿐 아니라 잼(jam) 및 젤리(jelly)로 가공할 수 있다. ⑦ 비교적 적게 함유된 단백질은 즙중에 녹아 주스 · 잼 · 젤리 등으로 가공 및 조리 시 제품을 흐리게 할 수 있다.

각종 채소류의 원산지는 종류에 따라서 다르지만 중국 · 인도를 중심으로 한 중앙아시아, 지중해 연안 및 남아메리카 등지로, 대부분이 야생하던 것을 채소로 이용하다가 품종을 개량하여 재배하였으며 그 재배 역사는 각양각색이다.

2. 채소류의 성상 및 성분

1) 성상

식물체에 들어 있는 화학성분, 풍미 및 식습관에 따라 이용하는 부위가 달라서 잎 · 꽃 · 줄기 또는 뿌리 등이 이용된다. 즉, 꽃양배추(cauliflower)나 브로콜리(broccoli)는 꽃을 이용하고 주위의 줄기나 잎은 버리며, 시금치는 뿌리를 약간 버린다. 또한, 무나 당근 등은 통상 뿌리를 이용하지만 때로는 잎도 활용하고, 파류는 잎을 먹거나 줄기를 먹는 경우가 있다.

채소류는 사용하는 부위에 따라서 다음과 같이 분류된다.

[표 5-1] 가식부에 따른 채소의 분류

엽경채류	배추 · 양배추 · 시금치 · 상추 · 부추 · 셀러리 · 쑥갓 · 미나리 등
근채류	무 · 순무 · 당근 · 연근 · 토란 · 우엉 · 생강 · 마 · 감자 · 고구마 등
경·인경채류	파 · 양파 · 마늘 · 부추 · 염교 · 참나리 · 아스파라거스 · 땅 두릅 등
과채류	오이 · 호박 · 토마토 · 가지 · 고추 · 딸기 · 참외 · 수박 등
화채류	꽃양배추 · 브로콜리 · 아기양배추

그 밖에 익지 않은 완두 · 강낭콩 · 풋콩 · 녹두 · 동부 · 잠두 등의 두류와 옥수수 등도 채소로 이용되지만 여기서는 생략한다.

엽채류는 지상부의 잎 · 줄기 · 새잎을 식용한다. 그 이용 형태를 보면 생식용(양상추 · 셀러리), 삶아서 식용(배추 · 시금치 · 유채류), 절임용(배추류), 향신용(파슬리 · 자소 · 미나리 등) 등으로 구별되지만 엄밀한 것은 아니다.

근채류는 직근부 · 괴근부 · 괴경부 · 지하경부 등이 비대한 부분을 식용하는 것으로 전 채소류 중 생산량이 많은 무가 이에 포함한다. 특징으로서 무에는 아밀라아제(amylase) 등의 효소가 많고 당근에는 카로텐(carotene)이 많으며 고추냉이 등은 향신료서 매우 널리 이용된다.

경채류는 지하경의 싹을 식용하며 죽순 · 아스파라거스(asparagus) 등이 이에 속한다. 그리고 인경채류는 나리과에 속하는 채소로 중요한 것은 참나리(백합) · 파 · 양파 ·

마늘 등이다. 이것들은 엽부 · 인경부 등을 식용하며 특징으로는 일종의 자극취(allyl) 황화물(allicin) 등을 갖는 것이다.

과채류는 1~2년생 초본의 과실을 식용하는 것으로 크게 가지과, 박과, 콩과(莢果類)로 나누어지는데 각기 중요한 채소가 많으며 가지, 토마토, 오이, 수박이 이에 속한다. 어느 것이나 과피가 신선한 색채를 가지고 있으며 품종에 고유한 형태를 가진 것이 조리가공의 원료로 필요하고 적기에 수확하는 것이 중요하다.

화채류는 1~2년 생 초본의 꽃봉오리 · 꽃잎 · 꽃받침 등을 식용하는 것으로 꽃양배추 · 브로콜리 등이 이에 속하나 영양학적으로는 이렇다 할 특징이 없다.

2) 일반 성분 조성

채소류는 수분함량이 많은 반면 상대적으로 다른 성분이 적다. 어린 잎, 미숙 종자 등에는 아스팔산(aspartic acid), 글루탐산(glutamic acid)과 아미드(amide)류가 함유되어 있어서 단맛을 나타낸다. 전 질소의 양은 1.0~2.5% 내외이고 그 절반은 비단백 질소인 아미드 태로 아미노산 조성이 비교적 좋으며, 특히 푸른잎 채소의 단백질이 품질이 좋다. 지방질 함량은 약 0.1~0.5% 정도로 극히 적다.

탄수화물 중 전분, 당분, 섬유질이 중요하다. 특히 당분으로는 포도당 · 과당 · 자당을 함유하고, 그밖에 펙틴질, 펜토산(pentosan), 이눌린(inulin), 갈락탄(galactan), 만난(mannan) 등을 함유한다. 섬유질로는 셀룰로오스(cellulose), 헤미셀룰로오스(hemicellulose) 등이 있다.

채소류가 일칼리성 식품으로서 중요한 것은 무기질을 함유하기 때문이다. 채소류에 들어 있는 무기질들은 K · Na · Ca · Mg · P · Fe · S 등으로, 특히 엽채류 중에는 Ca · P, 근채류 중에는 Mg이 들어 있고 Fe은 엷은 색의 엽채류에 많이 들어 있다.

채소류는 각종 비타민류를 함유하며, 그중에서 비타민 A와 C의 공급원으로서 중요하다.

색소는 거의가 플라스티드(plastids : 세포 중의 원형질에 존재하는 특수체) 중에서 생성된다. 엽록소(chlorophyll)는 색소의 녹색부에 있는 성분으로 엽록체 중에 카로티노이드(carotenoid)와 함께 들어 있다. 프로비타민 A인 카로티노이드는 채소의 등황색 부위에 색소성분으로서 카로틴, 크립토크산틴이 함유되어 있으며, 카로티노이드는 적등색 채소(당근 、토마토 、고추 、고구마 등)에 존재하고, 플라보노이드(flavonoid)는 백색으로 황색의 채소(양파의 외피, 아스파라거스의 잎줄기, 파슬리의 잎 등)에, 안토시아닌(anthocyan)은 붉은색, 청색, 자색 채소(가지 · 붉은 순무) 등에 들어 있는 수용성 색소이다.

이와 같이 채소류의 성분은 같은 식물이라도 부위(뿌리 · 잎 · 줄기 · 과일 · 종자 · 꽃)에 따라 다르며, 유전적인 차이에 따라서도 성분이 달라진다. 식물이 자라는 동안 강수량 · 일조량 · 바람 등이 광합성 등에 영향을 미치고 농산물의 품질이나 영양가에도 관계가 깊으며, 성장 상태에 따라서도 성장이 양호하면 영양가가 높고 형태나 빛깔도 좋아진다. 한편, 토양의 비옥도가 비타민 함량에는 별로 영향을 미치지 못하나 무기질 함량이 낮은 토양은 채소류의 무기질 함량에 영향을 미친다.

3. 채소류의 변패와 성분 변화

1) 채소류의 변패

각종 식품재료의 성분은 미생물의 작용에 의해서 품질이 변패되고, 이때 탄수화물이 혐기적으로 분해되면 글루콘산으로 산화된다.

즉, 고분자의 다당류는 세포 내의 효소에 의하여 저분자의 과당류, 이당류 및 단당류의 혼합물을 먼저 생성한다. 바실러스(*Bacillus*), 스렙토마이세스(*Streptomyces*), 페니실룸(*Penicillium*) 및 아스펠질러스(*Aspergillus*) 속의 셀룰라아제(*cellulase*), 아밀라제(*amylase*) 등을 세포 외에 분비한다. 분해된 포도당 · 과당 · 유당 · 맥아당은 다음 단계에서 EMP 경로를 통하여 피루브산을 생성하며, 젖산균은 이 피루브산(pyruvic acid)을 젖산으로, 효모는 에탄올로 변형시킨다.

2) 채소류의 성분 변화

같은 종류의 채소라고 하더라도 종자의 종류 · 강우량 · 일조량 · 토양 등 생육 조건에 따라 성분의 차이가 생길 수 있다. 채소류의 성분 변화는 수확 전과 수확 후로 구분하여 생각할 수하여 각종 영양물질을 생성하며 미숙 상태에서 성숙 상태로 변하고 성분 있다. 수확 전 채소류는 동화작용, 이화작용, 호흡작용 등 왕성한 화학 및 생화학적 작용을 하여 각종 영양물질을 생성하며 미숙 상태에서 성숙 상태로 변하고 성분변화를 일으킨다. 수확 후 채소류는 더 영양분 공급이 되지 않으므로 생체 성분의 분해 대사가 주가 된다. 즉 전분, 유기산 및 당류 등의 변화와 함량감소는 많아지고, 또 펙틴질(pectic substances) 분해로 채소의 조직도 연화된다. 유기산은 성장하는 동안 그 함량은 증가하고 수확 후에는 감소한다. 또 다른 채소류의 변화는 색깔과 향기의 변화이다. 수확 후에 엽록소가 분해되고 카로티노이드계 색소가 나타나서 황색 또는 적색을 띠게 되며 점차 퇴색하게 된다. 향기 성분도 신선한 향기가 점차 각종 성분 변화와 상호 반응으로 생성된 휘발성 화합물에 의한 약하고 변질된 냄새로 변화하게 된다.

[표 5-2] 식물 중 탄수화물 대사 및 미생물에 의한 변패

재 료	변 패	미생물
과일	산미·고미·연부	*Streptococcus faecalis,* *Byssochlamys fulva,* *Penicillium italicum,* *P.citrinum, P.digitatum* *Bacillus polymyxa* *Erwinia carotovora*
오이 당근 · 채소 당근 · 오이 우유 당근 · 채소 곡류	산 미 연 부 불쾌취 산 미 산미·가스발생 변색·곰팡이 냄새	*Sclerotinio sclerotiorum* *Lactobacillus spp.* *Streptococcus spp.* *Rhyzopus nigricans.* *Penicillium glaucum,* *Serratia marcescens*

4. 채소류의 저장

수확 후의 여러 분해 작용에 의하여 성분 변화 · 수분 손실 · 향기 손실 · 효소와 미생물 에 의한 조직의 연화 등 많은 변화가 일어난다.

이러한 변화를 최소화시키고 저장 기간을 연장하기 위해서는 저온 저장이나 CA 저장 등의 조치가 필요하다.

1) 저장 전의 처리

저장 전에 우선 세척을 하여야 하며 조직 손상 부분은 제거하거나 숙성 처리(curing)하여야 한다. 상처 난 부분의 커링(curing)의 좋은 예는 고구마의 경우에 적당한 온도와 습도에서 일정 기간 저장하면 상처 부위가 코르크화되어 조직이 아물게 되고, 미생물과 냉해에 저장성이 생겨 저장성을 높이게 된다.

과채류는 수분 함량이 많고 생리적 활성이 왕성한 편이므로 표면을 약간 건조시킨 후 저장하면 저장 효과가 좋아진다.

2) 저온저장

수확 후에 채소류의 변화는 건조, 색깔의 퇴색, 중량의 감소, 미생물에 의한 연부 등 매우 다양하다. 이런 변화를 최소화하기 위해서는 적절한 처리와 저온저장이 필요하다. 저온저장의 효과로는

① 호흡량의 변화로 호흡에 의한 탄산가스 방출량이 감소됨으로써 선도유지의 효과가 있다.
② 채소류의 건조를 억제하여 무게의 감소나 시들음의 방지 효과가 있다.
③ 영양가의 손실이 적어진다.
④ 외관의 변화, 즉 갈변, 퇴색, 발아 등이 억제된다.
⑤ 조직의 변화를 억제로 한다.
⑥ 효소의 불활성화로, TCA회로 관련 유기산의 생성이 다소 억제된다.

5. 채소류의 유통

옛날에는 도시에도 밭이 많아서 필요에 따라 수확 직후의 채소를 쉽게 구입할 수 있었지만 지금은 일정한 시장경로를 통하여 소매점에서 구입하고 있다. 소비자의 수요를 위하여 산지에 저장하거나, 한여름의 장거리 수송 시에는 저온을 유지하여 채소의 선도 저하를 억제하고 있다. 채소는 생산자로부터 소비자에게 도달될 때까지는 보통 2~3배의 값이 오르는 경우가 많은데, 이는 채소류가 저장이 어렵고 저장을 할 수 있더라도 저장능력에 한계가 있어서 집중출하의 현상을 방지하기 어려우며, 유통저장 중 쉽게 물리적 손상을 입기 때문이다.

6. 엽채류

엽채류(葉菜類)는 보통 줄기도 함께 먹기 때문에 경엽채류(莖葉菜類)라고도 하며, 채소 중의 채소라고도 한다. 여기에는 잎을 먹는 배추 · 양배추 · 상추 · 부추 · 시금치 · 쑥갓 · 갓 · 미나리 · 샐러리 · 파슬리 등이 해당한다. 경채류는 주로 줄기를 먹는데 죽순 · 땅두릅 · 아스파라거스 등이다. 화경(花莖)인 꽃을 먹는 브로콜리(brocolli) 및 꽃양배추(cauliflower) 등을 들 수 있다.

1) 배추

배추(Chinese cabbage)의 원산지는 중국 북부지방이며 한국 · 중국 · 일본 등 동양 삼국에는 중요한 채소 중의 하나로 재배종 배추는 야생식물에서 진화된 것이 아니라, 재배식물인 순무와 양배추의 교잡으로 후대에 중국 북부지방에서 탄생한 것으로 추정되고 있으며, 실용적인 결구종과 반결구종이 주로 재배되고 있다. 배추를 재배기간에 따라 분류하면 조생종, 중생종, 만생종으로 나뉘며 조생종은 얼갈이 배추와 서울배추 같이 생육기간이 55~60일 미만인 종류를 말하며, 중생종은 생육기간이 약 65일 정도인 배추를 말하고, 만생종은 생육기간이 70~75일 정도인 것을 말한다.

또한, 배추의 품종은 불결구종, 반결구종, 결구종 배추로 구분하여, 통상 배추라 하면 결구배추를 말한다. 결구형은 각각의 배추 잎이 배추 중심부에 모이고 잎이 겹치지 않는 포합형(抱合型)과 양배추 처럼 배추 잎이 넓게 자라 서로 덥히는 포피형(抱被型)으로 구분한다. 수확 시기는 촉성 재배의 경우 4월, 춘파재배는 6월, 고랭지 재배와 슒음 재배는 7월, 여름재배는 9월, 가을재배는 11월이다. 배추의 품종은 결구 양식에 따라 불결구종, 반결구종, 결구종으로 구분하여, 주로 결구종이 재배되고 있다. 일반적으로 2~8월에 파종하여 2~3개월이 지나 4~11월에 수확한다.

배추는 수분이 약 90~96%를 차지하며 영량소는 함량이 낮다. 비타민은 A · C가 풍부하며 무기질 중에서는 Ca이 많다. 배추는 소금절임으로 칼슘을 제외한 비타민과 무기질의 50% 이상이 용출된다. 탄수화물의 약 반이 환원당이고, 미량의 비환원당이 함유되어 있으며, 미량의 전분과 연한 섬유가 함유되어 있기 때문에 이들은 소화기의 활동을 촉진하는 역할을 한다.

[표 5-3] 배추의 일반 성분 (100g 중)

성분	함량	성분	함량	성분	함량
수분	95.9g	비타민 E	0.1mg	칼륨	230mg
단백질	1.1g	비타민 B_1	0.04mg	나트륨	5mg
지질	0.1g	비타민 B_2	0.04mg	철	0.4mg
당질	1.9g	나이아신	0.4mg	인	36mg
섬유질	0.4g	비타민 C	22mg	칼슘	35mg

배추의 품질은 상처나 병반이 없고 팽팽하여 단단한 것이 좋으며 반결구종은 잎이 얇고 질도 연하며, 잎의 상부가 서리에 맞아서 담황색을 띠우는 것이 풍미가 있다. 결구종은 수확이 늦으면 엽맥이 발달하여 질겨서 좋지 않다.

배추의 저장조건은 0~3℃의 저온과 95% 정도의 상대습도인데 다음과 같은 간이저장법을 많이 이용한다. 배추의 저장 조건은 0~3℃의 저온과 95%의 상대습도가 적당하지만 다음과 같은 간이 저장법으로 일정한 기간 동안 저장이 가능하므로 조리재료로 사용하는 기간에 따라 신선도를 유지할 수 있다.

① 노지 저장 : 물이 잘 빠지는 밭 위에 배추를 한 층으로 하여 넓이는 4~5 포기 정도로 하고, 길이는 임의로 조절하여 세우고, 그 위에 짚이나 이영 등으로 덮어서 저장하는 방법이다. 그러나 혹한에는 저장성이 낮다.

② 움 저장 : 땅을 너비 1m, 길이는 30~40cm, 길이는 임의로 하여 파고 여기에 겉잎을 제거한 배추를 뿌리째로 캐다가 심은 후 그 위에 간단한 지붕을 만들어 저장하면 오랫동안 저장 가능하다.

③ 포장 저장 : 두께가 0.05~0.08mm의 폴리에틸렌필름에 포장하여 10℃ 정도의 온도에서 상당한 기간 동안을 저장할 수 있다.

배추는 특히 김치재료로 애용된다. 김치를 담글 때 무와 오이를 넣으면 젖산균 촉진효과가 있어 김치가 쉬 익는다. 김치 재료 중 마늘은 유산균의 공급원이며, 젓갈류의 동물성 아미노산은 유산균의 먹이 역할을 한다. 설탕은 적당량 넣으면 김치 맛이 안정되고 맛이 좋아진다. 즉 유산균이 설탕을 먹고 배출한 것은 설탕이 아닌 다른 물질로 변해 있기 때문인데 , 이를 '설탕 발효' 라 한다. 유산균이 설탕을 먹으면 포도당과 과당으로 분리한 뒤 생화학적 과정을 거쳐 덱스트란(dextran)과 만니톨(mannitol)을 만들어 낸다. 막 김장을 했을 때는 유산균(乳酸菌, lactic acid bacteria : 0.5~2.0㎛의 크기로 당분과 아미노산을 먹고 젖산을 생성하는 균)이 ml당 1만 마리 정도에서 김치가 익어감에 따라 6천만 마리로 급증한다. 김치속 유산균은 배춧잎과 물관 등에 깊숙이 파고 들어가므로 장까지도 생균 상태로 도달 한다. 섬유가 연해서 보쌈에 좋고, 베이컨이나 돼지고기와도 잘 조화 되며, 전골이나 국에 많이 이용된다. 중국식에도 채소 말이, 국거리, 볶음요리, 밑반찬 절임요리 등 많은 용도로 쓰인다. 대표적 요리로 배추겉절이, 배추 된장국, 배추 된장무 침, 배추 사골 국, 배추 장국, 백김치 등이 있다. 김치로 담갔을 때는 3주 정도 되었을 때 비타민C의 함량이 가장 많다.

2) 양배추

양배추(cabbage)의 원산지는 벨기에 · 프랑스 · 스위스 · 영국 등 유럽의 여러 나라 및 미국 등지에 분포하며, 우리나라에서는 제주도 · 강원도에서 재배된다. 국내에서는 품종에 따라 다소 차이는 있으나 10월 하순까지 출하하며, 온대지역에서는 이듬해까지 출하된다.

[표 5-4] 양배추의 성분(100g 중)

성분	함량	성분	함량	성분	함량
수분	92.4g	칼륨	210mg	비타민 B_1	0.05mg
단백질	1.4g	나트륨	6mg	비타민 B_2	0.05mg
지질	0.1g	철	0.4mg	비타민 C	44mg
콜레스테롤	0g	인	27mg	비타민 E	0.1mg
탄수화물(당질)	4.9g	칼슘	43mg	나이아신	0.2mg
섬유질	0.6g			비타민 E	10 IU

양배추의 단백질은 염기성 아미노산을 많이 함유하여 라이신(lysine)은 식물성 단백질 중에서는 많이 함유하고 있는 편이다. 지질은 리놀레산(linoleic acid)가 많고 탄수화물은 포도당이며, 비타민은 C가 50mg%으로 가장 많고, 무기질로는 K · S · Ca 등과 여러 종류의 효소가 들어 있다.

양배추는 겉잎의 끝 부분과 심이 있는 부분이 시들거나 썩어가므로 겉잎을 떼지 않고 보관하는 것이 좋다. 양배추를 생식하거나 주스로 섭취 할 경우 함유된 비타민의 영향으로 위궤양 및 십이지장궤양에 효과가 크다고 한다. 의학에서는 섬유소의 함량이 높아서 결장암 · 담석증을 예방하고 배설에 좋다고 알려져 있다.

유럽에서는 사우어크라우트(sauerkraut)를 주로 만들어서 사용하며, 소스를 곁들인 샐러드로도 이용된다. 둥근 모양으로 조림, 볶음에 이용하고 삶기도 하며, 익혀서 쌈 등으로도 이용한다. 삶을 때 바깥쪽으로 벗기고 뿌리에 십자로 칼집을 넣고 잠시 동안 소금물에 넣었다가 씻은 후에 충분한 소금물에 5~6분 삶으면 쓴맛이 가신다. 서양에서의 3대 장수식품으로 양배추, 올리브유 및 요구르트를 칭하고 있다.

3) 시금치

시금치(spinach)는 페르시아(Persia)에서 재배를 시작하였으나, 서남아시아가 원산지이다. 명아주과에 속하는 자웅이주의 일년생 작물이다. 시금치는 한 · 냉성 작물로 월동성은 강하나 더위에는 약하며 생육적기는 3~5월이나 9~11월이지만 3~5월에 가장 많이 생산된다. 겨울 시금치는 12월 상순, 봄 시금치는 4월 상순, 여름 시금치는 6월 하순, 가을 시금치는 10월 상순에 생산된다.

시금치는 단백질이 약 3% 정도 함유되어 잇으며, 일반 곡류에서 매우 부족하기 쉬운 라이신(lysine), 트립토판(tryptophan), 메치오닌(methionine)이 많이 들어있고, 비타민 A · B_1 · B_2 · C가 다량 들어 있고, 무기질은 Ca 외에 Fe이 풍부하여 조혈작용이 있다. 수산, 사과산 및 구연산 등을 함유하고 있다.

[표 5-5] 시금치의 일반성분(100g 중)

성분	함량	성분	함량	성분	함량
수분	90.4g	칼륨	740mg	비타민 A	1,700IU
단백질	3.3g	나트륨	21mg	비타민 E	2.5mg
지질	0.2g	철	3.7mg	비타민 B_1	0.13mg
탄수화물(당질)	3.6g	인	60mg	비타민 B_2	0.23mg
섬유질	0.8g	칼슘	55mg	나이아신	0.6mg

시금치의 떫은맛은 수산에 기인하며 끓는 물에 살짝 데치면 제거되어 단맛이 나며 향기가 있는 식품재료로서 주독을 없애는 효과가 있고 피부를 윤기 있고 건강하게 한다.

이용성은 나물 · 국거리 등 다양한 반찬으로 이용되며, 삶으면 영양소의 손실이 많아지므로 찌는 것이 좋다. 데치기(blanching)하거나 찔 때 중조 혹은 소금을 넣고 데치면 변색을 막아서 선명한 녹색을 지닐 수 있다. 냄비 뚜껑을 열어 놓고 가열하면 수산이 휘발하여 없어지므로 황갈색으로의 변색을 막을 수 있다. 또한 수산은 칼슘과 결합하여 결석을 생산할 가능성이 있으나 일상의 섭취량으로는 결석이 생기는 경우는 드물다. 시금치를 요리 시 너무 오래 삶으면 영양분 손실 때문에 살짝 데쳐서 먹는 것이 좋으며, 서양요리에서는 샐러드로 많이 사용한다. 신선한 시금치를 기름에 볶으면 영양 손실을 막을 수 있으며, 주로 생선요리 재료로 많이 사용된다. 버터 볶음 요리에 알맞고 철분이 많아 어린 아이와 여성이 많이 먹으면 좋다.

4) 상추

상추(lettuce)는 야생종에서 변화한 것으로 세계적으로 중요하게 이용되는 샐러드용 채소로 원산지는 유럽, 아시아, 북부 아프리카이며, 국내에서 전국적으로 재배되지만 특히 경기, 전남 · 북, 경남지방이며, 도시근교에서 시설(온실)상추가 많이 재배되고 있다. 생육기간이 짧아 재배가 용이하여 연중 출하된다. 봄 상추는 4~6월, 고랭지는 7~10월, 가을상추는 11~12월, 겨울상추는 12월부터 다음해 4월에 출하된다.

[표 5-6] 상추의 일반성분(100g 중)

성분	함량	성분	함량	성분	함량
수분	95.7%	칼륨	220mg	비타민 A	70 IU
단백질	1.0%	나트륨	1mg	비타민 E	0.3mg
지질	0.2%	철	0.5mg	비타민 B_1	0.06mg
탄수화물(당질)	2.0%	인	24mg	비타민 B_2	0.04mg
섬유	0.5%	칼슘	21mg	비타민 C	6mg
				나이아신	0.2mg

당류는 대부분이 포도당이고 류신(leucine)과 발린(valine)이 다른 채소보다 많다. 칼슘 · 철 등의 미네랄 성분과 비타민 A · B군 등이 풍부하며, 비타민 C는 적은 편이다. 잎상추의 줄기를 절단하면 하얀 액체가 흐르는데, 이는 쓴맛을 내는 락투신(lactucin)과 락투코피크린(lactucopicrin)이 함유되어 있고, 이 성분들은 신경 안정을 도와 수면을

유도하는 기능이 있다. 사과산이나 구연산 등을 함유하고 있어서 상큼한 맛이 난다. 향기성분으로는 α-아미노부티르산(α-aminobutyric acid)이 대부분이다. 감칠맛 성분으로는 아데닐산(adenylic acid)이 약 1mg% 정도 함유되어 있다.

신선한 잎을 이용하여 쌈이나 샐러드용, 샌드위치 속박이 또는 장식용으로도 사용하며, 한식으로는 생선무침에도 많이 이용한다. 중식에서는 상추쌈 요리로 많이 사용되고, 최근에는 화채용으로도 애용한다. 시든 상추는 찬물에 4~5시간 정도 담가두면 싱싱하게 되살아난다. 겉잎의 푸른 부분을 살짝 데쳐 곱게 갈아 크림스프용으로 사용하면 좋다.

5) 쑥갓

쑥갓(crown daisy)은 국화과이고, 지중해 연안이 원산지이며 유럽에서는 노란색이나 백색의 꽃을 관상으로 하는 식물이며, 화단이나 화분에 심고, 채소로 이용하지 않는다. 우리나라에서는 채소로서 널리 재배되고 있으며 최근에는 하우스 재배에 의해 겨울 채소로 많이 이용된다. 품종으로는 대엽종 · 중엽종 · 소엽종이 있으나 중엽종이 대부분이다.

[표 5-7] 쑥갓의 일반성분(100g 중)

성분	함량	성분	함량	성분	함량
수분	95.7%	칼륨	220mg	비타민 A	70 IU
단백질	1.0%	나트륨	1mg	비타민 E	0.3mg
지질	0.2%	철	0.5mg	비타민 B_1	0.06mg
탄수화물(당질)	2.0%	인	24mg	비타민 B_2	0.04mg
섬유질	0.5%	칼슘	21mg	비타민 C	6mg

일반 성분은 다른 채소와 거의 같으나 무기질인 Ca · Fe과 비타민 A · B · C 등은 매우 많다. 특히 비타민 C를 파괴하는 효소인 아스코르비나아제(ascorbinase)가 있어서 비타민 C를 파괴하므로 주의를 요한다. 쑥갓은 몸 속의 기운을 순환시켜 소화기관을 튼튼하게 하고 가래를 없애 주며 섬유소로 인한 변비에도 효과가 있다. 열량은 100g에서 26kcal 정도이지만 소화가 잘 되는 알칼리성 식품이다. 카로틴을 함유한 것이 특징으로 필수아미노산인 라이신을 다량으로 함유하고 있는 채소이다.

향기와 풍미가 좋아 생으로 또는 나물, 쌈으로 먹고, 생선국 찌개나 샐러드 재료로도 사용한다. 식용으로 이용하는 곳은 동아시아 지역만으로 독특한 향을 즐긴다. 향기를 즐길 수 있는 채소이므로 향기를 살리는 것이 요리의 포인트이며 일식 냄비요리에는 위에 얹어 향이 나도록 하며, 쑥갓의 섬유소는 부드러워서 무칠 때 지나치게 삶지 않도록 주의하여야 하며 줄기부터 넣고 잎을 넣어 데쳐낸다.

6) 샐러리

샐러리(celery)는 지중해 연안과 중동에 이르기까지 야생종이 분포되어 있고, 미나리과로 일 · 이년생 초본이며, 처음에는 냄새 제거나 약용으로 이용되다가 17세기에 식용이 되었다. 우리나라는 19세기 후반에 도입하였는데 강한 향기로 널리 보급되지 않았다. 근래에는 호텔 서양레스토랑 등에서 사용하고 품종은 많아서 잎이 적색 · 백색 · 황색 · 녹색 등이 있다.

[표 5-8] 샐러리의 일반 성분(100g 중)

성분	함량	성분	함량	성분	함량
수분	95.3%	칼륨	360mg	비타민 A	160 IU
단백질	0.9%	나트륨	24mg	비타민 E	0.2mg
지질	0.1%	철	0.2mg	비타민 B_1	6mg
탄수화물(당질)	2.3%	인	34mg	비타민 B_2	0.03mg
섬유질	0.5%	칼슘	34mg	비타민 C	0.03mg

줄기는 곧게 서서 가지를 나누고, 키는 80~90cm이며 세로로 녹색의 모가 여러 개 줄지어 있다. 꽃은 5개의 꽃잎으로 된 백록색의 작은 꽃이 가을에 핀다. 신선한 잎은 짙은 향기가 있으며 정유로서 3%가 함유되어 있다. 샐러리는 당질과 지방질의 함량이 낮고 식이섬유를 다량 함유하여 체중조절 식단에 이용되며, 비타민 B_1과 B_2가 풍부하고 Na와 Ca이 많으며 인체에 해로운 일산화탄소(CO)를 배출하는 효과가 있다. 특수성분으로 약용효과는 신경증이나 혈액순환을 좋게 한다고 알려져 있다. 줄기는 동상에 찜질을 하면 효과가 있다.

강한 향기를 내며 단맛도 가지고 있기 때문에 대게 잎자루를 연백화시켜서 식용한다. 샐러리의 잎에는 세다놀(sedanol)이라는 특수한 방향성분이 함유되어 있으며 맛은 약간 쌉싸름하다. 이용은 샐러드와 수프에 넣기도 하며, 서양요리에서는 육류요리에 많이 사용한다. 마요네즈나 프렌치(french) 드레싱을 곁들인 샐러드에 달걀이나 치즈 등의 단백질 식품을 섞으면 더욱 좋다. 그리고 튀김이나, 피클을 해도 맛이 좋으며, 피망과 같이 비타민A를 많이 함유한 식품과 함께 사용하면 효과적이다. 중식에는 육류나 어류 또는 볶음요리에 부재료로 사용하고, 자라요리에서는 자라의 냄새 제거용으로도 사용된다. 또 줄기는 동상에 찜질을 하면 특효가 있다고 한다.

7) 미나리

미나리(water cress)는 미나리과 속하며 한반도, 중국 동남아시아 원산의 다년생 초본으로 야생 혹은 습지에 잘 자라고 재배방법으로는 논이나 밭에서 재배된다. 11월 중순부터 3월 하순에 걸쳐서 수확되며 봄에 나오는 것이 상품이다.

줄기는 곧게 서고 키는 30cm 정도이고 향기가 있다. 7~8월에 흰 꽃이 피고 열매는 작은 타원형이다. 비타민 A · B_1 · B_2 · C가 풍부한 알칼리성 식품으로 무기질은 Ca · P · Fe이 많다. 미나리의 독특한 향기는 미르센(myrcene) · 이소람네린(isoramnerin) · 페르시카린(persicarin) 등의 정유 때문이다. 독미나리를 잘못 먹고 식중독을 일으키는 성분은 시큐톡신(cicutoxin)이다.

생식으로 혹은 삶아서 무쳐 먹기도 하고 마요네즈에 무치기도 하는데, 미나리강회, 미나리회, 미나리 죽 요리 등이 있다. 종자의 유지에서 풍기는 상큼한 방향과 씹히는 맛이 일품으로 국 · 복어회 · 나물 · 불고기 요리 등에 이용하는 것 외에 주채의 향미로 이용된다. 음식에서 독성분을 해독하는 효능이 있어 복요리 할 때 미나리는 필수재료이다.

비교적 비타민 C와 카로틴이 많아 건강식품으로 또 신경통에 효과가 있다고 알려져 있다. 미나리에는 거머리가 특히 많은데 연한 식초 물에 담그면 줄기에서 빠져 나온다

8) 파드득나물

파드득나물(Japanese hornwort)은 미나리과 미나리와 마찬가지로 한반도, 중국대륙, 대만 북아메리카 동부에 널리 분포한다. 재배화된 것 외에 야생의 것도 채취해서 이용한다. 호습성으로 보수력이 있는 토양에서 잘 자란다. 관동에서는 종자를 뿌려서 근주를 양성하고, 이를 파서 연화 실에 심어서 지상으로 나오는 잎을 잘라서 이용하는 것

과 지상부의 마른 포기에 흙을 모아서 나오는 잎을 연화하고, 뿌리가 붙은 채로 출하 하는 것이 있다. 관서에서는 근주를 양성하지 않고 종자를 치밀하게 뿌려서 어린 것을 수확하는 청파드득나물을 이용한다. 자른 파드득나물은 4월에 출하되는 수가 많다. 청파드득나물은 수경재배가 가능해서 1년에 7회 정도 수확할 수 있으며 최근 전국적으로 보급되어 있다.

향기는 청 파드득나물이 좋으며 비타민 C, 칼슘을 시금치와 동일한 정도 함유한다. 잎이나 어린줄기를 나물 · 국 · 찌개요리에, 뿌리는 조림이나 우엉조림에 이용한다.

9) 갓

갓(brown mustard)은 평지 과와 겨자 과의 교잡종인 1~2년생으로 중앙아시아가 원산지이며, 고온다습한 곳을 좋아하며 많은 품종이 있으며, 국내에서는 여수(돌산)에서 많이 재배하고 있다. 9~10월경 씨를 뿌리면 이듬해 3~4월에는 화경이 자란다. 화경이 20~30cm로 자라면 뿌리부터 잘라서 출하한다.

잎은 갈라지지 않고 청자색을 띠며, 4월경에 십자모양의 노란 꽃을 피우고, 열매는 원기둥 모양 꼬투리의 짧은 자루가 있고 안에 갈색을 띤 황색의 종자가 들어있다. 채소류 가운데서 비교적 단백질 · 무기질 · 비타민을 풍부하게 함유하고 있는 작물로, 갓의 매운맛 성분은 배당체인 시니그린(sinigrin)으로 미로시나아제(myrosinase)에 의해 겨자유(mustard oil)로 분해되어 매운맛이 난다. 이 매운 성분은 특히 종자에 많으므로 이를 향신료로 이용한다. 일반성분 조성은 수분 83.5%, 단백질 3.6%, 지방 0.55%, 당질 9.8%, 섬유 2.2%, 무기질 21.4%이며 다른 채소에 비해서 나트륨 함량이 비교적 많은 편이다. 비타민 중 카로틴 2,300mg%, 비타민 C 55mg% 및 유리당으로 포도당 및 과당이 함유되어 있다.

갓은 김치를 담고, 종자는 향신료로 쓰이며, 갓씨와 겨자씨를 개자라 하여 개자유를 제조하는데 이용된다. 티벳 · 네팔 등에서는 갓 잎을 햇볕을 말려 저장하였다가 먹기도 하며, 인도에서는 겨울철의 동물 사료로 많이 이용한다. 이용성은 나물 · 절임 · 조림 · 볶음 · 찌개 등에 이용된다.

갓은 기억력이 좋아지고 기력을 자극하여 피로 회복에 좋으며 향신료로 유명하다.

10) 머위

머위(butterbur)는 일본이 원산으로 엉거시과에 속하며 우리나라, 중국에도 분포하는 다년생 초본이다. 산야에 널리 자생하고 산간지, 사토의 습지 등에 재배된다.

잎은 뿌리줄기에서 나와 긴 잎자루가 있고 둥근 모양으로 가장자리에 불규칙한 톱니가 있다. 꽃줄기는 이른 봄에 나오고 백색 꽃이 핀다. 잎에는 비타민 A를 비롯해서 비타민이 비교적 골고루 들어 있으나 줄기에는 적다. 칼슘이 많은 알칼리성 식품인데 영양면보다는 향채로서의 성격이 더 크다. 머위가 쉽게 갈변하는 것은 클로로겐산(chlorogenic acid)과 폴리페놀(polyphenol)이라는 성분이 들어 있기 때문이다.

꽃대는 일종의 정유를 지니고 있어서 특유한 향기와 쓴맛이 난다. 잎자루는 데친 뒤에 찬물에 담아 껍질을 벗기고 다시 물에 우려낸 뒤 양념하여 먹기도 하고 된장국에 넣는다.

7. 근채류

근채류는 뿌리[根]을 가진 구경 · 근경 · 괴경 · 비늘줄기에 해당하는 식품재료이다. 구경(球莖)은 곤약처럼 지하줄기의 비대로 인해 공처럼 형성된 것으로 영양성분을 저장하며, 근경(根莖)은 줄기의 형태가 너무 커져서 영양성분을 저장하여 뿌리처럼 보이는 것이며, 괴경(塊莖)은 다년생 초본으로 매년 시드는데 땅속줄기의 말단 부위가 너무 커져서 영양성분을 저장하며, 비늘줄기(인경, 鱗莖)는 땅속의 줄기 모양인데 양파, 마늘이 해당한다. 또한, 영양성분을 저장하는 흡수하는 뿌리 부위는 비정상적으로 비대하여 다량의 영양분을 저장하며 토란 · 무 · 당근 등이 해당된다.

1) 무

무(radish)의 원산지는 여러 가지 설이 있어서 명확하지는 않지만 지중해 연안 지방으로 중앙아시아를 거쳐 중국에 전해져 우리나라에 도입되었으며 삼국시대(AD 5세기)부터 재배되기 시작했다. 배추와 함께 우리나라의 2대 채소 중의 하나이며 십자화과 속하는 1~2년 생 초본으로 원산지는 지중해로부터 중국으로 전해졌을 것으로 추정된다. 무의 품종은 크게 조선무와 일본무로 나눌 수 있는데, 조선무에는 김장용으로 사용되고 있는 서울무 · 울산무가 있다 우리나라 재래종의 대표 품종은 서울무로, 육질은 비교적 단단하고 저장성이 좋아서 널리 재배되고 있으며, 중국에서 일본을 통하여 들여온 남지무 계통이 있고, 이것에는 일본무라고 불리는 궁중 · 연마무 · 성호원무 등이 있다. 또한 근래에는 샐러드용으로 20일 무가 약간 재배되기 시작했다.

무의 형태는 여러 가지가 있고 색은 보통 백색이지만 적갈색이 혼합된 것도 있다. 육질은 다즙이고 특유의 향기와 신미가 있다. 잎은 표면에 거친 털이 있고 열매는 뿔 모양의 이삭에 적갈색의 종자가 있다. 밑동의 무게는 봄 · 여름무는 800~1500g이고 배추보다 저장이 비교적 쉬워 얼지 않는 범위의 저온을 유지하면서 습도를 높여주면 오래 보관할 수 있다. 저장 적온은 0℃, 습도 90~95%에서 약 3개월 동안 저장할 수 있다. 재료 보관 시 수분증발이 심하므로 바람에 직접 닿지 않게 주의한다.

무에는 수분량이 약 94% 이상이며, 당질인 설탕과 포도당을 함유하여 단맛을 내고, 아미노산 중에는 라이신 함량이 매우 높다. 무기질인 Ca · K · Na · P · Fe 등을 고루 함유하며, 비타민은 A · B_1 · B_2 · C 등을 다량 함유하며, 특히 비타민 C는 껍질에 함량이 높으므로 조리 시 껍질을 가능한 유지하도록 하는 것이 좋다. 또 아밀라제인 디아스타아제(diastase)를 많이 함유하고 있기 때문에 소화를 돕는다. 과산화수소수(H_2O_2)를 분해하는 카탈라아제(catalase)도 함유하므로 산화작용을 저해하기도 한다. 무의 독특한 매운 맛과 향기 성분은 겨자유(mustard oil) 및 황화 아릴(allyl)류 등이다.

무의 이용은 김치를 담그고, 단무지 국거리, 나물로 쓰며 가늘게 또는 손가락 크기로 썰어 말려서 무말랭이로 쓴다. 또 된장, 고추장에 넣어 장아찌를 만들고, 무생채용으로 쓰이며, 과식을 했을 때 무즙을 갈아 먹으면 소화가 잘 될 뿐 아니라 식품의 산도를 중화시켜 주기도 하는데, 생선회나 구이를 조리할 때 무를 갈아서 곁들이는 것은 산성식품인 생선을 중화하는 훌륭한 조리법이다.

2) 순무

순무(turnip)는 십자화과(十字花科)의 일 · 이년생 초본으로, 식물로서는 배추 · 양배추류와 같은 종이다. 원산지는 온대유럽 또는 중동이라고 하는 2원설이 있다. 중국에서 도래한 아시아형과 시베리아를 경유해서 도래한 유럽형이 있다. 현재는 많은 품종이 존재하며 순무를 비대 근이 이용되는 수가 많은데, 엽경체와 같이 뿌리보다도 잎을 주로 이용하는 경우도 있다. 순무의 잎은 대부분 녹색인데 뿌리가 빨간 것 중에 잎에 색깔이 있는 것도 있다. 비대한 뿌리의 형태는 편평한 것에서 둥근 것, 긴 원통에서 긴 원추인 것 등이 있다. 껍질은 백 · 적 · 자색이고 살은 백색인데 가끔 빨간 빛을 띤다.

[표 5-9] 순무의 일반성분(100g 중)

성분	함량	성분	함량	성분	함량
수분	94.7g	칼륨	230mg	비타민 A	0 IU
단백질	0.9g	나트륨	13mg	비타민 E	0mg
지질	0.1g	철	0.3mg	비타민 B_1	0.03mg
탄수화물(당질)	3.2g	인	24mg	비타민 B_2	0.03mg
섬유질	0.5g	칼슘	37mg	비타민 C	17mg

외국 품종에는 껍질이 황색으로 살이 흰 것, 껍질과 살이 모두 황색인 것이 있다. 순무의 형태와 성상은 무와 아주 비슷하다. 꽃은 황색 십자모양의 꽃이 봄에 핀다. 밑 동잎은 긴 타원형 또는 피칭형으로 잎 둘래가 갈라지거나 갈라지지 않은 것도 있다. 그 외에 크기로 나누는 대순무 · 중순무 · 소순무로 나뉘며, 색깔에 의해 백순무 · 적순무 · 청순무 등으로 구분한다.

뿌리가 흰 부분에는 비타민 C가 비교적 많고 아밀라제도 많이 함유되어 있다. 수분 94.7%, 단백질 0.9%, 지질 0.1%, 탄수화물 3.7~6.6% 정도이며 포도당과 펙틴 등을 함유하고 있다. 무기질은 Ca · K · P 등이며, 특히 칼륨은 약 230mg%이나 함유되어 있고, 뿌리의 흰 부분에는 비타민 C가 많고 잎은 뿌리보다 비타민 C를 많이 함유하고 있다. 그밖에 탄수화물 분해효소인 디아스타아제(diastase)가 있어서 소화작용을 돕고, 항암효과를 가진 글루코시놀레이트(glucosinolate)가 들어 있는데 폐암 등의 예방에 좋다고 알려져 있다.

잎과 뿌리는 소금에 절여 반찬으로 쓰고, 김치를 담그며, 삶거나 데쳐서 여러가지 요리에 이용한다. 연하고 단맛이 있는 것은 고기 조림이나 볶음요리에 쓰이며, 얇게 썰어 잎과 함께 국건더기에 이용되고 초절임 요리도 하며, 요리의 장식용에는 적 순무를 많이 이용한다. 뿌리에는 전분을 분해하는 아밀라아제가 함유되어 있어 소화를 돕는 작용을 한다.

3) 당근

당근(carrot)은 미나리과 당근 속(屬)으로 대표적인 유색채소로서, 원산지는 아프가니스탄으로 추정되며 2천 년 이상 재배하여 온 채소이다. 품종은 아시아형과 유럽형으로 분류된다. 유럽 · 북아프리카 · 중국 등에 분포하는 야생종에서 아프가니스탄 당근이 한쪽으로는 페르시아를 거쳐서 유럽으로 분화하고, 또 한쪽은 실크로드를 거쳐서 중국에 들어간 아시아형으로 분류된다. 우리나라는 유럽형 품종으로 유럽형 당근은 한랭지에서 재배하여 여름에서 가을에 걸쳐 수확하는 한지형과 봄~초여름에 파종하여 가을~겨울에 걸쳐 수확하는 난지형으로 구분한다. 또한 꽃대가 늦게 피는 품종은 터널 재배를 실시함으로써 늦은 가을부터 봄의 수확도 가능해져 1년 중 생산이 가능하게 되었다. 당근의 구조는 겉부분인 피층부와 내부인 심부로 이루어져 있는데 피층부는 조직이 치밀하고 풍미가 좋고 심부는 조직이 치밀하지 못하다. 보통 당근의 주황색이 진할수록 비타민 A의 전구물질인 카로텐(carotene)이 풍부하다.

당근은 수분량이 약 90.4%, 탄수화물이 약 7.1%를 차지하며 설탕성분이 많아서 단맛을 낸다. 무기질 중에는 Ca · P의 함량이 높고, 특히 비타민 A 함유량은 채소 중에서도 으뜸이다.

특히 당근에 다량 함유된 비타민 A의 전구체인 β-카로텐은 체내에서 세포노화 방지 기능있는 것으로 알려져 있다. 또한, 당근에는 비타민 C를 산화시키는 효소인 아스코르빈아제(ascorbinase)가 포함되어 있기 때문에 채소류와 과일류 등을 동시에 식품재료로 사용할 경우 해당 재료의 비타민 C를 파괴시킬 수 있으므로 주의를 요한다. 아스코르빈아제의 활성을 저하시키는 방법으로는 효소를 불활설화시키는 것인데, ① 당근을 80℃에서 4분 정도 물에 데치는 것과, ② 식초를 적당량 첨가하는 등이다.

[표 5-10] 당근(생 밑동)의 일반 성분(100g 중)

성분	함량	성분	함량	성분	함량
수분	90.4%	칼륨	400mg	비타민 A	4,000 IU
단백질	1.2%	나트륨	26mg	비타민 E	0.4mg
지질	0.2%	철	0.8mg	비타민 B_1	0.07mg
탄수화물(당질)	6.1%	인	36mg	비타민 B_2	0.05mg
섬유질	1.0%	칼슘	39mg	비타민 C	6mg

당근의 비타민 A는 지용성이기 때문에 날로 먹기보다는 기름과 함께 조리하는 편이 효율적으로 섭취할 수 있다. 아시아형보다도 유럽형이 비타민 A의 공급원으로 우수하다.

서양요리에서는 샐러드 · 수프 · 장식물(garnish) 등에도 많이 쓰인다. 다른 채소와 조리 시 썬 당근에 식초를 몇 방울 떨어뜨리면 비타민 C의 파괴를 막을 수 있다. 한식에서는 주로 김치 · 비빔밥 · 나물 · 전골채소 · 볶음요리 · 물김치 등에 사용한다. 중국요리에는 각종 볶음 요리의 부재료로 이용된다.

4) 우엉

우엉(burdock)은 국화과에 속하며 지중해 연안해에서 서부아시아에 이르는 지역이 원산지로 유럽 · 아시아의 온대에 널리 분포하고 있다. 우리나라에 도입된 경로는 불명확하지만 도입 된지는 오래된 것 같지 않다.

우엉은 뿌리 부분을 주로 식용으로 이용하며 길이가 30cm 이상이며 20~25℃의 조건에서 잘 자란다. 우엉의 뿌리는 겉 부분인 피층부와 안쪽 부분인 심부로 나누는데 심부는 섬유질로 되어 있다. 많이 이용되는 품종으로 외피는 울퉁불퉁하며 상부의 외피에는 주름이 있다. 중심부에는 공동이 있으며 단면의 형태는 편평하고 육질은 부드럽다.

우엉은 수분이 약 80.3%, 무기질은 Ca · P가 함량이 높고, 비타민 C는 7mg %이다. 탄수화물은 약 15.5% 정도인데 전분과 이눌린(inulin)의 함량이 높다. 이눌린 성분은 당뇨환자에게 좋은 식품재료이며, 셀룰로스(cellulose) 등의 섬유소가 포함되어 있으므로 정장작용에 효과가 있다. 우엉에 함유된 아르기닌(arginine)이라는 아미노산은 이뇨작용이 있다. 우엉에는 폴리페놀(polyphenol) 성분이 함유되어 우엉의 껍질을 벗기면 갈변효소인 폴리페놀옥시다아제(polyphenol oxidase)의 영향으로 산화되어 갈색으로 변한다. 우엉의 탄닌(tannin)은 떫은맛을 내는데 먹을 때 물에 담근 후 이 성분을 용출하면 좋다.

이용성은 조림 · 튀김 · 찌개 초절임 등으로 이용되는데 특이한 맛이 강하고, 우엉 중 알카리성 무기질에 의하여 안토시아닌(anthocyanin)계 색소가 변색하기 쉽기 때문에 자른 후에는 물에 잘 씻어서 이용한다.

5) 생강

생강(zinger)은 대개 인도와 말레이시아 등이 원산지로 추정되고 있으며, 우리나라에서는 《고려사》에 생강에 대한 기록(1018년)이 있는 것으로 보아 그 이전에 도입된 것으로 생각된다. 다육질의 지하 줄기에서 꽃줄기를 내고, 그 잎이 지상부에 나타나서 화수를 낸다. 화수에는 많은 포엽이 2열로 겹쳐지고 가운데에 여러 개의 꽃이 있다. 지하 줄기에서 별도로 나오는 잎과 줄기를 양화대라고 하는데, 수확 전에 햇볕을 쬐여서 색을 띠게 해 이용한다.

생강은 추위에 약해서 15℃ 이하에서는 생육이 저하되고 10℃ 이하에서는 부패된다.

생강은 수분함량이 약 80~85%이며, 당질이 약 13%, 섬유질이 약 2% 정도이며, 비타민과 무기질은 비교적 적게 함유되어 있다. 생강의 매운맛 성분은 진저론(zingerone) · 쇼가올(shogaol) · 진저롤(gingerol) 등인데, 진저론과 쇼가올은 위액 분비를 촉진하고 소화작용을 돕고 병원균에 대한 항균력이 있다. 또한, 향기성분은 진저베린(zingiberene) · 시트랄(citral) · 리나로올(linalool) 등이다. 이와같이 생강은 특유의 향과 맛을 가지고 있어서 향신료로서 가치가 있으며 소화증진 효과 및 살균기능이 있다.

특유한 방향과 매운맛을 살려서 일식요리의 향신료로서 요리에 곁들이는 외에 튀김, 카레가루, 소스 등으로 이용한다. 생강술 등의 재료와 엷게 쪼개서 꿀이나 설탕에 재었다가 먹으며(편강), 생강차로 만들어 마시기도 하며, 또는 교미제 (비린내 등 좋지 못한 맛을 고쳐주는 물질)로 널리 쓰여 왔다. 생강의 근강을 찌거나 삶아서 건조한 것을 건강이라 하며 건위제 등의 약용으로 이용한다.

6) 토란

토란(taro)은 원산지가 인도와 네팔 및 인접하는 중국 남부지역이며, 고온다습을 좋아하는 1년생 초본(열대에는 다년생)이다. 저장성은 좋아서 연중 먹을 수 있다. 재배지역은 주로 중 · 남부 지역에서 많이 재배하며, 새끼뿌리용 품종이 많이 보급되어 있고, 둥근형의 품종이 환영받고 있다.

토란의 주성분은 전분으로 수분 70~80%, 당질 20%, 섬유질 1%, 단백질 2.2%를 함유하고 있으며, 무기질 중 K이 약 572mg으로 아주 높으나 비타민은 일반적으로 적다. 토란을 파쇄하면 갈락탄(galactan)이라는 점질물이 나오는데, 이 성분은 소화율은 떨어지나 뱃속의 열을 내리고 간장 · 신장의 노화방지에 좋다. 점질물은 식초액이나 소금물에 처리하면 용출된다. 덱스트린과 자당도 들어 있어 토란 고유의 단맛을 낸다. 토란의 아린 맛은 호모겐티식산(homogentisic acid)으로 가열로 제거된다. 토란은 5℃ 이하가 되면 부패하게 되므로 따뜻한 곳에서 15~18cm가량 흙을 덮어두면 겨울을 날 수 있다.

이용성은 앞서 말한 것처럼 토란을 요리할 때 소금물에 살짝 삶은 다음 요리를 하면 독성도 제거되고 끈적끈적한 점액질도 감소된다. 토란의 기능성으로는 미끈한 뮤신(mucin)은 간과 신장을 보호하고 타액선 호르몬 분비 촉진, 소화촉진 및 변비예방 등이 잇다. 토란 껍질을 벗길 때 손이 가려워지는 수가 있는데 소금물로 씻으면 쉽게 낫는다. 우리나라에서 토란요리는 토란탕 · 토란나물 · 토란찜 등이 대표적인 음식이며, 요리 시에는 토란을 삶을 때 쌀뜨물을 받아서 삶아야 토란의 아린 맛을 제거할 수 있고 부드럽다.

8. 경 · 인경채류

1) 파

파(welsh onion)는 백합과 파속으로 중국 서부가 원산으로, 중국에서는 기원전부터 재배되었으며, 백 근이 긴 파는 중국 북부에서, 잎파는 남중국에서 탄생했다. 우리나라에는 고려시대 이전에 중국에서 도래했다. 종류로 ① 구조(九條)파는 잎파의 대표로서 푸른 잎 부분이 길고 부드러우며 풍미가 좋고 흰 부분이 짧은 것이 특징이다. ② 가하(加賀)파는 여름에 성장을 계속하는 여름파이며 겨울에 푸른 잎이 마르다가 봄에 다시 성장한다. ③ 천주(千住)파는 구조파와 가하파의 중간 형태로 잎이 진한 녹색 품종으로

[표 5-11] 파의 일반성분(100g 중)

성분	함량	성분	함량	성분	함량
수분	91.6%	칼륨	180mg	비타민 A	85 IU
단백질	1.1%	나트륨	1mg	비타민 B_1	0.04mg
지질	0.1%	철	0.6mg	비타민 B_2	0.06mg
탄수화물(당질)	5.9%	인	20mg	비타민 C	14mg
섬유질	0.8%	칼슘	47mg	비타민 E	0.2mg
콜레스테롤	2			나이아신	0.3mg

여러 가지 종류가 있다.

수분이 약 91.6%, 탄수화물이 약 5.9%, 단백질이 약 1.1% 함유되어 있으며, 비타민A · B_1 · B_2 · C · D · E · 나이아신(niacin) 등이 있고, 무기질은 K · Ca · Na · P · Fe 등이다. 파에 함유되어 있는 자극성인 아릴 디설파이드(allyl disulfide)는 살균 살충효과가 있고, 혈액순환을 돕고 감기치료 · 불면증예방 · 해열작용 · 이뇨작용 · 변비예방 등의 기능성이 있다.

파는 지하의 짧은 줄기에서 여러 장의 원통상의 잎이 나고 여름에 생장하지만, 겨울에는 생장을 멈추며 잎이 마르고 휴면상태로 지낸다.

조리 시 향신료로 풍미를 내는데 주로 쓰인다. 육류와 어류의 비린내를 제거하거나, 국 · 찌개 · 무침 · 볶음 · 꼬치구이 · 김치 · 전 등 많은 요리에 이용된다. 서양의 대파는 우리나라의 대파보다 연하며 생선요리 등의 장식용으로 많이 사용되기도 한다. 중국요리에서는 볶음이나 찜, 탕(수프)등 고추기름을 빼는데 사용한다.

2) 양파

백합과 파속의 양파(onion)는 중앙아시아가 원산지로, 우리나라에는 조선 말엽에 들어 온 것으로 보고 있다. 이집트에서는 피라미드 건설 노동자가 대량으로 소비했다고 한다. 양파는 엽초의 기부가 비대한 비늘줄기로, 어느 정도 엽총(葉叢)이 형성된 후 비대하기 시작하여 비대가 끝나면 잎은 기부로부터 말라서 휴면으로 들어 간다. 품종은 밑이 굵어지는 데 요하는 일조량에 따라 조만성(早晚性)이 결정 된다. 뿌리는 휴면성이 있어서 저장하기 쉽기 때문에 양파는 일 년 내내 구입 가능하고, 최근에는 생육이 왕성하고 경작하기 쉬워서 수확량도 많다.

양파에는 당분이 약 10%나 들어 있고 비타민이 풍부하며, 그 중 비타민 C는 10~20mg% 정도이며, 무기질은 Ca · Fe 등이 있다.

양파의 매운 맛성분은 프로필 아릴 디설파이드(propyl allyl disulfide) 및 아릴설파이드(allyl sulfide)이다. 그 외 케르세틴(quercetin) 등의 배당체가 들어 있다. 육류나 어류의 이취를 제거 내지 억제하는 효과가 뛰어나서 신선한 양파나 건조 양파를 생선요리 · 육가공품 · 수프 · 라면 · 소스 등에 넣는다.

양파를 수증기로 증류하여 얻은 정유는 황색 투명하고 휘발성이며, 매운맛이 강하고 독특한 맛을 가져서 가공식품 향신료로 이용한다. 양파의 기능성으로 혈압강화 · 항응혈 · 항암 · 항균작용을 하는 것으로 알려져 있다. 우리나라의 생산지로는 전남 · 경남 ·

경북 · 제주지방에서 재배되고 있다. 일반적으로 6~7월에 수확하며, 완숙한 것보다 조금 미숙한 것이 수량은 다소 떨어지지만 저장성이 좋다. 춘파재배는 8월 하순~9월 상순, 보통 재배는 5월 상순~6월 중순이다. 다년생으로 보통 2~8본 정도로 분얼하고, 엽신은 관상으로서 40~75cm에 달한다. 봄에는 꽃대가 나와 꼭대기에 산형화가 달린다. F1(일대잡종)의 품종이 재배의 주류를 이루고 있다. 그 대부분은 매운 양파이지만 생식용의 단 양파도 있다.

[표 5-12] 양파의 일반성분(100g 중)

성분	함량	성분	함량	성분	함량
수분	90.4%	칼륨	160mg	비타민 A	-
단백질	1.0%	나트륨	2mg	비타민 B_1	0.04mg
지질	0.1%	철	0.4mg	비타민 B_2	0.01mg
탄수화물(당질)	7.6%	인	30mg	비타민 C	7mg
섬유소	0.5%	칼슘	15mg	비타민 E	-
콜레스테롤	1%			나이아신	0.1mg

특히 양파는 성숙함에 따라 당분이 증가해서 단맛이 생긴다. 매운맛 성분은 휘발성으로 유황함유 성분인 아릴화합물들이며, 가열하면 자극적인 냄새와 매운맛이 없어지고 단맛이 증가한다. 항균작용과 함께 비타민 B_1 흡수를 돕는다. 햇볕을 받는 시간이 길지 않아도 온도만 알맞으면(20~25℃) 비늘줄기가 굵어지는 것이 조생종이며, 반대로 줄기가 굵어지지 않는 품종이 만생종이다.

3) 마늘

마늘(garlic)은 백합과에 속하는 채소로서 땅속의 비늘줄기가 비대해진 것으로 비늘줄기는 5~6쪽으로 나뉜다. 우리나라에서 재배되는 마늘은 난지형과 한지형으로 구분하는데, ① 난지형은 조생종으로 남해안과 섬 지방에서 재배하며 매운 맛이 적고, ② 한지형은 만생종으로 기온이 낮은 내륙지역에서 재배되며 마늘 특유의 향과 매운 맛을 가지므로 주로 양념용으로 좋다고 여겨진다. 마늘의 수분은 약 61%, 단백질은 약 3%, 무기질은 Ca · K · Mg · P 등, 비타민은 B_1 · B_2 · C를 함유한다. 탄수화물은 약 20~30% 정도로 과당이 네분자 결합된 테트라사카라이드(tetrasaccharide)가 중요한 기능성이 있다고 알려져 있다. 마늘의 냄새는 정유 성분인 디아릴설파이드(diallylsulfide) 때문이며, 매운맛은 주로 알리신(allicin)이라는 성분에 의한 것이다. 마늘 조직을 파쇄하면 알린(allin)의 분해가 급속히 진행되어 냄새가 강한 알리신의 생성량이 많아지기 때문에 강한 냄새가 난다. 알리신은 항산화 기능과 비타민 B_1의 생체 이용율을 높이는 역할을 한다. 디아릴설파이드와 아릴프로필설파이드는 살균작용도 있다.

마늘은 상대습도 70% 정도와 2℃ 정도의 낮은 온도에서 장기간 보관이 가능하며, 마늘을 고를 때는 단단하고 윤기가 있으며 싹이 나지 않는 것을 선별해야 한다. 마늘은 익은 것을 먹으면 보온이 되나 날 것을 먹으면 시력이 나빠진다. 마늘은 알레르기를 자주 일으키는 식품 중의 하나이므로 과식은 금물이다. 또한 적혈구를 파괴시킬 수도 있고, 공복에 먹으면 위벽을 손상시키기도 하기 때문에 성인 1일 2~3개, 어린이는 1일 1 개가 적당하다. 마늘은 우리나라 음식에서 빠져서는 안 되는 양념으로 거의 모든 음식에 사용되고 있다. 꿀과 청어는 함께 먹는 것을 금하고 보약을 복용하는 중에도 마늘을 먹지 않는 것이 좋다. 개고기와 마늘을 함께 먹으면 득보다 해가 많고 붕어와 설탕도 어울리지 않는다.

조미 향신료로서 마늘은 육류 · 어류 · 채소류의 불쾌한 냄새와 맛을 제거하면서 재료의 특이한 맛을 살려주며, 고추나 파와는 달리 음식에 넣어도 눈에 띄지 않으면서 양념구실을 한다. 특히 비타민 B_1이 많은 돼지고기와 함께 먹을 경우는 비타민 B_1의 흡수를 돕는다.

마늘로 인한 구취는 적포도주나 파슬리를 먹으면 희석되고 손에 밴 마늘 냄새는 더운물을 가지고 오렌지를 사용해 씻는 것이 좋다. 마늘을 삶거나 구우면 효소가 파괴되어 매운맛과 냄새도 없어질 뿐만 아니라 살균력까지도 없어진다.

4) 부추

부추(Chinese leek, Chinese chive, garlic chive)의 원산지는 동남아시아와 중국의 서북부이며, 중국에서는 가장 오랫동안 재배해 온 채소로서 파의 일종이다. 동한시대(사민월령)에는 잎도 꽃도 이용했다고 한다. 우리나라에도 자생 상태의 것이 있는데 이는 재배종에서의 일출종으로 삼국시대에 전파된 것으로 알려져 있다. 부추는 백합과의 채소로서 내한선과 내서성을 갖추고 있어서 우리나라 전국적으로 재배가 가능한 식품재료이며 연중 여러차례 수확이 가능하다. 국내 주산지는 대구 · 광주 · 포항 · 김해 등에서 많이 재배된다. 최근에는 도시근교에서도 많이 재배되고 있다.

부추는 비늘줄기 부분과 잎 부분을 식용으로 섭취하며 특유의 향기와 맛이 있어서 각종 요리에 이용된다. 가식부 100g당 수분 93.1%, 단백질 2.1%, 탄수화물 3.7%, 지질 0.1%, 칼륨 450mg, 비타민 C 25mg 등으로 구성되어 있으며, 특히 부추의 탄수화물 중 당질의 대부분은 과당과 포도당이 차지하고, 비타민 A의 함량이 아주 높은 것이 특징이다.

부추는 다른 파 종류와는 달리 카로틴 외에 각종 미네랄 함량이 높고 소화기능을 도와주는 역할을 한다. 엽록소가 풍부한 부추는 콜레스테롤의 소화 흡수를 막고 동맥경화 예방에도 효과적이다. 부추의 매운 맛은 황(S)을 가진 디아릴설파이드(diallyl sulfide) 등으로 살균작용이 있으며, 위 · 장의 점막을 자극하여 소화효소 분비를 촉진하고, 체내 콜레스테롤(cholesterol)의 양을 감소시키는 기능이 있다고 알려져 있다. 비타민 B_1 · B_2과 결합해서 체내 흡수를 돕는다.

이용성은 음식물의 내용물이나 김치 · 만두 속 · 전 · 나물 등으로 많이 사용하고 있다. 육 · 어류의 냄새를 없애기 위해 부추를 사용하면 효과적이고 봄과 여름철에 부추는 고기요리와 잘 어울리므로 젓국 등과 무쳐먹으면 별미이다. 중국요리에는 육류와 오리류에 배합해서 볶는 요리와 만두 속에 채워 만든 요리에 많이 사용된다.

5) 죽순

죽순(bamboo shoot)은 지하줄기에서 줄기가 갈라져 나온 어린 것을 이용한다. 동아시아 지역에서는 오래전부터 식용화해왔으며, 식용 죽순의 종류에는 맹종죽 · 담죽 · 고죽 · 섬대 · 옹대 · 마죽 등이 있는데, 가장 유명한 것은 중국 강남지방이 원산인 맹종죽으로, 맹종죽이 도래해서 보급되기 이전부터 죽순이 이용되었다.

죽순의 주성분은 수분이 약 93%, 당질이 약 2.3%, 단백질이 3.3%, 섬유질이 1.6% 정도이며, 비타민 B군과 비타민 C도 함유되어 있다. 무기질은 Ca · P · K · Na 등이 골고루 함유되어있다. 이 중 단백질의 70%는 여러 아미노산(serine, tyrosine, valine, glutamic acid, asparagine), 아미노산의 유사물질인 베타인(betaine)과 콜린(choline) 등이며 죽순의 독특한 맛은 글루탐산(glutamic acid)에 의한다. 죽순의 아린 맛을 내는 성분은 수산(oxalic acid)과 호모겐티식산(homogentisic acid) 등이며, 이와 같은 떫은맛은 물에 미강을 10% 넣고 껍질이 붙은 그대로 위 부분을 절단하여 바깥 껍질을 세로로 잘라서 삶으면 제거된다. 가공 처리하여 보관하며, 생것은 신문지에 싸서 냉장고에 2주일 정도 신선하게 보관할 수 있다.

독특한 질감과 아린 맛, 사각사각함이 특징인 죽순은 죽순채 나물, 죽순 찜, 잡채, 죽순밥, 죽순 청과실로 다양하게 요리한다. 국내산은 담양 산이 좋은데, 특히 국이나 찌개 등에 사용하면 시원하다. 삶은 죽순을 가늘게 썰어 넣은 죽순밥은 별미이다. 쌀뜨물을 이용하여 죽순을 삶으면 죽순 성분과 어울려 잡맛을 제거하고 조직이 부드러워진다. 삶을 때 꼭지 자란 죽순은 껍질 채 사용하는 것이 좋다.

6) 아스파라거스

백합과 아스파라거스(asparagus)는 유럽 남부에서 우크라이나, 러시아 남부에 걸쳐서 야생종을 볼 수 있는 다년생 초본으로. 기원 전후에 이미 재배기록이 있으며, 로마의 원예가인 카트는 아스파라거스의 재배법에 대해서 기술하고 있다. 자웅이주(雌雄異株)이고 일반적으로 웅주가 자주 보다도 수확량이 많으며, 줄기도 너무 굵어지지 않고, 싹이 나오는 것도 빠르기 때문에 재배 시에 자주는 도태되어 버린다. 또한 지금은 웅주율이 높은 품종도 많이 육성되고 있다. 과거에는 어린 줄기를 연백하기 위해서 흙을 덮어둔 화이트 아스파라거스가 많이 생산되어 통조림으로 가공되었는데 최근에는 연백하지 않은 그린 아스파라거스가 청과용으로서 많이 나오고 있다. 국내 주산지는 보령, 김해 등이다.

가식부 100g 당 수분 93.1%, 단백질 1.9%, 탄수화물 4.2%, 지질 0.1%, 칼륨 270mg, 비타민 A 등이 함유되어 있다.

아스파라거스의 쌉싸름한 맛은 아스파라겐산(asparagenic acid) 때문이며, 이 성분은 대사 촉진과 단백질 합성을 촉진하므로 피로회복이나 자양강장에 효과가 있다. 또 루틴(rutin)의 함유량이 많아서 혈관강화 작용 및 혈압 강화 작용이 있기 때문에 고혈압 예방에도 좋다. 섬유질 성분은 변비를 예방하는 좋은 식품이다. 화이트 아스파라거스는 스테로이드 사포닌(steroid saponin) 성분으로 쓴맛이 있고, 녹색 아스파라거스는 튀김용이나 수프로 이용되고 있다.

데칠 때는 줄기 끝을 1/3 정도를 데친 후 부드러워졌을 때 끝까지 데쳐주면 전체적으로 부드러워진다. 수프, 샐러드, 무침, 통조림 등으로 이용한다. 깨끗이 씻은 아스파라거스를 끓는 물에 25분간 데쳐낸 후 약 2%의 소금물에 담가 통조림 제품으로 만든다. 데친 후에 찬물에 담근 것보다 소쿠리 등의 넓은 곳에 펴서 식히는 것이 풍미가 훨씬 좋다. 일단 데친 아스파라거스는 당일 사용해야 향이 좋고 색상이 선명하다. 최근에는 다이어트 식품의 중요한 재료로 많이 사용되고 있다.

9. 과채류

식물의 열매 부분을 먹거나 가공 또는 조리에 이용하는 과채류에는 토마토, 가지, 고추, 오이, 참외, 호박, 수박, 참외와 멜론, 딸기 등이 해당된다.

1) 토마토

토마토(tomato)는 가지과 토마토 속으로 남미의 안데스 산맥을 주위로 한 지역인 페루 · 에쿠아도르가 원산지이며 → 중앙아메리카 → 멕시코에 전달되고, 멕시코의 체리토마토에서 페어 토마토, 그리고 보통의 토마토로 분화했다. 토마토는 가짓과에 속하는 식물로 특유의 향을 가지고 있으며 비타민이 풍부하다. 열대에서는 다년생초본이다. 우리나라는 조선 중기에 토마토에 대한 문헌기록이 있다. 최근에는 우리나라에서도 수요가 급격히 증가하고 있는 채소이다. 유럽에는 16세기에 처음 관상용으로 도입되었으나, 이탈리아를 중심으로 품종 개량이 진행되고 영국에서는 저온과 일조량이 적은 곳에서 잘 견디는 조생종 품종이 육종되었다. 미국에는 19세기에 도입되어 병해저항성 품종의 개발과 육종의 중심이 되고 있다. 미국계의 폰데로자 등은 단맛이 풍부하며, 토마토 냄새가 적었기 때문에 이를 기본으로 일본의 독특한 복숭아색, 대과의 품종이 육성되어 보급되었다.

토마토는 수분이 약 95% 정도이며 탄수화물은 포도당과 과당이 많고 펙틴(pectin)질이 다량 함유되어 있다. 유기산류로는 구연산(citric acid), 사과산(malic acid), 주석산(tartaric acid), 호박산(succinic acid) 등이다. 토마토는 비타민 A · C를 비교적 많이 함유하고 있다. 열매의 적색인 리코펜(lycopene, 7~12mg%)과 황적색인 카로텐(carotene)은 20~25℃에서 가장 선명하게 착색되나 30℃ 이상이나 12℃ 이하에서는 카로틴이 많아져서 과실은 적등색이 된다. 또한 이들 토마토 열매의 색상 차이는 재배기술과 성숙정도에 따라서 색도가 결정된다. 형태별로는 단맛이 많고 알은 작은 형태, 둥근 모양, 서양 배 모양, 자두형 등이 있으며, 또한 색깔도 적색, 복숭아 색, 오렌지색, 노란색 등 다양하다. 현재 미니 토마토의 주류는 둥근형이며 적색으로 무게는 약 15g 정도이다.

기능성을 살펴보면 리코펜은 강한 항산화력이 있어 심혈관 질환과 항암성에 좋은 식품이며, 루틴(rutin)은 항산화 역할과 혈압 강화에 좋으며 고혈압 환자의 혈압 조절에

[표 5-13] 토마토의 일반성분(100g 중)

성분	함량	성분	함량	성분	함량
수분	95.0%	칼륨	230mg	비타민A	220 IU
단백질	0.7%	나트륨	2mg	비타민B_1	0.05mg
지질	0.1%	철	0.3mg	비타민B_2	0.03mg
탄수화물(당질)	3.3%	인	18mg	비타민C	20mg
섬유질	0.4%	칼슘	9mg	비타민E	0.8mg
				나이아신	0.5mg

도움이 된다.

이용성은 생식하는 것이 보통이며 샐러드 · 주스 · 퓨레 · 케첩 등으로 많이 이용된다. 한방으로 다음과 같은 효능이 있다고 한다.

① 위산 과다 : 매일 식후마다 날 토마토를 12개를 먹거나 또는 토마토 쥬스를 한 컵씩 오래 복용하면 위산이 조절되고 소화가 촉진된다.
② 가슴이 뛰고 열이 나며 불면증세 : 매일 세 차례 식후마다 토마토 주스를 오랫동안 복용하면 보조 치료의 효력이 있으며, 당뇨병에도 좋다.
③ 입가의 부스럼 : 토마토 주스를 자주 마시거나 자주 바른다.
④ 신경통 : 토마토의 잎 · 줄기 · 뿌리 따위를 삶은 물을 자주 마시고, 이 물로 자주 씻으면 피부병에도 효력이 있다.
⑤ 눈이 아프거나 빨개질 때 : 토마토 3개를 썰고 소 · 돼지 · 닭 · 오리의 간 150g을 썰어 여기에 모든 조미료를 넣고 국을 끓여서 오래 먹으면 매우 효력이 있다.

2) 가지

가지과 가지속의 가지(eggplant)는 다년생 초본으로 원산지는 인도이며 중국 → 한국으로 전파되었다고 본다. 우리나라는 대표적인 여름채소로 6~9월에 많이 출하된다. 최근에는 영농재배 기술의 발달로 연중 내내 안정적으로 생산되어 계절감이 없어진 채소 중의 하나가 되었다. 유럽으로 전파된 것은 상당히 늦어서 13세기에 전해졌으나, 널리 알려지게 된 것은 16~17세기에 들어와서이다. 구미에서는 지중해 연안지방이나 아메리카 남부 등에서 약간 보급되어 있는 정도이다.

가지는 생긴 모양에 따라서 여러 가지 종류가 있다.

① 청가지 : 안토시아닌(anthocyanin) 색소는 없지만 엽록소(chlorophyll)를 함유하며 껍질은 약간 단단하나 과육과 조직이 치밀하다. 조림에 적합하다.
② 백가지 : 안토시아닌 색소와 엽록소가 거의 없다. 최근에 생식용으로 개발되었다.
③ 대장형가지 : 길이 약 40cm 정도이며 껍질이 단단하고 조직이 부드러워서 구이·조림용으로 적합하다.
④ 장형가지 : 길이 약 20~25cm 정도이며 열매가 부드러워 조림용으로 적당하다.
⑤ 중장형가지 : 길이 약 15cm 정도이다.
⑥ 한입가지 : 크기가 작고 둥근 가지로 농자색으로 껍질이 부드러워서 조림과 절임에 적당하다.
⑦ 둥근가지 : 열매는 둥글고 농자색으로 조직이 단단해서 조림·튀김·볶음에 적당하다.
⑧ 계란형가지 : 조직이 단단하고 흑자색으로 껍질이 얇으며 절임용으로 최적종이다.

우리나라에서는 장형이나 중장형의 자주색 가지가 널리 재배되고 색깔은 자주색·노란색·흰색 가지가 주류를 이룬다.

일반성분은 열량은 18kcal/100g, 수분이 약 93.3%, 단백질이 약 1.2%, 지질이 약 0.1%, 당질이 약 6.0%, 섬유질이 약 1.0%이며, 무기질은 Ca·K·Na·P·Fe 등이 함유되어 있다. 다른 채소에 비하여 비타민의 함량이 적으며, 영양가도 낮은 편이다. 껍질의 색깔은 주로 안토시아닌(anthocyanin)색소이며, 절임용 가지로는 과육이 질기고 과피가 연한 것이 좋다. 너무 성숙하면 종자가 단단해지므로 조기에 수확하여야 한다.

이용성은 나물로 조리하고, 전도 부치며, 다진 고기에 양념을 넣어서 찜도 만든다. 가지를 조리할 때 색을 선명하게 유지하기 위하여 0.2~0.3% 백반의 용액으로 넣어 주기도 한다. 이때 비타민의 손실에 주의해야 한다.

3) 고추

고추(red pepper)는 가지과 고추 속으로 원산지는 남아메리카이며, 열대지방에서는 다년초이고 온대지방에서는 일년초이다. 신대륙 발견 이후에 유럽으로 전해져 중요한 조미료가 되었는데 모두 매운종이다. 맵지 않은 단맛종은 처음에는 단고추로 불리고,

후에 큰 고추를 프랑스어에서 고추를 의미하는 피멘트(piment)에서 유래가 되어 피망으로 부르게 되었다.

고추는 매운맛을 내는 함량에 따라서 품종은 레드페페(red pepper) · 칠리페페(chill pepper) 등이 있으며, 품종에 따라 그 매운 정도가 다르다. 우리나라는 17C 경에 중국으로부터 도입되었다는 설이 있으나 아직 확실한 것은 아니다. 단맛종은 미국에서 개량이 진행되고, 19세기 말에 도입되었다.

옛날부터 재배되어 오던 재래종은 강한 매운 맛을 지니는 것들이었으나, 근래에는 채소용으로 그다지 맵지 않고 대형인 단맛 종류(sweet pepper)가 많이 재배되고, 대형이며 맵지 않은 피망이 많이 이용된다. 우리나라에서 고추를 많이 생산하는 곳은 경북 영양 · 충남 청원 · 충북 음성 등이다.

단맛종은 매운 맛이 없는 중과종인 피망이라 하고, 피멘토라 불리는 소과로 살이 얇은 사자 고추가 있었으며, 이들을 합쳐서 고추 중의 단맛종이라고 한다. 피망은 녹색의 미숙과를 주로 이용하였으나, 육종기술의 발달로 지금은 빨강 · 노랑 · 주황 · 초록색 등이 소비되고 있다.

붉은고추의 일반성분은 수분 약 85%, 단백질 약 2.5%, 지질 약 1.7%, 당질 약 10%, 섬유소 약 5%이며 무기질은 Ca 15mg, P 56mg, Fe 0.9mg 정도이고, 비타민 A 1,078RE, B_1 0.13mg, B_2 0.21mg, C 110mg를 함유하고 있다. 특히 비타민 A · C의 함량이 높다.

고추의 매운 맛 성분은 캅사이신(capsaicin)으로서 약 0.3%가 함유되어 있다. 과피의 적색색소는 캅산틴(capsanthin)으로 약 0.41%, 카로틴(carotene) 약 0.06%를 함유하고 있다.

유기산은 푸말산(fumaric acid), 호박산(succinic acid)과 구연산(citric acid)이 총산 함량의 약 80% 이상을 차지하고 있다. 씨에는 약 30% 정도의 지질이 함유되어 있으며 중성지질(中性脂質, triglyceride)이 대부분이고 자극성의 독특한 향과 맛을 가지고 있다.

과형(재래종)은 10cm 내외의 길이로 뿔 모양으로 풋고추의 경우에는 녹색이던 것이 익으면 적색으로 된다. 꼭지가 단단하게 붙어 있으며, 고추 껍질이 맑고 진하고 껍질이 두껍고 윤이 나는 것은 좋다. 하얗게 변한 변질품이 없어야 하며, 씨도 적은 것이 좋다. 수확 후 수분 함량이 14%가 되도록 잘 건조하면 저장에 유리하다.

이용성은 우리나라에서 고추는 생 풋고추 · 고추장 · 김치 · 실고추 등으로 다양하게 요리에 사용되며, 서양에서는 소시지 · 육류 · 카레 · 핫소스 · 채소요리 등에 사용하고 있다.

고추의 매운맛은 입안과 위를 자극하여 체액의 분비를 촉진하고 식욕을 증진 시킨다. 외용약으로는 동상 예방약으로 사용되며 신경통 치료에도 효과적인 것으로 알려져 있다.

4) 오이

오이(cucumber)는 박과 오이 속으로 1년생 덩굴형 초본이다. 원산지는 인도의 히말라야 지방이다. 과실은 원통형으로 품종에 따라서 길이가 다양하고 맛도 약간씩 다르다. 근래에는 온실 · 비닐하우스 시설에서 재배되는 오이는 일년 내내 공급이 가능한 채소로서 중요한 지위에 있으며, 오이는 과채류 중에서는 가장 많이 이용되는 것 중의 하나이다. 오이는 일년생으로, 줄기에는 거친 털이 있으며, 지지대를 감아 올라가면서 자란다. 자웅동주로 보통은 수꽃과 암꽃이 다른 마디에 핀다. 품종은 크게 3종류로 나뉘는데, 주로 화남형(남지형) · 화북형(북지형) · 피클형(유럽형)이다. ① 화남형은 열매가 짧고 굵으며 녹색이 많고 윗부분은 녹색 아랫부분은 흰색인 것도 있다. 껍질이 단단하고 과육이 점질로 되어 있다. ② 화북형은 조생종으로 열매는 가늘고 길며 껍질은 녹색으로 얇은 흰 가시가 있으며 씹히는 물성이 좋다. ③ 피클형은 작은 달걀형이며 황록색으로 생오이는 쓴맛이 잇지만 절이면 쓴맛이 사라진다.

오이는 수분함량이 약 96% 정도이며, 비타민 A · K · C 가 함유되어 있고, 무기질은 K이 무려 312mg/100g으로 체내 노폐물을 배설시키는 작용이 있고 고혈압 환자에게 좋다. 영양성분으로 보다는 식욕을 증진시키기 위한 채소로서 사각사각하는 미각을 즐긴다. 고미성분은 쿠쿠비아타신(cucurbitacin)이라고 하는 일종의 배당체인데, 수용성인 이 물질은 오이를 잘라서 묽은 식초나 피클로 만들면 없어진다. 이 쓴맛 성분은 재배기간 중 질소의 과다, 인산 · 칼륨의 부족, 햇볕이 강하여 높은 온도가 되었을 때에 많이 생성된다. 비타민 C 산화효소(ascorbic acid oxidase)가 있어서 비타민를 파괴한다. 고르는 방법은 신선하며 고유의 색깔을 나타내는 것은 좋고 지나치게 익어 누렇게 되는 것은 좋지 않다. 신선도는 오이 끝에 있는 꽃이 시든 정도에 따라 판정하는 것이 좋다.

이용성은 특유의 풍미가 있기 때문에 생식용 또는 김치 · 장아찌 · 피클 · 절임 · 조림 · 볶음 · 오이소박이 · 냉국 · 샐러드 등으로 폭넓게 이용된다.

오이는 이뇨효과 · 위장병 · 갈증방지에 효과가 크며, 오이넝쿨 달인 물은 부종에 좋고, 오이 줄기를 잘라서 나오는 물은 땀띠의 화장수로 쓰인다.

5) 호박

호박(pumpkin, squash)은 박과로 1년생 넝쿨성 초본으로 열대 중앙아메리카가 원산지로 기후에 적합해서 급속하게 각지로 확산되어 많은 품종으로 분화되었다. 품종 및 특징은 크게 동양계 호박, 서양계 호박 및 페포계 호박 3가지로 나눈다. ① 동양계 호박은 고온다습지대에서 잘 자라며, 육질의 점성이 높고 독특한 향미를 가지며 우리가 즐겨 먹어오고 있는 품종이다. ② 서양계 호박은 페루 · 볼리비아 · 칠레의 고랭지가 원산지로서 분질형으로 방추형인 단호박의 일종이다. ③ 페포계 호박은 멕시코 북부가 원산지로서 주키니 호박이라고도 한다. 둥글게 썰어서 삶으면 과육이 국수 모양으로 벗겨지므로 생채나 무침으로 상용한다. 우리나라의 호박은 동양계 호박에 속한다. 호박의 명칭은 영국이나 미국에서는 펌킨(pumpkin), 섬머스커시(summer squash), 매로우(marrow), 쿠사오(cushaw) 등으로 불린다. 이때 성숙한 호박을 이용할 경우 펌킨, 미숙한 호박을 이용할 때는 스커시(squash)라 한다.

호박에는 당질 11.9%, 단백질 1.1%, 무기질 중 Ca 24mg%, P 37mg%, K 370mg% 정도로 함유하고 있으며, 비타민은 A 470IU, C 39mg% 등을 함유하고 있다. 호박씨는 단백질 23%로 높은 함량을 나타내며, 특히 레시틴(lecithin)과 필수아미노산이 많이 들어 있다. 호박의 황색은 카로틴(carotene), 산토필(xanthophyll)에 의한다.

이용성은 어린 호박은 나물 · 전 · 찌개용으로 좋고, 늙은 것은 국거리 · 파이 · 엿의 제조, 또 호박 고지 떡으로 만들어 먹기도 한다. 또 품종에 따라 사료용 · 관상용으로 쓰인다. 서양계 호박은 녹말이 많아 숙과용으로 쪄서 먹으며, 근래에 도입된 페루계 호박에 속하는 주키니 호박은 덩굴이 뻗지 않는 특성을 가지고 있으며 청과용으로 재배된다.

호박은 전신부종 · 임신부종 · 천식으로 인한 부종 등에 사용되며, 당뇨 · 고혈압 · 전립선 비대에 효과가 있으며, 발암물질을 억제하고 야맹증 · 막 건조증에 효과가 있는 것으로 알려져 있다.

6) 수박

수박(water melon)은 열대 아프리카가 원산지로 기원전 200년부터 고대 이집트에서 재배했으며, 과실의 독특한 향기와 시원한 맛이 한국인의 기호에 맞아 예로부터 참외와 함께 여름철 과실로 크게 환영 받고 있다. 우리나라의 수박 산지는 중부이남 지방으로 고창 · 무등산 수박이 유명하다.

소량의 사과산과 아르기닌(arginine)을 함유하며, 적색의 색소는 리코펜(lycopene)으로 카로티노이드(carotenoid)계 색소이다. 수분 94%, 당질 5.2% 감미가 높고, 당분은 과당과 포도당이어서 쉽게 흡수되며 피로 회복에 도움이 된다. 수박에는 시트룰린(citrulline)이라는 성분이 있어서 이뇨작용이 크기 때문에 예로부터 신장병에 효과가 있다고 알려져 있다.

열매는 둥글거나 타원형인데, 표면은 녹색 바탕에 검은 줄무늬가 있는 것과 없는 것이 있다. 다른 과일과는 달리, 수박은 그 숙성도를 색깔의 변화나 향기로 구분하기는 매우 어렵다. 따라서 일반적인 숙성과의 기준을 다음 몇 가지로 한다.

즉, 두드려서 맑은 소리가 나는 것, 과실의 색깔이 광택이 나는 것, 과실자루 부분이 벌어지고 골이 생긴 것, 결실절 위의 덩굴손이 황변하여 말라죽는 것, 미숙과의 비중은 1.0이고 완숙된 수박의 비중은 0.96이다.

우리나라에서는 주로 여름 과일로 생식하나, 일본의 경우 껍질을 절여서 절임으로 먹기도 한다. 또 미네랄로서 칼륨(K)이 다량 함유되어 있으므로 나트륨을 과량 섭취했을 때 먹으면 좋다고 한다. 또한 수박과즙을 약한 불로 78시간 가열해서 만든 물엿 상태의 수박은 신장병 · 산전 산후부종 · 각기 · 기타 부종 등에 효과가 있는 것으로 알려져 있다.

7) 참외와 멜론

참외(melon)는 멜론, 월과 참외는 박과 오이 속으로 동아시아형의 멜론이며, 서양계 멜론과 당분이 없는 월과와 동일종이다. 원산지는 동아프리카이며, 우리나라에는 삼국시대에 만주를 거쳐 들어온 것으로 여겨진다.

성분은 수분 91%, 당질 6.4%를 함유하며, 강한 향과 단맛이 있다. 향기의 성분은 디에칠 세바케이트(diethyl sebacate)가 주성분이고, 꼭지의 쓴맛 성분은 엘라테린(elaterin) 이다.

속과 껍질을 제거하고 얇게 썰어 간장이나 소금물에 절여서 제품화 할 수 있다. 미숙과를 된장에 넣어 여름철 장아찌로도 이용하고 있다. 수분이 많고 이뇨작용이 있는 것으로 알려져 있다. 미숙과에 포함되어 있는 쓴맛 성분은 최토제로서 제약의 원료로 쓰인다.

8) 딸기

딸기(strawberry)는 장미과 오란다 딸기 속으로, 과실의 모양은 공 모양, 계란 모양, 타원형이며, 대개는 붉은색이지만 귀하게 흰색도 있다. 현재의 재배 딸기는 북아메리카가 원산지인 버지니아 딸기와 남아메리카가 원산지인 칠레 딸기가 17C 중기 유럽에서 교잡하여 미국까지 확산된 것이다. 성분은 딸기는 비타민 C가 풍부해서 항산화작용이 뛰어나며, 딸기 속의 엘라긴산(ellagic acid)은 항암성이 있다. 꼭지부분까지 붉은색을 띠는 것이 잘 익은 딸기이다. 꼭지는 싱싱하고 진한 초록색을 띠는 것이 좋다. 딸기는 습기에 약하기 때문에 종이상자에 보관하는 것이 좋다. 딸기는 과육이 부드러우므로 흐르는 물에 가볍게 씻는 것이 좋고, 헹굴 때는 소금물로 재빠르게 헹구어 낸다.

딸기는 비타민 C 함량이 높고, 사과산 · 구연산 · 주석산 등의 여러 유기산과 높은 당을 함유하고 있다. 과형이 바르고 전체가 고르게 착색되어 있는 것이 좋다. 과육은 백색, 홍색 등이 있으며, 홍색인 것은 풍미가 좋다. 그러나 육질이 치밀하며, 선상이 되었거나 공동이 생겨 있는 것은 과숙된 것으로 좋지 않다.

대부분 신선한 상태의 생과로 이용하며, 그 외에 잼 · 젤리 · 시럽 · 아이스크림 · 딸기술 · 과자 등의 원료로 이용된다. 비타민 C는 잇몸의 출혈을 예방하며, 성질은 맛이 달고 신장의 정을 보충하고, 여성의 수태기능을 돕고, 머리를 검게 하며 눈을 맑게 한다고 전한다. 항바이러스 효과, 피부보호, 이뇨제, 수축제, 항암효과, 콜레스테롤 강하 효과 등이 알려져 있다.

10. 화채류

1) 꽃양배추

꽃양배추(cauliflower)는 유럽이 원산지로 북해, 지중해, 대서양 연안에 널리 분포하고 있다. 처음에는 야생종이 채취되어 이용되었으나 이것은 불결구성이었다. 그 후 재배가 발달되는 가운데 잎의 수가 많아지고 형태가 커졌으며, 잎이 말리게 되어 결구양배추가 생기는 등 다양하게 진화하였다. 현재 식용으로 재배되고 있는 양배추류의 변종은 다음과 같다.

① 결구양배추(양배추)
② 케일, 코라이드
③ 축면 양배추
④ 싹양배추(아기양배추)
⑤ 콜리플라워(cauliflower)
⑥ 브로콜리(broccoli)
⑦ 콜라비(kohlrabi)
⑧ 개람

이들은 모두 줄기가 자라서 주걱형의 외엽이 커지면서 줄기의 꼭대기에 꽃봉오리의 집합체가 생긴 것을 식용한다. 식용부위는 꽃봉오리와 줄기의 연한 부위를 먹는다.

줄기가 자라서 주걱형의 외엽이 커지면 줄기의 꼭대기에 미숙한 꽃봉오리의 집합체가 생긴다. 이것이 성숙되면 식용으로 하는 것이며, 색깔은 주로 백색 및 유백색이고 그 외 녹색 및 자색 등도 있다. 꽃봉오리의 크기는 직경이 8~15cm, 무게는 200~400g 정도로 꽃봉오리뿐만 아니라 줄기의 상부 유연한 부분도 식용으로 한다.

주요 성분으로 생 꽃봉오리에는 탄수화물 약 5%와 단백질 약 2%를 함유하고 있고, 비타민 A · B · C · D · E 등을 함유하고 있으며, 특히 비타민 C가 많이 함유되어 있다. 특유의 향은 글루코시놀레이트(glucosinolate)가 가수분해된 이소치오시아네이트(isothiocyanate)이다. 꽃봉오리가 크고 깨끗하며 싱싱한 것이 좋다. 솜털이 일어났거나 작은 잎이 돋아있는 것은 순조롭게 자란 것이 아니어서 품질이 떨어진다. 건조하고 단단하지 않은 것은 과숙한 것이거나 또는 수확 후 오래된 것으로 보아야 한다.

최근에는 플라스틱 필름으로 포장하여 1~2℃의 저온으로 저장한다.

일반적으로 삶은 후에 샐러드에 넣거나, 수프, 화이트소스(white sauce), 볶아서 튀김 또는 절임 등으로도 이용한다.

2) 브로콜리

브로콜리(broccoli, broccoli, Italian broccoli, sprouting broccoli)는 양배추과에 속하며 원산지는 지중해 연안이다. 꽃봉오리와 꽃줄기를 먹으며 '모란채' 라고도 한다.

브로콜리는 비타민 A · K · C · β-카로틴(carotene)의 함량이 많고 칼륨(K) · 인(P) · 칼슘(Ca) · 셀레늄(Se)이 풍부하다. 비타민 U가 많이 들어 있어 만성위염 · 위궤양 등을 예방하고 치료하는 효과가 있다. 위암과 위궤양을 일으키는 헬리코박터 파이로리균(helicobacter pylori)을 죽이는 설포라판(sulforaphane)이라는 성분이 있어 위궤양과 위암에 효과가 있다. 브로콜리 싹에는 브로콜리보다 설포라판 성분이 20배나 들어 있다.

비타민 A가 풍부하여 피부나 점막의 저항력을 강화해 감기나 세균의 감염을 예방하는 효과가 있다. 브로콜리에 풍부하게 들어 있는 셀레늄은 노화를 촉진하는 활성산소를 억제하는 작용을 하고, 항암작용이 있어 전립선암, 대장암, 폐암, 강암, 유방암, 췌장암 등에 효과가 크다. 또한, 면역 체계를 강화하고 고혈압 · 심장병 등 성인병 예방에도 효과적이다.

꽃봉오리, 꽃줄기를 먹는 양배추류의 원형으로 콜리플라워(cauliflower)는 여기에서 발달한 것이다. 일찍부터 남유럽에서 이용되고 있었는데, 20세기에 들어와서 미국에서 급속하게 확산되었다. 브로콜리의 성장 형태로는 꼭대기에 큰 꽃봉오리만 나는 것, 차례차례로 꽃봉오리를 분기하는 것과 중간형이 있다. 품종의 꽃봉오리는 푸른색이 주체인데, 황록색, 백색, 자색도 외국에서는 볼 수 있다.

샐러드나 무침 및 볶음 등으로 많이 이용되며 비타민 C를 많이 함유하며 카로틴과 비타민 B_1 · B_2 및 각종 무기질도 풍부한 녹색 채소이다.

3) 아기 양배추

아기 양배추(brussels sprouts)는 유럽과 미국 등지에 분포하며 우리나라는 제주도, 강원도가 주산지이다. 이는 양배추의 한 변종으로 줄기의 잎겨드랑이 마다 탁구공 만큼 축소시킨 양배추 방울이 다닥다닥 붙었다하여 '방울 다다기 양배추', '싹양배추', '방울 양배추', '방울다다기 '라고 한다.

성분 및 효능은 수분 약 85%, 단백질 6.3%, 탄수화물 5.8%이고, 비타민 A · C가 풍부하며, 무기질로는 K · Ca · P 등이 많이 들어 있다. 비타민 U가 들어 있어서 위장병에 효과적인 것으로 알려져 있다. 겨자유(isothiocyanate)를 함유하고 있어 삶으면 황화물이 나오고 오래 조리하면 더 증가하므로 조리할 때 빵 조각을 넣거나 뚜껑을 열고 조리하면 냄새를 줄일 수 있다. 구입 요령은 속이 단단하고 진한 녹색을 띠는 것이 좋다. 일반적으로는 삶은 후에 샐러드에 넣거나 수프나 장식용 또는 볶는데 이용한다.

CHAPTER 06

과실류

1. 서론

인류는 고대 원시시대부터 산야에 자생하는 수목 등에 열리는 과일의 맛에 매료되어 이것을 순화하고, 최초 이것을 식량으로서 기후나 환경에 따라 특정지역에서 자라던 것을 품종 개량하여 세계 각국에 전파하였다. 특히 온대지방에 재배되는 것은 종류가 다양하다. 재배 역사는 곡류에 비해 늦은 편이고 일반적으로 과실은 인과류, 준인과류, 핵과류, 장과류, 견과류로 분류한다.

과실류의 특징은 채소류의 특성과 유사하지만 안토시안(anthocyan), 카로테노이드(carotenoid), 플라보노이드(flavonoid) 등의 색채가 다양하며, 비타민 C와 무기질의 영양성, 포도당, 과당, 자당 등에 의한 단맛 성분, 구연산, 주석산에 의한 상쾌한 신맛을 가지며, 에스테르(ester), 알데히드(aldehyde), 텔펜(terpene) 등에 의한 방향과 펙틴(pectin) 성분의 미끄러운 촉감 등이 사람들의 기호에 좋다고 할 수 있다.

1) 과실의 종류 및 성상

과실은 자방 또는 그 부속 부분이 비대한 것으로 식물학적으로는 종자와 과육부로 나누어진다. 현대인의 식생활에서 식품재료나 다양한 디저트용으로 사용된다. 과실의 주성분인 비타민은 무기질의 공급원으로서 영양적 가치가 높으며, 과실은 다른 일반 식품재료와는 달리 신선한 것을 그대로 생식하고, 풍부한 당분과 유기산을 함유하며 특유의 색과 풍미를 가지고 있어 많은 사람들에게 기호품으로 이용되고 있다. 또 식이섬유가 들어있고, 알칼리성 식품으로 건강 미용식이며 섬유질이 많이 함유함으로써 정장작용을 한다. 과실은 생식 외 주스, 과실주, 통조림, 잼 등 각종 가공품 제조에 사용되고 있다. 과실의 종류별 특징은 아래와 같다.

① 인과류(pomaceous fruit) : 자방의 바깥쪽을 화탁의 연장 부위가 둘러싸고 이 부분이 발달하여 과육부가 되며, 사과 · 배 등이 여기에 속한다. 과실은 꽃받이가 성장 발육한 것이고 씨방 안에 종자가 있고 과실의 꼭지는 배꼽의 반대편에 있다.

② 핵과류(stone fruit) : 내과 피가 단단한 핵을 이루고 그 중에 종자가 들어 있으며, 중과피가 과육을 이루고 있는 과일로서 복숭아 · 매실 · 살구 등이 여기에 속한다.

③ 장과류(berries) : 하나의 과일이 하나의 자방으로 된 것으로 화탁이 두꺼운 주머니형으로 부드러운 과즙이 많은 육질로 되어있으며 포도 · 딸기 등이 여기에 속한다.

④ 견과류(nuts) : 외과피가 아주 단단하고 식육부위는 곡류나 두류처럼 자엽으로 되어 있다. 밤 · 호두 등이 여기에 속한다. 종실을 식용으로 한다.

⑤ 열대과일 : 다양한 형태로 식용가능 하며 다양한 종류로 나눈다. 바나나 · 파인애플 · 키위 · 멜론 · 파파야 · 아보카도 · 망고 · 구아바 · 두리안 · 람부탄 · 리치 · 망고스틴 · 용과 등이다.

2) 과실의 성분

과일의 성분은 그 종류 · 숙성 정도 · 기후 · 토양 및 재배 조건 등에 따라 많은 차이를 나타낸다. 과일의 성분은 일반성분보다 특수성분이 중요하며 맛 · 향 · 색깔을 비롯한 펙틴질 · 효소 등이 그 과일의 특성을 나타내는 성분으로 중요하다.

과실의 가식부는 수분이 약 86~90%, 단백질 0.5~1%, 지질 0.3% 정도 함유하고 있으며, 탄수화물은 당분이나 섬유 등으로 10~20%이다. 무기질은 K · Ca이 많고 회분의 평균은 0.4%이다. 비타민은 대체적으로 비타민 C 함량이 높고, 등색과육의 과실에는 카로텐(carotene)을 함유하고 있다. 견과류는 곡류나 두류와 마찬가지로 비타민 B 군을 함유하고 있고, 감귤의 과피나 과육부에는 비타민 P 를 함유하고 있다.

과실의 맛은 단맛과 신맛의 조화에 있다. 단맛을 내는 당분인 포도당(glucose) · 과당(fructose) · 설탕(sucrose) 등이 있으며, 과실이 익어 감에 따라 단맛이 증가하는데, 그 이유는 전분의 분해에 의한 당의 생성과 포도당으로부터의 과당생성 등에 의한 것이다. 신맛을 제공하는 유기산에는 구연산(citric acid) · 사과산(malic acid) · 주석산(tartaric acid) · 호박산(succinic acid) 등이 있으며, 과실 종류에 따라 그 구성비가 다르다. 토마토 등과 같이 특이한 유기산, 즉 초산(acetic acid)을 함유하는 과실들도 있다.

거의 모든 정유 성분은 보통의 온도에서 액체 상태로 혹은 짙은 액상으로 존재하며, 유기용매인 무수알코올 · 에테르(ether) · 클로르폼(chloroform) · 벤젠(benzene) 등에 잘 용해된다. 따라서 이들 용매를 이용하여 식물로부터 정유 성분을 추출한다.

식물의 정유 성분은 크게 텔펜(terpene)계열 및 n-알칸(n-alkane) 계열의 탄화수소류, 이들 탄화수소류의 산소화 유도체 벤젠 고리를 가지고 있는 방향족 화합물, 질소 또는 황을 함유하고 있는 화합물 등으로 분류된다. 식품의 향미, 즉 flavor라는 표현은 우리나라 단어는 방향(芳香) · 향기(香氣) · 향(香), 냄새 등으로 유사하게 사용하지만, 냄새를 나타내는 영문표기는 aroma, fragrance, odor, perfume, smell 등이 있어 서로 다르게 표현된다. 식품을 코로 맡을 때의 향을 aroma, 입안에 머금었을 때의 풍미를 향미라고 표현할 수 있으며, 인간이 감지할 수 있는 냄새의 최저농도는 10~7ppb정도이며, 역치(threshold value)로 표현한다. 향기성분은 일반적으로 알코올류, 에스텔류, 휘발성 산류가 많으며 카르보닐(carbonyl) 화합물 등도 검출되고 있다.

식물성 색소들은 주로 식물체의 원형질체(protoplasts)에서 유색체(有色體, plastid)에 존재하며, 물에 녹지 않는 색소인 클로로필(chlorophyll)과 카로티노이드(carotenoid)들이 있으며, 수용성으로 세포액에 녹아 있는 색소인 플라보노이드(flavonoid) 및 안토시아닌(anthocyanin) 등이 있다.

보통 무색 투명의 교질상태(colloid)로 존재하는 탄닌(tannins)들은 쉽게 산화되어 흑갈색의 불용성 물질로 변한다. 이것을 불용성 색소에 포함시키는 학자도 있다.

과실의 색깔은 미숙상태에서는 클로필이 많으나 성숙하면서 감소하고 다른 색소량이 많아져서 적색 또는 황색으로 점점 변한다. 이렇게 녹색에서 황색으로 변하는 과실은 바나나 · 사과 · 배 등이며, 녹색에서 붉은 색으로 변하는 과실은 토마토, 망고, 오얏 등이 있다.

펙틴질(pectic substances)은 과실이나 채소류의 세포막이나 세포막 사이에 결착 물질로 존재하면서 조직이나 가공품의 품질에 영향을 주는 복합 다당류이다. 또 펙틴질은 세포벽을 구성하는 중요한 물질로서 불용성 프로토펙틴(protopectin), 가용성 펙틴인 펙티닉산(pectinic acid), 펙틴(pectin), 펙틱산(pectic acid) 및 그 염류 등으로 구분된다. 미숙 과실에서는 펙틴이 불용성 상태이지만 성숙하면 수용성으로 변하면서 조직은 부드럽고 식감도 좋게 된다.

3) 저장 중 과실의 성분 변화

생과실은 저장하는 동안 맛과 영양소가 저하 되는 것을 억제해야 한다. 보통 당도가 높으면 저장성이 약하고, 산이 높으면 반대로 저장성이 강하다. 과실은 즙이 많기 때문에 수확에서 소비되기까지 신선도 유지가 힘들며 성분 변화도 빠른 편이다. 특히 비타민 C의 감소와 산화, 천역색소, 당, 산, 펙틴질 등이 변화로 품질이 저하되고 재료 가치가 떨어진다.

4) 과실류의 품질 측정

과실은 기호적 요소가 중요하게 생각되는 식품으로 생식 또는 가공 등의 용도에 따라 품질의 규격이 각기 다르지만 일반적으로 과일의 형상, 크기, 색깔, 맛, 육질 및 숙성 등으로 품질을 판별한다. 품질의 판별을 위한 방법은 다음과 같다.

(1) 물리적 측정

육질의 경도는 과실 경도계를 써서 측정하고, 과육 피와 과육부의 색깔은 색도, 색차계를 써서 측정한다. 형태는 노니우스(nonius)를 써서 지름을 측정한다.

(2) 화학적 분석시험

과즙의 특성을 알기위해 과즙의 당도 · 산도 · 비타민 함량 · 펙틴질 · 색소함유량 등을 분석 시험한다. 당도는 굴절 당도계에 의하여 함량을 손쉽게 구할 수 있다.

(3) 미각 관능검사

관능검사는 인간의 감각기관을 사용해서 행하는 검사법으로 검사 항목은 감미 · 산미 · 지미 · 방향 등을 조사하며, 필요에 따라서는 선택된 특정한 식별능력이나 자격을 가진 관능검사원(panel)이 효과적인 실험계획에 의거하여 시료를 검사한 후에 통계적 처리로 그 유의차 판정을 한다.

5) 과실의 저장방법

① CA-저장 : 과실은 저장 중에도 호흡작용에 의해 당질 및 기타 성분이 소모되어 품질이 떨어지게 된다. 이런 작용은 저온에 의하여 어느 정도 억제가 되지만,

CO_2 및 질소 가스 등에 의해서도 억제된다. 이런 것을 응용하여 저장하는 것을 CA-저장, 즉 controlled atmoshpere라고 한다. 과실을 가스저장을 하면 추숙이 서서히 진행되어 오랜 저장이 가능하게 되며, 또 과실 본래의 색깔과 굳기를 유지하게 한다.

② 감압저장 : 감압저장은 CA-저장보다 더 우수한 효과를 얻었으며, 200mgHg가 가장 효과적이라 한다. 다른 감압저장에서도 저 O_2 농도와 CO_2 농도의 조절로 CA-저장 효과를 얻을 수 있다.

③ 기타 저장 방법 : 과실의 또 다른 저장방법은 급속 냉동 처리하는 경우와 식용 납(wax)으로 표면을 피복(coating)하는 방법이 이용되고 있다. 그러나 냉동방법은 연화 현상이 일어나며, 수분의 얼음결정화로 육질을 손상시키므로 특별히 주의해야 한다.

2. 인과류

1) 사과

사과(apple)는 장미과에 속하며 사과의 야생종은 코카서스 지방을 중심으로 하는 유럽 동남부, 중국을 중심으로 하는 동아시아 및 북아메리카에 30여 종이 알려져 있다. 현재의 재배종은 코카서스 지방을 원산으로 하는 것을 기본종으로 하고 있다. 재배 기원은 4,000년 이전의 스위스 호서 민족시대로 거슬러 올라가며, 유럽에서는 중요한 과수로서 재배되었다. 우리나라에서는 예로부터 재래종인 '능금'을 재배하였으나, 홍만선의 〈산림경제〉에 능금의 재배법이 기록된 걸로 봐서 18세기 초에 많이 재배한 것으로 보인다. 현재의 사과는 1900년대에 도입되었다.

주성분은 탄수화물이며 당질과 섬유소가 풍부하다. 단백질과 지질의 함량은 매우 적은데, 무기질 성분은 Ca · K · Na 등이 풍부하고 비타민은 2~5mg%의 환원형 비타민 C를 함유하나 그 함량은 비교적 적은 편이다. 기능성은 긴장을 풀어주는 진정작용을 하여 불면증에 좋고 빈혈 · 두통에도 효과가 있다. 사과 과피의 아름다운 적색은 안토시아닌(anthocyanin) 색소에 의한 것으로, 사과의 껍질을 벗기면 과육 중 의 탄닌(tannin) · 케르세틴(quercetin) · 클로르겐산(chlorogenic acid) 등의 폴리페놀류(polyphenol)

가 산화효소의 작용을 받아서 갈변물질을 생성하는데, 식염수나 물에 침지하면 갈변현상을 억제할 수 있다.

사과는 품종에 따라 저장 일수가 각각 다른데 대체로 만생종이 조생종보다 저장성이 좋으며, 품종별 저장성은 [표 6-1]과 같다. 사과의 수확시기는 맛에 직접 영향을 미치는 것은 물론 저장력에도 큰 영향을 미친다. 일반적으로 미숙과는 저장 중 증산작용이 증

[표 6-1] 사과의 품종별 저장성

품종	보통저장(일)	저온저장(일)	품종	보통저장(일)	저온저장(일)
국광	90~120	150~240	스타크림슨	30~40	60~80
홍옥	60~80	60~90	스페레드딜리셔스	30~40	60~80
후지	120~180	150~240	스퍼골드딜리셔스	40~60	80~100
골든딜리셔스	70~90	90~120	스퍼블레이즈	15~20	30~40
딜리셔스	70~90	90~100	스퍼로디	10~20	20~30

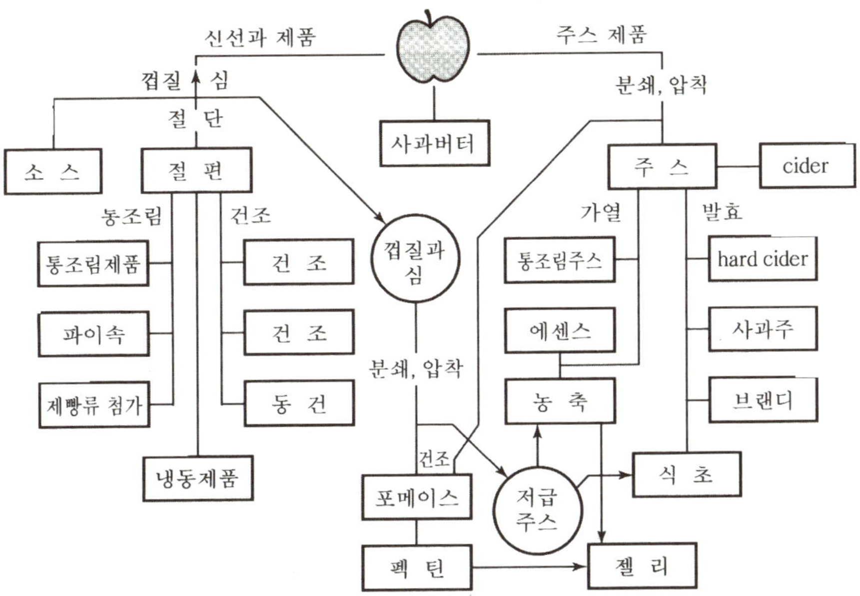

[그림 6-1] 사과의 각종 가공품

가하고 병이 발생하며, 과숙된 것은 저장 후기에 신선도가 떨어지므로 완숙 직전의 과일을 수확하여 저장하는 것이 좋다. 또한, 저장 적온은 과일이 저온 장해를 받지 않을 정도의 저온, 즉 -0.6~0℃에 저장하는 것이 좋으며, 최적습도는 85~90%이다. CA-저장을 위해서는 품종에 따라 1~8%의 탄산가스, 2~3%의 산소 및 -1~4℃의 조건에 저장하는 것이 가장 좋다.

사과에 들어 있는 펙틴질은 잼이나 젤리의 중요한 원료로 사용된다. 소화 · 흡수되기 어려운 섬유, 펙틴의 정장작용에 의한 변비 해소, 혈당치의 정상화, 동맥경화 억제, 칼륨에 의한 혈압 강하, 사과산의 소염 효과 등이 있다고 한다.

사과는 생식하거나 과일 샐러드, 그 밖의 각종 과일 샐러드의 혼합 재료로 쓰이는 등 [그림 6-1]과 같은 여러 가지 가공품을 제조하는 데 쓰인다.

2) 배

장미과에 속하는 배(pear)는 기원전 850년 경에 이미 재배되었으며 서늘한 온대의 여러 지역에서 재배되었으며 인도 북서부, 아프가니스탄, 중국 서부, 남동 유럽이 원산지이다. 과실은 향기가 부족하고 구형, 편구형, 장구형 등, 껍질은 장십랑과 같이 코르크층이 두껍고 갈색인 적리, 이십세기와 같은 코르크층이 거의 없고 녹황색인 청리, 행수와 같이 양자의 중간색인 3가지 모양이 있다. 과실에는 석세포(stone cell)가 많으며, 거칠거칠해서 중국배와 함께 샌드페어(sand pear)라고도 한다. 배의 품종은 크게 3가지로 나눈다.

① 일본배 : 우리나라에서 재배되고 있는 품종으로 우리나라 남단, 일본의 중부 이남이며 원형 · 장원형 · 난형이다.
② 중국배 : 우리나라의 북부지역, 만주의 남부, 호남성 등에 분포하며 편원형이며 녹색이다.
③ 서양배 : 유럽의 유럽배(European pear) 원생종을 기본으로 다양하다.

재배 배의 각 군은 교목성인데, 재배관리나 태풍대책을 위해서 나무높이를 1.8m 전후로 조정하고 있다. 4월경 개화해서 여름부터 가을에 익는다. 특히, 석세포는 배에서 특유의 거친 질감을 나타내는데 이것은 펜토산(pentosan)과 리그닌(lignin)으로 구성되며 서양종보다 동양종에 더 많이 함유되어 있다. 서양종에는 석세포가 적게 함유되어 있어서 촉감이 더 부드럽다.

배나무는 온대 중부의 과일로서 우리나라는 전국적으로 재배가 가능하나 기후조건에 따라 품질에 영향을 미친다. 즉, 평균기온이 10℃ 이상 되는 기간이 215~240일이라야 좋은 품질의 과일을 생산할 수 있다. 배의 번식은 사과와 마찬가지로 접목을 하며 정지와 적과를 하고 봉지 씌우기를 하며, 수확기 판정은 주로 빛깔에 따른다.

과실은 84~88%가 수분이며 일반 성분으로 당분이 10~14%, 유기산은 사과산이 0.08%, 주석산 및 구연산은 미량이며 과육 중의 석세포는 펜토산이 주성분이다. 비타민은 비교적 적게 함유되어 있다. 칼륨이 140~170mg이 눈에 띠며, 체내의 대사 생리에 좋다.

저장성은 품종에 따라 차이가 많아 더운 여름철에 수확하는 품종들보다 10월 이후에 수확하는 것들이 저장성이 좋다. 과숙된 것은 저장성이 떨어지므로 완숙기에 수확해야 한다. 저장 조건으로 4~5℃에서 85%의 습도를 유지하면 이듬해 5~6월까지 저장이 가능하다.

배는 대부분 생식을 하지만 서양배의 경우는 통조림과 넥타로 제조되고 있다. 서양 배는 약 40%가 가공용으로 가공용 외에 잼, 주스, 건과 등에 이용된다. 또한 갈증을 다스리고 폐와 신장을 도와주기도 하나 너무 많이 먹으면 설사를 한다.

3) 감귤류

감귤(citrus fruits)류에는 온주밀감 · 하밀감 · 라임 · 레몬 · 만다린 · 자몽 등이 포함되며 아시아 동남부에 자생하는 상록교목으로 인도 동부의 아삼지방과 중국의 양자강 유역 및 절강성 이남의 해안지대가 원산지이다.

감귤류의 재배는 중국에서 기원전 1세기 경에는 대추 및 기타 과수와 더불어 하나의 산업용 과일로 발전하였고 쓰촨 성, 후베이 성, 후난 성이 주산지이었다.

유럽은 중국 및 인도의 원산지로부터 멀리 떨어져 있었기 때문에 감귤류의 재배는 사과나 서양 배와는 달리 비교적 늦게 시작되었다. 우리나라에는 반입 경로가 뚜렷하지 않으나 재래 귤이 약 570년 전부터 제주도에서 재배되었고, 생식 및 약재로 귀중하게 사용되어 왔다.

본격적으로 감귤류의 재배가 시작된 것은 1911년 일본인이 서귀포에 소재한 지금의 제주감귤농원을 적지로 선정하여 온주밀감. 하밀감 등을 심으면서부터이다. 감귤류 중에서 껍질을 벗기기 쉬운 것을 밀감류라고 하는데, 온주밀감은 한국 · 중국 · 스페인 등지에서도 많이 생산되고 있다.

감귤류는 세계적으로 중요한 과일로서 근래에 와서 육종을 통하여 종류가 더욱 많아졌는데 품종은 [표 6-2]와 같다.

[표 6-2] 감귤류의 종류

보통명	학명	명명연도	보통명	학명	명명연도
Citron	*C. medica(L.)*	1953	papeda	*C.micrantha* Wester	1915
grapefruit	*C. paradisi* Macf.	1930	Celebes papeda	*C.celeaica* Koord.	1898
Lemon	*C. limon(L.)*	1976	Ichng ppeda	*C.ichangensis* Swing.	1913
Lime	*C, auranfolia* Christm.	1913	Khasi papeda	*C.latipes* Tan.	1928
Mandarin (Tangerine 포함)	*C. reticulata* Blanco	1837	Mauritius papeda	*C.hystrix* D.C.	1813
감미종(보통오렌지)	*C.sinensis* osbeck	1757	Melanesian	*C.facrocarpa* Mont.	1860
산미종(오렌지)	*C. aurantium*(L.)	1753	pummelo	*C.grandis* Osbeck	1765
인도야생종 (오렌지)	*C. indica* Tan.	1931	Tachibana	*C.tachibana* Tan.	1924

또한, 과일의 단면구조는 [그림 6-2]와 같은데, 종자를 가진 것은 종자의 외피가 불쾌한 향미를 가지므로 과즙 제조 시에는 이것을 피하도록 가공해야 한다.

온주밀감에도 많은 품종이 있으나 그 형태는 대부분 편원형이며 표면이 매끄럽고 감미가 많다. 이밖에 다른 종류의 특징은 다음과 같다.

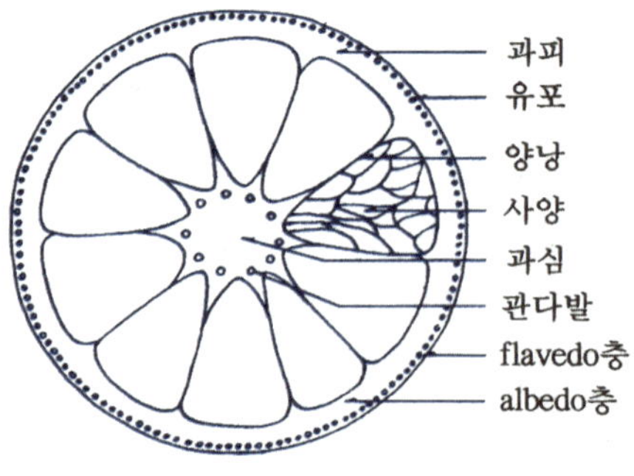

[그림 6-2] 온주밀감 절단면

① 하밀감 : 260g의 대형 과일로서 4~6월에 성숙하며 가식부 58%, 당질 6.8%, 비타민 C 33mg%로 신맛이 강하고, 마멀레이드나 농축과즙으로 이용된다.

② 레몬(lemon) : 대표적인 것에 유레카(eureka), 리스본(lisbon), 또 캘리포니아, 시실리 섬의 특산이 있으며, 비타민 C가 많은 것이 특징이다. 서양요리인 생선 ·

게 · 새우튀김이나 칵테일에 많이 쓰인다.

③ 자몽(grapefruit) : 미국에서 생산되는 대표적인 감귤의 하나로 단맛이 적고 무게가 400g의 대과이며, 소비형태는 생식, 주스, 또는 통조림과 넥타로 이용된다.

④ 만다린(mandarin) : 겉껍질은 잘 벗겨지나 속껍질은 잘 벗겨지지 않으며, 외피는 주름이 잡혀 있고 스펀지 형이다. 즙과 단맛이 많으며 산이 적다. 품종으로는 킹(King), 탕게린(Tangerine), 사투마스(Satsumas) 등이 있다.

⑤ 라임(lime) : 미국 · 멕시코 원산으로 산미종과 감미종이 있으나 산미종이 중요하다. 즙 함량은 상품(上品)이 32% 이상이다.

감귤류의 일반성분은 품종에 따라 다르지만 탄수화물, 펙틴, 유기산, 질소화합물, 지방질, 색소, 리모넨, 플라보노이드 및 정유 성분을 함유한다.

즉, 고형분 11.8%, 회분 0.32%, 조지방 0.04%, 단백질 0.56%, 조섬유 0.04%, 탄수 화물 10.9%이다. 당분은 전체 가용성 고형분 중 2/3를 차지하며 1/2은 수크로오스, 나머지 1/2은 글루코오스와 프룩토오스인데, 종류별로 보면 그레이프프루트 9.2%, 레몬 8.0%, 라임 9.0%, 만다린 11.6%, 오렌지 10.4%, 탄젤로 9%이며, 미량의 섬유질 이외에 포도당, 과당이 전체의 90%, 나머지가 설탕 및 만노스(mannose)를 함유하기도 한다.

[표 6-3] 감귤류의 일반 성분

[가식부 100g 중]

식품명	폐기율	칼로리	수분	단백질	지질	탄수화물		회분	무기질				비타민					
						당질	섬유		칼슘	나트륨	인	철	A		B1	B2	니아신	C
	%	Cal	g	g	g	g	g	g	mg	mg	mg	mg	A IU	카로틴 IU	mg	mg	mg	mg
밀 감	30	40	88.9	0.8	0.3	9.3	0.3	0.4	14	4	12	0.2	40	120	0.09	0.02	0.1	50
하밀감	40	39	88.9	0.8	0.3	9.1	0.3	0.6	22	3	17	0.2	40	120	0.08	0.03	0.5	30
네이블오렌지	30	42	88.1	0.7	0.2	10.2	0.3	0.5	25	3	19	0.2	66	200	0.08	0.03	0.5	45
레 몬	35	32	88.9	0.7	0.6	8.5	0.6	0.7	40	6	24	0.2	0	0	0.04	0.02	0.2	50
삼보밀감	45	40	88.9	0.6	0.3	9.4	0.4	0.4	19	–	16	0.2	46	140	0.06	0.08	0.4	40
이자밀감	40	41	88.6	0.6	0.3	9.6	0.4	0.5	21	–	17	0.3	46	140	0.09	0.06	0.8	30
본밀감	35	41	88.6	0.7	0.3	9.6	0.4	0.4	25	–	19	0.2	46	140	0.10	0.03	0.6	40
Grapefruit	40	93	88.6	0.7	0.2	9.8	0.4	0.3	20	2	21	0.2	6	20	0.04	0.07	0.5	40
금귤(깅깡)	0		75.1	0.5	1.0	20.0	3.0	0.4	110	–	14	0.4	500	1500	0.09	0.04	0.5	200

펙틴은 과일 전체에 분포되어 있으며 성숙함에 따라서 불용성인 형태가 가용성으로 바뀌지만 과숙하면 품질이 저하하거나 불용성으로 다시 바뀐다. 과일류의 부위별 펙틴

함량을 보면 flavedo 4.2%, albedo 4.7%, 과심 5.1%, 액낭 2.0%, 종자 1.8%, 즙 성분에는 0.06% 들어 있다. 펙틴은 감귤의 부산물로 이용되며 주스의 농도, 안정성, 점도 등에 기여한다.

지방질은 오렌지에 0.2%, 라임과 탄젤로에 0.1% 밖에 들어 있지 않다. 그 밖에 β-카로틴 0.005mg%, B_2 0.033mg%, B_6 200mg%이 들어 있으며 무기질은 칼슘 9mg%, 철 0.2mg%, 인 15mg%, Mg 10mg%, K 170mg%, Na 1.5mg%를 함유하고 있다.

여기서 오렌지 주스는 고형분 11.8%, 무기질 0.38%, 조지방 0.06%, 단백질 0.65%, 조섬유 0.05%, 탄수화물 10.7%로, 일반적으로 주스에는 비타민 C가 30~50mg% 함유되어 있고 가공 중이나 저장 중에 비교적 안정적이다.

정유 성분은 d-리모넨이 껍질 정유 성분의 90%를 차지하고, 향미 성분으로 중요한 시트랄은 약 3%이며, 누트카톤은 그레이프프루트의 주성분으로 2~4ppm으로 특유한 향을 내지만 8ppm 이상이 되면 불쾌취가 난다.

나린긴은 200~500ppm 들어 있고 그레이프프루트(grapefruit)의 쓴맛의 주성분이다. 오렌지의 경우에는 헤스페리딘(hesperiden)이 들어 있지만 불용성이고 쓴맛에는 관여하지 않는다.

유기산은 오렌지와 그레이프프루트 주스에 0.5~1.5% 들어 있고, 탄제린 주스에는 0.7~1.4%, 레몬 주스에 3~6%, 라임 주스에 5~8% 들어 있는데, 그 중에서 80~90%는 구연산(citric acid)이고, 그 다음이 사과산(malic acid)이며, 그밖에는 미량의 주석산, 벤조산(benjoic acid), 숙신산(succinic acid), 말론산(malonic acid), 퀴닉산(quinic acid), 옥살산(oxalic acid), 포름산(formic acid) 등이 들어 있다.

온주밀감은 10~11월에 따서 12~3월에 식용하고, 레이블 오렌지는 11~12월에 따서 바로 사용한다. 저장 하고자 하는 과실은 밖에서 2~3일간 방습한 후 방부제 지드로루액 (2~3%)에 담가낸 후 물기를 제거하고 입고한다. 저장온도 3~5도, 습도는 80~85%가 적당하 고, 환기 등 그 밖의 과실에 경우와 대개 같다. 감귤류는 다른 과실에 비해서 비교적 장기간 출하되고 있으며, 당분이 많고 호흡작용이 활발하여 장기 저장은 어려우나 온 · 습도 조절을 잘하면 이듬해 봄까지 저장된다.

대부분 생식으로 이용되는데 여러 품종의 과일을 혼합하여 주스 · 과즙이나 시럽, 넥타, 젤리, 잼, 절임, 과자류, 마멀레이드를 만들며, 비타민 C가 풍부하고 특수 성분인 비

타민 P를 함유하여 고혈압에 좋고, 구연산에는 부패균의 번식을 억제하는 움직임이 있으며, 피로 회복에도 유효하다. 향기 성분은 신맛과 동시에 식욕을 증진시킨다.

4) 감

감(persimmon)은 동아시아가 원산이며 미국의 일부, 브라질, 이탈리아, 이스라엘, 뉴질랜드 등에서 재배되고 있으며, 우리나라에서도 오래전부터 재배된 과수이다.

전 세계에 걸쳐서 열대나 아열대 지방에 널리 분포되어 있는 감속 식물은 약 190종이지만 이 가운데 과수로 이용되는 것은 감나무뿐이며, 고욤나무(*Diospyros lotus L.*)는 시삽용 · 대목용으로, 미국감나무(*Diospyros virginiana L.*)와 유시(*Diospyros oleifera Cheng.*)는 시삽용 또는 대목으로 사용된다. 재배 품종에는 단감, 떫은 감으로 구별되며, 과실의 성숙기, 형태, 색 등에 차이가 있다.

감꽃은 자웅이화로 대부분의 품종은 암꽃만이 피고, 수꽃을 함께 피우는 품종은 적다. 재배품종에는 종자가 생기지 않아도 결실을 맺는 종류가 있는데, 결실을 위해서는 종자가 생기도록 화분이 주어져야 한다. 따라서 재배 시에는 화분을 공급하는 수분수를 혼식하거나 사람의 손에 의해서 화분을 암꽃에 붙여주는 인공수분을 할 필요가 있다. 감의 재래품종은 월하시 · 고종시 · 반시등이 있으며, 감나무는 재배가 용이하고 취급하기도 쉽기 때문에 단감인 부유 등이 많이 재배되고 있다. 감이 떫은 것은 탄닌을 함유하고 있기 때문이며 탈삽은 탄닌을 불용성으로 만드는 조작이다.

이와 같은 탈삽방법에는 42~45℃의 물에 24시간 침지하는 온탕 탈삽법, 감 표면에 알코올을 살포하여 탈삽하는 방법, 50% 이상의 탄산가스가 함유된 공기를 밀폐된 용기에 넣어서 25~30℃에서 7~10일 처리하는 탄산가스 탈삽법, 기타 γ-선 조사, 카바이트, 아세트알데히드, 에스테르 등을 이용하여 탈삽을 행하는 방법 등이 있다. 우리나라에서 감이 가장 많이 재배되는 곳은 경남 · 전남 · 경북 · 전북 · 강원 등이다.

개량종에 대한 품종별 특성은 [표 6-4]와 같다.

열매는 공 모양이고 과피는 황, 홍, 황백색 등으로 익으며 과육은 물이 많고 적색 또는 황색이다. 완숙된 감은 쉽게 탈삽되고 연화되므로 다소 빨리 수확한다.

일반 성분으로 비타민 C는 30mg% 이상 함유하고 있으며, 당분이 13~14%인데 잎에는 800mg% 정도의 비타민C가 함유되어 있다. 단맛은 자당, 포도당 6% 및 과당 2~3%에 따른다. 완숙된 감은 프로비타민(provitamin) A를 함유하기 때문에 카로티노이드 색소에 의해 등황색을 띠고 비타민 C 및 칼륨의 함유량이 많다. 말린감(곶감) 표면의 흰

[표 6-4] 주요 품종별 감의 특성

품종		크기	과피색	육질	단맛	품질	숙기
단맛	부 유	중~대	등 홍	치 밀	보통·맑음	상	11월 상
	차 랑	중~대	적 등	치 밀	맑 음	상	10월 중~11월 하
	감백목	대	등 홍	연 화	맑 음	중·상	11월 상
	어 소	중	등 홍	치 밀	보통·맑음	상	11월 상·중
	선사환	소	등 홍	치 밀	맑 음	중	11월 상
	구 보	소	등	거 침	보 통	하	10월 상
	천용방	중	홍 등	연 화	맑 음	중	10월 하
떫은맛	횡 야	대	등 홍	치 밀	맑 음	상	11월 상·중
	평핵무	중	등 황	치 밀	맑 음	상	10월 하
	부 사	대	등 황	치 밀	맑 음	중	10월 하
	서 조	중	등 황	치 밀	맑 음	상	10월 중
	당토봉실	중	등 황	치 밀	보통·적음	상	10월 하
	의 문	중	등 황	거 침	맑 음	중	10월 중
	지원방	대	황 등	치 밀	보통·적음	상	10월 하
	사 구	소	등 홍	치 밀	맑 음	상	10워 중·하

가루는 만니톨에 의한 것이다. 주성분은 과당과 포도당이다.

감을 생과로 저장할 경우 단감은 실온에서는 1개월 이내에 연화되며 탈삽처리한 것은 오래 저장하지 못하지만, CA저장이 더 유리하다. 즉, 5~15%의 탄산가스를 넣은 공기에 저장을 하거나 -20℃로 냉동 후 저장을 하기도 하며 폴리에틸렌으로 포장함으로써 감 주위의 공기가 자동적으로 조절되어 CA저장의 효과를 낸다.

종류에 따라 단감은 생식하고 떫은 감은 건시를 만든다. 감의 건조방법에는 자연건조와 인공건조법이 있는데 자연건조는 20일쯤 걸리며, 인공건조법은 37℃에서 점차 온도를 낮추어 32℃가 되게 한 후 약 일주일간 말리면 품질이 좋은 제품을 얻을 수 있다. 미숙과는 착즙하여 어망 등의 염료로 이용한다. 홍시는 위장을 다스리고 담을 없애며 갈증을 해소시키고 대장을 튼튼하게 한다.

5) 비파

비파는(loquat)는 중국이 원산지이며, 상록활엽수로 따뜻한 지역에서 생육이 적합하여 대만 · 인도 · 일본 등지가 원산지권에 속한다. 우리나라는 제주도와 전남 · 경남 일부 지역에서 자라지만 그 양은 얼마 되지 않는다. 과일은 중앙에 종자가 있어 실제 가식부는 70~80% 정도 이다.

과육의 색은 카로티노이드 성분에 의해 등황색이고 100g당 프로비타민 A 700IU를 함유하며, 당분 12%, 유기산을 0.5% 정도밖에 함유하지 않은 단맛이 나는 과일이다. 비파는 통조림, 비파주, 잼, 젤리, 파이속 등을 만드는 데 이용된다.

3. 핵과류

1) 복숭아

복숭아(peach)는 장미과 낙엽성 소고목으로 중국 황하 상류의 감숙, 협서성의 고원지대가 원산지이다. 중국 재배의 역사는 오래 되었으며, 황하의 북쪽에서 양자강의 남부, 히말라야 남부까지 야생종이나 여러 재배품종이 분포한다. 기원전에 페르시아에 전파되고, 그 후 유럽제국이나 미국에 확산되었다. 감귤과 함께 사과, 배 다음으로 많이 생산되는 과일이다. 페르시카(Persica)라는 명칭은 페르시아 지방에서 유래되었다하여 붙여진 이름이다. 식물학자들은 복숭아의 원산지가 페르시아가 아닌 중국이라고 단정하고 있다.

우리나라에는 원래 산간에 복숭아의 야생종이 있었으나 이에 대한 개량은 전혀 이루어지지 않았고, 비교적 일찍 중국으로부터 수입하여 정원이나 동산에 심어 정원과수로 널리 보급하였다. 그러나 경제 재배가 이루어진 것은 구한말 이후의 일이다. 우리나라에 재배되고 있는 복숭아는 백도가 33.7%로서 가장 많으나 가공품의 수요가 늘어남에 따라서 황육계 품종이 많이 생산되고 있다. 백도는 원형 · 백색으로 무게는 250g 정도이며, 과육이 백색이고 핵 주위는 착색이 잘된다. 육질은 치밀하나 과즙이 많고, 당도는 13도로서 품질이 좋다. 그밖에 백색 품종으로 백미조생 · 사자조생 · 포목조생 · 창방조생 등이며, 황색 품종으로는 관도 2호 · 카디널 황도 1호 · 관도 5호 · 홍진유도 · 수봉 등이 있다.

복숭아는 원예학적으로는 핵과류에 속하며, 식물학적으로는 도이과의 도이속, 도아속에 속하며, 생태학적으로는 유럽계 품종군 · 화북계 품종군 · 화중계 품종군으로 구분된다.

이밖에도 핵이 과육과 잘 분리되는 이핵종과 분리되지 않는 점핵종이 있다. 복숭아는 핵 주변의 과육부에 안토시안 색소를 가지며 일반적으로 육질이 치지하고 섬유가 적은 것이 좋다. 성숙함에 따라 육질이 연화되며 이때 펙틴 분해효소가 관여하게 된다.

주성분은 과당이고 포도당, 자당으로 되어 있고 황도는 카로틴의 함유량이 많으며, 칼륨을 비교적 많이 함유한다. 그러나 그 밖의 비타민과 무기질의 함유량은 적다. 산이 0.5% 정도로 사과산과 구연산을 함유하고 신맛이 적으며, 비타민C를 10mg% 전당량은 7.6~11.5% 내외 함유하고 있다.

복숭아는 과육이 부드러워 장기간 저장이나 장거리 수송에는 부적당하여 취급시 손상을 받기 쉬우므로 즉시 7℃ 이하로 냉각할 필요가 있다. 저장조건은 -0.6~0℃, 85% RH가 적합한데 건전한 성숙과는 품질에 손상 없이 2~3주간 저장이 가능하다.

이 핵과는 생식을 주로하고 점핵과는 통조림이나 복숭아 넥타. 복숭아 주스 등의 원료로 쓰인다. 이밖에 복숭아는 항응혈작용 · 항염 · 진통작용 등을 한다. 잎은 오래전부터 한진이나 습진의 민간요법으로 이용되었다.

2) 자두

자두(plum)는 장미과에 속하는 핵과로서 2,000여 종이 있으나 중요한 것은 몇 종이 안 된다. 프룬(prune)은 핵을 제거하지 않고 말릴 수 있는 품종이고, 프룸(plum)은 말리지 않고 가공하거나 생과로 이용하는 것으로, 한때는 프룬(prune)과 프룸(plum)을 동의어로 사용하였으나 지금은 구분하고 있다. 품종에는 유럽계 자두로 자색~흑색을 띠는 것과 일본계 자두로 황색~진홍색을 띠는 것 등 두 종이 중요시되고 있다. 전자는 코카서스 지방이 원산지로 기원전 수 세기에 시리아에서 재배되었으며, 후자는 중국이 원산지이다. 과실은 공 모양이고 과피는 황, 홍, 황백색 등으로 익으며 물이 많고 적색 또는 황색이다.

성숙하면 변색되기 쉬운데, 일본계 자두의 경우 성숙하면 녹색에서 점차 연한 황색을 띠고 마지막에는 황색~적색을 띠며, 어떤 품종은 녹색에서 청록색, 적자색, 암자색으로 변한다.

저장 조건은 -06~0℃에서 적당하며, 상대습도는 90~95%가 적합하지만 저온저장에는 적합하지 않아 1개월 후에는 육질이 갈변하고 이취가 발생하게 된다. 또한 신선도가 쉽게 저하되므로 주의 깊게 취급해야 한다.

유럽 등지에서는 건조가공을 많이 하는데, 즉 생과를 묽은 알칼리용액에 침지하여 부룸(bloom)의 발생을 막은 다음 잘 세척하고 햇볕에 일주일 이상 말린다. 이와 같이 말린 것은 26~28%의 수분을 함유하게 되는데, 이런 제품은 가루, 박편, 입자의 형태로 만들어 쿠키 및 케이크 등에 사용하고 건과나, 잼, 젤리, 넥타 등에 이용된다.

3) 매실

매실(ume 또는 japanese apricot)의 원산지는 중국의 사천성 · 호북성의 산간부이며, 우리나라는 경남의 남부지역 및 전남의 일부 지역에 분포되어 있다. 우리나라에서는 예로부터 매실나무를 관상용으로 중요시하여 각지에 재배하여 왔으나 경제적인 면에서 집약 재배를 하지는 않았다. 매실의 성분으로는 탄수화물이 8.5%이고 구연산 · 사과산 · 주석산이 들어있다.

매실의 미숙한 과일로부터 핵을 제거하고 과피를 벗겨 연기 중에 건조시킨 것을 오매라고 하는데, 이는 한약으로 쓰인다.

일본에서는 매실을 절임하여 부식으로 오래 전부터 이용하고 있으며 우리나라에서는 알코올에 넣어 매실주를 만들거나 매실음료로 이용하며, 그밖에 매실추출물은 피로회복 · 식욕증진 · 미용개선 · 노화방지 · 정서안정 · 고혈압 등의 한약재로 이용한다.

4) 살구

살구(apricot)는 중국이 주 원산지로서 중국의 산야에 야생한 것으로 B.C. 2205년의 기록에 나와 있다. 이것이 중앙아시아에 전파되어 지금은 세계 각지에서 생산되고 있다.

살구는 약 90%가 과육이며, 그 주성분은 탄수화물이고, 당분은 5~10%로 주로 자당이며, 산은 구연산과 사과산이다. 핵 중에는 30%의 행인이 있는데 단백질과 지방이 함유 되어 있다.

온대북부에 적합하여 다른 핵과류에 비해서 내한성이 강하며, 우리나라의 경우 7월에 수확하는데 기간이 15~20일로 짧다. 장거리 수송시에는 약간 황색을 띠는 미숙과일 때 수확하고 −0.6~0℃가 저장 적온이다.

살구는 통조림 · 넥타 · 건조살구 · 냉동살구 등으로 가공하여 이용하고, 행인이라고도 하는 살구씨는 쓴맛과 단맛이 있는 것이 있는데 쓴맛이 있는 것은 주로 약용으로, 단맛이 있는 것은 첨인이라고 하여 식용한다.

5) 양앵두 · 버찌

버찌(cherry)의 원산지는 유럽의 중남부와 소아시아이며, 현재는 위도 30° ~55° 의 온대지역의 대중적인 과수로서 감미종 · 산미종이 있다.

과육 중의 당분은 7~14%, 말산이 0.1~0.8% 들어있다. 과일이 작고 수송력과 저장성이 불량하며 나무가 크게 자란 후 수확이 가능하므로 노력이 많이 든다.

양앵두는 6월에 수확하는데 18~24℃의 실온에서 6~11일 정도밖에 견디지 못하나, 저장조건을 0℃, 상대습도를 85~90%로 조정하면 20일 이상 저장이 가능하다. 일반적으로 이용성은 생식 · 주스 · 과실주 · 제과원료 등으로 이용한다.

6) 대추

대추(jujube)는 본래 열대 · 아열대 · 온대지방에 약 40종의 300~400품종이 분포되어 있고, 중국에서 특히 많이 재배되고 있다. 대추나무속 식물에는 중국대추, 인도대추 및 이스라엘대추 외 3종이 있으며, 인도대추와 이스라엘대추는 열대 및 아열대 지방, 중국대추는 온대지방에 분포 되어 있다. 우리나라는 1188년에 대추 재배를 권장한 것으로 보아 그 이전부터 재배된 것으로 추정된다. 한편, 우리나라에는 품종화된 것이 없고 편의상 주산지 이름을 딴 충청도의 보은대추, 경기도의 경대추, 논산의 연산대추, 경남 밀양의 고려대추, 경북의 동국대추 등으로 분류되어 왔으나, 1981년에 29개 지방종 중에서 대립이고 품질이 우수한 무등과 금성품종을 선발하였다.

단백질 1.2%, 당질 27.6%, 칼슘 269mg%가 들어 있는 대추는 길흉사 · 요리용 · 과자용 건과 · 관절통 · 위통 · 오장을 보강하는 등의 약용 등으로 널리 쓰인다.

4. 장과류

1) 포도

포도(grape) 재배의 역사는 유사 이전부터라 하며, 아시아에서 소아시아에 이르는 지방이 원산지이나 유럽 전역에 전파되어 발달된 것을 유럽종이라 하고, 아메리카 대륙에 자생하던 것을 미국종이라 한다. 이들 포도는 북반구의 북위 20° ~50°, 남반구에서는 남위 20° ~40° 의 범위 내에 분포되어 있다.

포도나무속 식물은 갈매나무, 포도과에 속하는 넝쿨성 식물로서 주로 열대 및 아열대 지방에 자생하지만, 온대지방에도 일부 분포하고 있다. 포도과는 11속에 약 700여 종이 있는데, 그중에서 경제적으로 이용할 수 있는 것은 포도 속뿐이며 재배종 포도는 모두 이에 속한다. 주요 품종의 특성은 다음과 같다.

[표 6-5] 포도 품종별 구성 비율 (1997년)

생식용 품종	비 율[%]	가공용 품종	비 율[%]
켐벨얼리	77.6	머스켓베일리A	0.02
델라웨어	0.04	콩코드	–
거 봉	16.9	셰리던	13.8
골 든 퀸	1.4	리슬링	–
네오머스켓	0.3	세이벨 9110	0.5
타노레드	2.1	기 타	–
기 타	1.7		

세계 생산량은 유럽이 약 51.2%, 아시아, 러시아, 남아메리카가 각각 8.4% 내외이며, 프랑스가 12.1%, 이탈리아 14.1%, 러시아 0.6%, 스페인 9.0%, 미국 10.6%, 아르헨티나 3.5%, 터키가 6.2%를 차지한다.

우리나라의 포도 재배는 전래 기록이 뚜렷하지 않으나 조선 초기부터 시작된 것으로 추정된다. 그 당시 포도는 개성에서 재배될 뿐이었으며, 산간에 머루라고 하는 포도속 식물이 야생하고 있어서 양조에 이용하기도 하였다. 구한말 일본을 통해 미국계 포도를 도입함으로써 포도의 본격적인 재배가 비롯되었다.

우리나라 포도 재배품종은 [표 6-5]에서 보는 바와 같이 70% 이상이 캠벨얼리이고, 다음이 생식 · 가공의 겸용종인 머스카트 베일리이다. 과거에는 주로 생식용 품종만 재배하여 왔으나 건포도 · 주스 · 포도주 등의 가공품의 수요가 늘어남에 따라 겸용종이 증가하고 있다. 주요 품종의 특성은 다음과 같다.

① Delaware : 원통형, 100~120g, 과립은 원통형 소립, 과육, 암록색, 숙기 8월 하순, 당도가 높음

② Niagara : 원통형, 황록색, 250g, 당도 16도, 숙기 9월

③ Steuben : 장원통형, 흑자색, 400g, 당도 17~18, 9월 중순 수확
④ Concord : 진한 흑자색, 200g, 주스용, 9월 하순 수확
⑤ Campbell Early : 흑자색, 380g, 당도 13, 8월 수확
⑥ Seibel 9110 : 원추형, 400g, 화백색, 당도 18
⑦ Alden : 원추형, 흑자색, 360g, 당도 16
⑧ 거봉 : 원추형, 700g, 과일은 15~18g, 당도 17도, 숙기 9월 상순
⑨ Muscat Bailey : 생식 · 가공 겸용종이며, 흑자색, 당도 18~19도, 9월 하순 수확
⑩ NeoMuscat : 황백색, 원추형, 당도 17~18도, 생식용, 9월 중 · 하순 수확
⑪ Black hamburg : 900g의 흑자색, 9월 상 · 중순 수확
⑫ Tano Red : 450g, 당도 15도, 내한성은 보통, 1969년 일본에서 도입

포도의 당분은 14~20%이고, 유기산은 주석산으로 환산하여 0.8~1.0%를 함유 한다. 과피의 색소는 안토시안으로 적포도주의 색소가 되며, 탄닌을 함유하고 있어서 과피가 들어간 적포도주에는 삽미가 있다.

이처럼 당분이 많고 색소 및 방향 성분이 있어서 과일주 양조에 적합하다. 과즙을 발효 시키면 포도주가 생산되고, 이를 증류하면 브랜디가 된다.

포도즙을 착즙 주스로, 씨 없는 품종은 건조하여 건포도를 만든다. 잼. 젤리. 디저트용 원료인 포도를 알맹이채로 또는 펄프형태로 동결시켜 저장하였다가 가공하기도 하는데, 이 경우 60~67℃의 온도에서 가열한 후 씨를 제거하고 펄프를 만들어 동결한다.

포도 중에 들어 있는 카테콜(catechol) · 갈로카테콜(gallocatechol) · 갈산(gallic acid) · 리베라트롤(resveratrol) 등은 심장병을 예방해 준다고 한다. 비타민 P는 동맥경화 예방작용을 하며 고혈압, 뇌졸중에 효과가 있다. 또 리베라트롤은 혈중 콜레스테롤 저하, 항암작용, 항균작용을 하고, 각종 페놀 화합물에 의한 항산화작용을 하는 것으로 알려져 있으며, 특히 적포도주가 이런 작용을 한다고 하여 즐겨 이용되고 있다.

과육의 단맛은 주로 포도당과 과당에 의한 것으로, 양자의 비율은 거의 반 정도이다. 신맛은 주로 주석산과 사과산에 의한다. 비타민류와 미네랄의 함유량은 적다.

2) 무화과

무화과(fig)는 서남아시아가 원산지로 과일로서 가장 먼저 이용한 것 중의 하나이며, 열대 또는 아열대 지방과 미국, 지중해 연안 등에 분포되어 있다.

우리나라에서 경제적인 재배를 하고 있는 곳은 비교적 적으며, 주로 남해안에서 생식용으로 일부 재배되고 있다. 7월경에 익는 것과 8~11월에 익는 것이 있다. 무화과의 건조는 완숙된 과일을 따서 끓는 소금물에 넣었다가 햇빛에 말리고 그늘에서 2차 건조한다.

일반 성분으로 수분 77%, 단백질 1.2%, 당분 20%를 함유하고, 당분 중 전화당의 함량 이 25%에 달해서 생식용으로 하는 이외에 잼 · 술 · 양갱 등의 원료가 되며, 주생산국인 그리스와 터키에서도 중요한 식품으로 이용된다.

단백질 분해효소인 피신(picin)을 많이 함유하고 있어 육식 후의 과일로 적합하고, 효소를 별도로 추출하여 고기의 연화제로 사용한다. 산은 매우 적고 비타민 C가 5mg % 들어 있다.

5. 견과류

1) 밤

밤(chestnut)은 아시아 · 유럽 · 북아메리카 · 북아프리카 등의 온대지역에 자생하여 13종에 달하고, 이들 중 과일로서 이용되고 있는 것은 한국밤 · 일본밤 · 중국밤 · 유럽밤 · 미국밤 등이 있다.

우리나라에서 예로부터 재배하여 온 평양밤은 중국이 원산지로서 만주 남부로부터 화북의 삼성 및 화중 전체에 걸쳐 사천성 · 호북성 · 운남성 등지에 분포되어 있다. 이밖에 우리나라의 남부지역에서는 우리 고유의 재래종이 재배되어 왔다.

우리나라에 분포되어 있는 것은 중국종과 한국종으로, 중국종은 과립이 작고 속껍질이 잘 벗겨지며 단맛이 많으나 해충에 약하다. 근래 우리나라에서 재배되고 있는 품종으로는 국내의 재래종 중에서 충해에 저항성이 큰 우량품종과 일본의 개량품종이 있다. 이러한 품종의 특성은 [표 6-6]과 같고, 형태는 [그림 6-3]과 같다.

밤나무는 다른 과수에 비하여 재배관리에 노력이 적게 들고 경사가 급한 지형에서도 비교적 용이하게 재배할 수 있으며, 수송이 쉽고 저장성이 크기 때문에 교통이 불편한 산간지에서도 유리하게 재배할 수 있다.

밤나무는 평균기온이 10~14℃, 생육기간인 4~20월의 평균기온은 16~20℃가 알맞다. 다른 과수와 마찬가지로 접목과 정지를 행하며, 수확은 밤송이의 2/3이상이 완숙된 시기를 택하여 행하는 것이 적당하나 밤의 빛깔을 좋게 하려면 자연 낙과한 완숙 종자

[표 6-6] 우리나라 밤의 주요 품종과 특성

품종	구분	1ℓ당 평균과립수	과립의 무게[g]	숙 기	형태	빛깔과 품질
우량품종	산대율(중부6호)	25	17	9월 20일		
	광주조율(중부7호)	53	14	9월 상순	삼각형	
	중흥율(중부17호)	41	15.5	9월 2일	삼각형	자색을 띤 갈색
	옥광율(중부18호)	46	15	9월 20일		진한 갈색
	산성율(중부26호)	37	15.8	9월 20일	원추형	진한 다갈색
	백중율(장암계)	45	12.2	8월 15일		흑갈색
	순성율		18	9월 20일		저장성
	상림율		20	9월 20일		저장성
도입품종	삼 조 생		17	8월 하~9월 상		과육 황백색, 본질
	풍다마조생		13~15	8월 중·하순		진한갈색, 과육담황색, 분질
	이 취		20	9월 중순		과육 황색, 분질
	단 택		20	9월 상순	삼각형	
	을 종		17~20	9월 중·하순		단맛이 많음
	은 기		20~25	9월 하~10월 상	타원형	흑색을 띤 진한 갈색
	대화조생		17~20	9월 상순	삼각형	갈 색

를 채취하는 것이 좋다. 수확된 밤은 해충과, 과피 열상과, 부패과, 불량과 등을 선별하여 제거한 다음, 과립의 크기별로 구분한 후에 그늘에서 과피의 수분을 말리게 된다. 과립을 고른 다음 시장에 출하하거나 저장하기 전에는 과립에 침입해 있는 해충을 살충해야 한다.

밤은 건조 시 15% 이상의 무게가 감소하게 되면 썩기 쉽다. 수분 함량이 많은 품종은 건조가 빨라서 저장성이 떨어지는 반면, 수분 함량이 적은 충실한 품종은 건조가 느리므로 늦밤은 채취와 동시에 저장하는 것이 좋다. 한편, 밤은 생리적으로 기온이 10~20℃에서 발아가 시작되기 때문에 저장에 큰 결함이 되고 있다.

밤의 저장방법은 창고저장법과 노천매장법 등이 있는데, 전자는 월동중 영하로 내려가지 않는 창고 또는 실내에 저장하는 것으로 사과상자에 왕겨와 함께 넣어 창고에 저장한다. 후자는 배수가 잘되는 양지를 택하여 1.5~2m의 깊이로 파고 이곳에 밤과 마른 모래를 혼합하여 구덩이 안에 넣은 후 구덩이 상단에 흙을 덮는 방법이다.

저장하는 동안에는 빗물이 들어가지 않도록 해주고, 종자의 호흡에 필요한 공기를 환

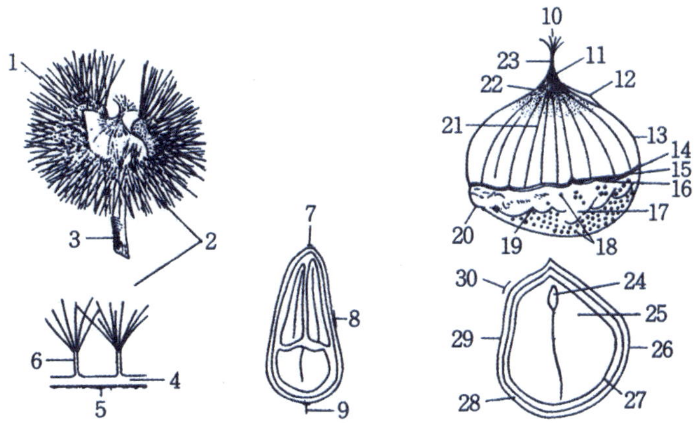

1. 밤송이 2. 가시(자) 3. 밤송이자루 4. 밤송이살 5. 뒷면털
6. 가시다발(자속) 7. 협측면 8. 중과(삼자) 9. 광측면 10. 주두
11. 과두 12. 능각 13. 동부 14. 접선 15. 각파
16. 소파 17. 좌 18. 율립 19. 방사선 20. 혹
21. 종선 22. 어깨 23. 화주 24. 유근 25. 과육
26. 외측면 27. 종피 28. 과피 29. 내측면 30. 변과

[그림 6-3] 밤의 형태

기시켜 주기 위하여 군데군데에 수수깡 및 짚단을 세워 아래, 위의 공기 소통이 잘 되도록 한다.

밤은 전분 · 당분 · 단백질 · 펜토산 등이 많고 비타민 C가 70~100mg% 들어 있으며, 주로 구워먹거나 통조림을 하고 제과 원료로 사용하거나 율분, 마론글라스(marron glaces) 등의 원료로 쓰인다. 이밖에도 소화가 잘되고 대장과 위장 및 신장을 보호하고 울혈을 방지한다.

2) 호두

호두(walnut) 원산지는 남동 유럽 · 중동 · 서아시아 등이며 중국에는 4세기에, 우리나라는 4세기 말 중국에서 전파되었다. 현재 약 300ha 정도 재배되고 있으며 대부분은 큰 산맥의 골짜기를 따라 분포되어 있다.

① 한국 호두 : 페르시아 호두의 변종으로서 핵의 껍질은 두껍고 주름이 적으며 인이 충실하다.

② 페르시아 호두 : 현재 유럽과 미국 등지에서 재배되고 있는 우량 품종이다.

③ 신농 호두 : 일본에서 한국 호두와 페르시아 호두를 자연 교잡하여 선발한 육성품종이다.

④ 미국 호두 : 미국 원산으로 페르시아 호두 2배의 크기이다. 이밖에 미국이 원산지인 것으로 버터넛도 있으나 그렇게 중요하지 않다.

호두나무는 꽃이 핀 후 110~150일이 되면 과일이 성숙한다. 완전히 숙성하면 껍질이 벗겨져 자연히 낙과하는데 숙기가 일정하지 않기 때문에 2~3일 간격으로 2~3회 나무를 흔들거나 장대 따위로 가볍게 두들겨 떨어뜨린다.

핵의 껍질은 탄닌 때문에 흑색을 띠는데 쌀뜨물 또는 쌀겨를 탄 물에 24시간 정도 침지하였다가 물에 잘 씻어 말린다. 1.7℃의 온도, 상대습도 65%인 실내에 저장하면 다음해에 수확할 때까지 안전하게 저장할 수 있다.

호두는 단백질과 지방질이 많고 특유한 향미가 있어서 아이스크림 · 제과 등의 원료로 중요하게 이용되고 있다. 특히 지방질 성분이 혈청콜레스테롤 저하작용을 하고 체중증가 · 피부염 · 습진 · 강장 · 변비개선 · 요통개선 · 노화방지 등에 효과가 있다.

3) 피칸

피칸(pecan)은 호두나무과 카라야(Caraya)속 식물의 총칭이며, 북아메리카 특유의 각과류인 히코리(hickory)라고 하는 부류이다. 이 카라야속 식물은 북아메리카 대륙이 원산지인 것 20종과 중국이 원산지인 것 1종이 알려져 있다. 우리나라에는 1910년 미국 선교사에 의해 들어 왔으나 보급되지 않고 있다.

피칸의 성분은 지방질이 70%, 단백질 12%로 호두와 비슷하지만 호두보다 더 달고 고소하며 영양가가 높아 각종 과자와 식용유의 원료가 될 뿐 아니라 생식용으로도 널리 사용되고 있다.

6. 열대과일

1) 바나나

바나나(banana)는 다년생 목상초본으로 약 5,000~10,000년 전 말레이반도 부근이 원산지이며 선원들에 의하여 각국에 전파되어 재배되고 있다. 우리나라는 1980년대부터 제주도에서 재배되고 있다. 현재 바나나의 세계적 산지는 브라질, 인도, 온두라스, 태국, 멕시코, 대만 등이다.

실용상 중요한 품종으로는 생과일을 먹는 보통 바나나(common banana)와 요리용(plantain banana)으로 나눈다. 열매의 색깔은 잿빛을 띤 흰색 · 노란색 · 귤색 등이 있고 향기와 단맛 등의 변화가 크다.

성분 및 효능으로, 바나나는 다른 과일에 비하여 수분이 약 77%, 당이 약 20%로 많다. 바나나의 당질은 소화흡수가 잘 되며 100g당 약 82kcal의 열량을 가지고 있어서 식사 대용으로 적합한 과일이다. 비타민 A · B_1 · B_2 · C 및 무기질로 Fe · Ca · K의 함량이 높고 Na은 매우 적다. 특히 칼륨의 함량이 많아서 칼륨은 스트레스를 낮추어 주는 역할을 한다. 또한 나트륨이 적어서 고혈압 환자에게 좋다. 그리고 노인과 어린이의 간식용으로 적합하다고 할 수 있다.

구입의 기준으로는 상처가 없고 윤기가 있는 것이 좋으며, 바나나는 껍질에 갈색 반점이 한둘 나타났을 때가 맛이 제일 좋다. 내장 보관 시 껍질이 까맣게 변해버린다. 조리 및 가공으로는 생으로 먹거나 주스, 바나나 퓨레, 바나나 후레이크, 바나나 넥타, 건조 바나나 등이다.

과일은 과피가 두껍고 박피하기 쉬우며, 과육은 부드럽고 전분. 맥아당. 포도당이 풍부하여 달고 시트르산 등에 의한 산미가 있으며 향기도 많아 맛이 좋다. 현지에서는 미숙한 것을 수확하여 추숙시켜 식용하는데, 바나나는 브로멜린(bromelin)이라는 단백질 분해효소가 들어있어 후식으로 이용되고 스트레스 해소 · 심장 · 신장 · 간장 · 설사 · 변비에 효과가 있고 몸을 차게 하는 성질이 있어 감기열을 내리게 하지만 위장이 약하고 설사 중에 있는 사람은 삼가는 것이 좋다.

2) 파인애플

파인애플(pine apple)은 중앙아메리카와 남미가 원산지로 콜럼부스가 1492년 서인도제도에서 발견한 이후 전 세계로 전파되었다. 우리나라에는 1964년에 처음으로 재배되었다.

파인애플은 열대 각 지역에 분포되어 있으며 특히 하와이, 말레이시아, 대만, 필리핀, 오키나와 등에서 많이 재배하고 있다.

파인애플은 즙이 많고 단맛과 신맛인 설탕과 구연산이 다량 함유되어 있어서 상쾌한 맛을 부여하며 비타민 C와 신진대사를 원활하게 하는 비타민 B_1을 함유하므로 피로회복에 효과가 있다. 특히 비타민 C는 과일 중에서 으뜸으로 많은데 100g 중 60mg이나 된다.

파인애플의 선별기준은 잎이 작고 단단한 것이 좋으며, 껍질 색의 1/3 정도가 녹색에서 노란색으로 바뀐 것이 좋다. 잘랐을 때 달콤한 향이 강할수록 당도가 높다. 보통 과일 수확 후 2~3일 정도 후숙하면 단맛이 강해진다. 과즙이 밑 부분에 모여 있기 때문에 잎 부분을 아래로 하여 하루 정도 두었다가 먹는 것이 좋다.

과일의 성분조성은 당분을 약 14% 함유하고 있으며, 이 중 7%는 자당, 3%는 환원당이며, 시트르산은 약 0.5%, 비타민 C는 50~60mg% 함유하고 있다. 파인애플은 브로멜린(bromelin)이라는 단백질 분해효소를 함유하여 소화를 돕는데 너무 많이 먹게 되면 효소의 영향으로 혀나 입술이 손상을 입게 된다.

파인애플의 가공품으로는 통조림 · 주스 · 프리서브.· 슬라이스 등이 있으며, 이밖에 브로멜린이 공업적으로 생산되고 가공 부산물인 당과 펄프가 각각 식용 및 사료용으로 사용된다.

3) 파파야

파파야(papaya)는 초본성 교목으로 5m 정도의 크기로 자라며 남아메리카가 원산지로 열대아시아에서 널리 재배된다. 전 세계의 열대지방에 분포하며, 한국은 온실에서 재배하고 있다. 열매는 지름 10cm, 길이 20cm 정도의 타원 또는 달걀형이며, 익으면 과피가 등황색을 띠고, 과육은 황색~등적색의 장과상이 된다. 미숙 과일은 상처난 부분에서 흰즙이 나오며, 종자는 흑색으로 매운맛이 있어 조미료로 쓰인다. 단백질 분해효소인 파파인(papain)을 함유하고 있으며 수분 89%, 당분 10%, 과육에는 비타민 A에 해당하는 카로티노이드와 비타민 C 60mg%가 들어 있다.

선별 기준은 껍질이 깨끗하고 노란색을 띠는 것, 속은 오렌지나 연어 속살 같은 색을 띠는 것이 좋다. 흐르는 물에 깨끗이 씻어 머리와 밑동을 자른다. 세로로 반 자른 후 씨를 긁어내고 먹는다. 조리 및 가공은 열매는 식후 디저트용 · 샐러드 · 파이 · 주스 · 잼으로 이용하며 초록색을 띠는 덜 익은 열매는 채소 대용으로 볶음 요리에 쓰거나 소금에 절여서 사용한다. 잎과 꽃은 채소로 활용하고, 종자는 독특한 맛이 있으므로 향신료로 이용한다.

4) 아보카도

아보카도(avocado)는 중앙아메리카 및 멕시코 원산으로 하와이, 캘리포니아, 중앙아메리카, 남아메리카, 서인도제도의 중요한 과수이다. 악어의 등처럼 울퉁불퉁한 껍질 때문에 '악어배' 라고도 한다.

과일의 크기는 멕시코산의 50g부터 서인도산인 1.4kg까지 다양하다. 열매는 큰 씨를 가지며 녹갈색, 자줏빛을 띤 검은색 등이고, 둥글거나 타원 모양 또는 서양배 모양 같다. 멕시코계는 과피가 암자색을 띠고 잎에는 특유의 향기가 있다. 완숙에 가까운 것을 수확하여 추숙시키고 연화시킨 다음 식용하는데, 추숙온도는 30℃, 저장온도는 4~5℃가 좋다.

과육은 수분 74%, 단백질 2.2%, 지방 17%, 당 6%를 함유하고, 버터와 같은 향미가 있다. 비타민의 함량도 높고 올레산(oleic acid) 같은 불포화지방산의 함량이 많아서 심장질환 · 암 · 당뇨병 등의 위험성을 줄이는 과일이다. 선별 기준은 껍질의 색이 약간 검게 변할 때 손으로 쥐어서 조금 탄력성이 느껴지는 것을 고른다. 연숙한 것을 둘로 쪼개어 씨는 버리고 소금 · 후추 · 초 · 샐러드유 등을 넣어 떠 먹는다.

5) 망고

망고(mango)는 미얀마, 말레이시아, 인도 북부가 원산이며 12~15m의 다년생 상록교목으로 열대 각지에 분포되어 있다. 현재 일반 망고는 필리핀에서 재배되며, 과육이 치밀하고 단맛과 신맛의 균형이 좋은 것이 특징이다. 애플망고는 멕시코에서 재배되며, 사과를 닮은 색으로부터 이름이 붙여졌다. 과육이 부드러워 먹기 쉽고, 향이 진한 것이 특징이며, 과육의 색깔은 오렌지 색으로 단맛이 강하다.

과일은 2.5~12.5cm 크기의 타원형~신장형, 과피는 황색 또는 홍색이고, 과일의 중앙에 하나의 긴 타원형의 핵이 있다. 그 주위는 섬유로 싸여 있으며 과육은 황색 또는 등황색의 수지 냄새가 난다. 미숙과에는 옻나무의 성질이 있어서 알레르기 반응이 나타

날 수 있다. 품종에 따라서 매우 좋은 향기가 있고 저장성이 양호하며, 생식하는 이외에 잼 · 시럽 통조림 등을 만든다. 씨는 약용으로 수액은 아라비아 고무 대용으로 사용한다. 망고의 성분은 수분 82%, 조단백질 1%, 지방질 0.5~1%, 과당 10~12%, 자당 1~1%, 산류는 구연산과 주석산을 함유하고 있으며, 비타민 A가 4,800IU로 특히 많이 들어 있다.

선별기준은 검은 반점이 없으며 매끈하고 깨끗한 것을 고르며, 진한 황색에 향이 진한 것이 좋다. 조리나 가공은 생식 · 주스 · 통조림 · 젤리로 만들어 먹는다.

6) 양다래

양다래(kiwifruit, 키위) 나무는 덩굴성 낙엽과수로 쌍떡잎식물이며 3속 약 350종이 있고 동아시아 온대~아열대 지방, 즉 시베리아 동부 · 중국 · 한국 · 사할린 · 일본 · 베트남 등지에 약 36종이 분포되어 있다. 원산지는 중국이며 뉴질랜드와 캘리포니아에서 주로 재배하고 있다. 우리나라는 1974년에 뉴질랜드에서 처음으로 들여와서 1978년 원예시험장에 도입하여 시험 재배하였고 현재 전남, 경남, 제주지방에서 주로 재배하고 있다.

양다래는 수확 후 후숙하여 먹는 전형적인 클리매테릭(climacteric)형의 과일로서 연평균기온이 15℃가 되는 곳이 재배 적지이며, 서리가 빨리 내리는 지역에서는 곤란하다. 수확시기는 남부지방에서는 10월 하순경으로 서리를 맞지 않는 한 가능하면 늦게 수확하는 것이 좋고, 수확 후 늦어도 24시간 이내에 저온저장고에 저장한다. 과일의 동결점은 -1.7℃ 이므로 0℃ 이하의 저장고에서는 동해를 입으며 습도는 90~95%가 좋다. 또한 6개월 정도 저온저장이 가능한데, 2~3개월간의 단기저장은 10℃, 4~5개월 저장은 5℃, 5~7개월 저장은 2~3%, 저장 중 1.5~2.0%까지 내려간다. 먹기 좋은 과일의 당도는 14% 이상, 산 함량은 0.8~1.2%이다. 양다래에는 비타민 C가 풍부하며 강력한 활성을 가진 단백질 분해효소인 액티니딘(actinidin)을 가지고 있어서 육류의 연화제로 이용되거나 소화를 돕는 후식으로 이용된다.

선별 기준은 껍질 색깔이 윤기가 있고 갈색을 띠며 예쁜 달걀 모양으로 모양이 고르고 손가락으로 눌렀을 때 약간 말랑말랑한 느낌이 드는 것을 고른다. 물에 씻어 잔털을 제거하고 껍질을 벗겨 이용한다.

조리 및 가공은 생과로 껍질을 제거한 후 샐러드 · 디저트 · 제빵 · 음료 · 잼 · 아이스크림 등에 이용한다.

7) 구아바

구아바(guava)의 원산지는 아메리카 열대지역이며 아열대까지 널리 분포하고 있다. 열매는 공 모양, 달걀 모양으로 길이는 5~12cm, 지름은 5~7cm 정도이다. 연한 주황색으로 익고 속에 작고 단단한 종자가 여러 개 들어 있다. 과육은 즙이 많고 달콤하며 비타민을 많이 함유하고 있다. 다량의 K이 있으며 나트륨의 배설을 촉진한다. 초록색은 신맛이 강하고 잘익은 노란색은 향긋하고 달다. 직사광선을 피하여 보관한다. 조리 및 가공은 껍질 째 생식하거나 주스로 먹는다. 이용성은 통조림 · 젤리 · 치즈 · 잼 · 과일주 등으로 먹으며 잎은 말려서 차로 마시는데 쑥과 같은 향이 난다.

8) 두리안

두리안(durian)은 인도 · 미얀마 · 말레이시아 등지에서 재배한다. 열매는 지름 20~25cm이고 타원형이거나 둥글며, 7월에서 8월에 갈색으로 익고 굵은 가시가 있다. '과일 중의 왕자' 라는 애칭을 가지며 크고 맛있는 열매의 과육은 연한 황색이며, 양파 썩는 냄새가 나므로 싫어하는 사람이 있다. 당분 함량이 많아서 포도당을 빨리 공급하므로 원기 회복에 좋다.

선별 기준은 만져 보았을 때 단단한 것이 좋으며 너무 익은 것은 껍질이 갈라지기 쉽다. 두리안을 잡고 꼭지에서 아래로 칼집을 깊게 내어 손으로 벌려가며 벗긴다. 생과일이나 주스 등으로 섭취하거나 과자, 잼 등을 만든다.

9) 람부탄

람부탄(rambutan)의 원산지는 말레이시아이며 열매는 타원형의 작은 달걀만한 크기이다. 7~8월에 붉은색으로 익고 길고 부드러운 돌기로 덮혀 있다. 람부탄이란 말레이시아어로 '털이있는 열매' 라는 뜻으로 돌기로 덥힌 모양 때문에 생긴 이름이다. 과육은 흰색이고 과즙은 달며 시다.

선별기준은 색깔이 싱싱하며 선명한 것을 고른다. 조리 및 가공은 손에 힘을 주어 껍데기를 벗기면 달콤한 알맹이가 나온다. 과육을 생으로 먹거나 얼려서 먹는다.

10) 리치

리치(lychee)의 원산지는 중국 남부이며 새콤달콤한 맛이 나는 과일로 양귀비가 좋아했다고 알려져 있다. 인도 · 태국 · 베트남 · 인도네시아 등지에서 많이 재배한다. 리치에 들어있는 폴리페놀(polyphenol)계 화합물은 항산화작용이 뛰어나며 시력보호 · 혈류흐름 개선에 효과가 있다. 저열량 · 저지방 식품이다.

선별기준은 색깔이 선명한 것을 고르며 껍질을 벗긴 후 칼로 반을 잘라 씨를 꺼낸다. 조리 및 가공은 과육을 생과나 얼려서 먹고 통조림으로 가공한다.

11) 망고스틴

망고스틴(mangosteen)의 원산지는 말레이시아이며 인도네시아 · 타이완 · 필리핀 · 인도 · 스리랑카 등지에 분포한다. 열매는 약간 납작한 공 모양으로 지름 4~7cm 크기로 꽃이 피며 5개월 후 짙은 자주색으로 익고 꽃받침이 붙어 있다. 꼭지를 따고 손가락으로 양쪽을 힘 있게 눌러 두 부분으로 가르면 마늘같이 생긴 알맹이가 방사상으로 늘어서 있으며, 알갱이 겉에 붙은 육질부를 먹는다.

성분 및 효능은 탄수화물인 당분이 많아서 다이어트 시 과량 섭취는 피하는 것이 좋다. 과육의 색소는 탄닌이 들어 있어 쉽게 변하지 않아 염료로도 사용한다.

선별기준은 진한 자주색으로 무겁고 향이 진한 것이 좋다. 깨끗이 껍질을 벗겨 이용한다. 조리 및 가공은 향기가 있고 새콤달콤하여 '열매 중의 여왕'이라고 할 정도로 맛이 뛰어나다. 생으로 먹거나 말려서 이용하기도 한다. 주스 · 통조림 · 젤리 · 아이스크림 등으로 먹는다.

12) 용과

용과(龍果, dragon fruit, pitaya)는 선인장 열매의 일종으로 원산지는 중앙아메리카이다. 베트남 · 타이완 · 태국 · 일본 등지의 따뜻한 지역에서 널리 재배되고 있다. 우리나라 제주도에서도 특산물로 재배하고 있다. 가지에 열매가 열린 모습이 마치 용이 여의주를 물고 있는 형상이라고 하여 붙인 이름이다. 열매는 타원형이며, 꽃잎이 진 뒤 30~40일이 지나면 수확할 수 있다. 품종은 백육종, 적육종, 황색종이 있다. 백육종은 과피는 붉은색이지만 과육은 흰색이며, 적육종은 과피와 과육이 모두 붉은색이며, 황색종은 과피가 노랗고 과육은 희다. 성분은 칼륨 함량이 272mg/100g으로 매우 많다. 무기질은 Mg · Ca · Fe · Zn · Na 등이 있고 수용성 식이섬유, 비타민 C · B_1 · B_2 등 인체에 유익한 영양성분과 항산화물질이 풍부하다. 선별기준은 색이 선명하며 무거운 것이 좋다. 조리 및 가공은 백육종은 여러 조각으로 잘라서 바나나 처럼 껍질을 벗겨 먹을 수 있다. 적육종은 과일의 색소가 손에 묻으므로 숟가락으로 떠서 먹는 것이 좋다. 우유 · 요구르트 · 꿀물 등과 섞어서 먹는 것도 좋다.

CHAPTER

07 기타 식물성 식품재료

1. 식물성 식품재료

향신료(spices)란 식품에 향신미를 부여하는 데 쓰이는 향신미를 가진 식물의 꽃 · 과일 · 싹 · 나무껍질 · 뿌리 · 잎 · 종자 등을 말한다. 식품에 향신미를 부여하는 이외에도 소화기관을 자극하여 소화를 증진시키고 방부작용을 하며 약효성분에 의해서 약리작용을 나타내기도 한다.

이들 재료는 대부분이 열대지방에서 생산되며, 특히 육식을 하는 나라에서 다양한 향신료를 이용해 오고 있다.

1) 향신료의 종류

향신료를 각 특성별로 분류하면 다음과 같다. 즉 효능별로 신미성 향신료(흑후추, 백후추, 고추, 겨자, 생강 등), 방향성 향신료(계피, bay laurel, allspice, clove, mace, nutmeg 등), 착색성 향신료(tumeric, paprika 등) 등으로 구분할 수 있다.

형태별로는 종자류 향신료(fennel, coriander, carraway, cumin, dill, celery, cardamon등), 파류(마늘, 양파), 기타 동양풍 향신료(여귀, 산초, 고추냉이, peppermint, 부추 등)로 구분할 수 있으며, 식물학적으로는 꿀풀과(sage, thyme, majoriam, oregano, pepermint), 가지과(고추, paprika), 후추과(후추), 육두구과(nutmeg, mace), 녹나무과(bay leaf, cinnamon, cassia), 십자화과(고추냉이, 겨자), 산초과(산초), 도금양과(allspice, clove), 미나리과(parsely, celery, anise, fennel, coriander, cumin, dill, caraway), 백합과(마늘, 양파), 붓꽃과(safran), 생강과(생강, cardamon, turmeric)로 구분할 수 있다.

한편 향신 성분별로는 테르펜계, 방향족, 페놀, 지방산 화합물로 구분되고, 다시 세분하면 다음과 같다. 괄호 안은 이들 성분을 함유한 향신료이다.

① 탄화수소 : limonene(레몬. 만다린), dipenten(자소. 산초), phellandren, terpinene, pinene, zingiverene(생강)

② 알코올(alcohol)류 : linalool(감귤류, coriander), geraniol-nerol-citronellol(오렌지, lavender). a-terpineol(cardamon, majoram), terpenepol(majoram, mutmeg), menthol(peppermint)

③ 알데히드(aldehyde)류 : citral, citronellal, safranal(계피, 레몬, safran. 고추냉이), cuminic aldehyde(cumin, cinnamon, 고추냉이), cinnamic aldehyde(cinnamon), anise aldehyde(fennel, vajilla, 살구)

④ 케톤(ketone)류 : carvone(caraway, dill), menthone(고추냉이) a-thujone(sage), anisketone(anise, fennel), zingerone(생강)

⑤ 산(acid)류 : cinnamic acid(계피), anisic acid(anise)

⑥ 락톤(lactone)류 : sedanolide(celery), carvacrol(thyme, 박하), methyl. chavicol. anethol(fennel, anis), eugenol(clove, ciannmon), safrol(계피), myristicine(parsley, nutmeg, dill), apiol(parsley).

⑦ 에스테르(ester)류 : geraniol acetate(레몬), linalol acetate(belugamot유), cirtonellol acetate(belugamot유), menthol acetate(박하유)

⑧ 푸란(furan) 유도체 : furfural(계피)

⑨ 옥시드(oxide)류 : cineol(laurel, cardamon)

향신료가 가지는 자극성 향미는 테르펜류 · 알코올류 · 알데히드류 · 케톤류가 주이고, 매운맛과 자극미는 겨자유 · 아릴설파이드(allyl sulfide)류, 알데히드류, 케톤류, 페놀류, 유기염기류, 알카로이드가 주이다. 이들 유효성분의 대부분은 식물체 내에서는 다른 성분과 결합되어 안정한 상태로 있다가 분쇄하거나 수확 후에는 자가효소에 의해서 분해되어 유효성분이 분리된다.

많은 향신료들이 매운맛을 가지는데 매운맛 성분으로는 고추의 캡사이신(capacine), 후추의 차비신(chavicine)이며, 그 밖에 계피 · 클로브(clove) · 타임(thyme) · 올스파이스(allspice) 등에서도 매운맛을 느낄 수 있다.

쓴맛이 나는 것도 향신료의 특징 중 하나로 일반적으로는 싫어하는 맛이지만 때로는 식품의 뒷맛을 좋게 하기도 한다.

향신료 중에서 단맛을 내는 성분은 비교적 적으나 양파나 마늘은 단맛을 내는데 이들은 주로 당류(glucose, fructose, mannose, rhamnose, arabinose, xylose, galactose, sucrose, ribose, lactose, maltose) 등으로, 당류 이외에 단맛을 내는 것으로는 계피의 신나믹 알데히드(cinnamic aldehyde), 아니스(anise)의 아니스 알데히드(anise aldehyde) 등이 있다.

2) 향신료의 특성

향신료는 위에 열거한 맛 성분 이외에 특유한 향기성분을 함유하고 있다.

① 테르펜계 : 탄화수소 · 알코올 · 알데히드 · 케톤
② 방향족 화합물 : 알데히드 · 케톤 · 산 · 락톤
③ 페놀류 : 1 · 2 · 3 · 4가 페놀
④ 지방산 화합물 : 에스테르류
⑤ 기타 : 푸란 유도체 · 옥시드류

색소는 향신료만의 특성은 아니지만 때로는 향신료가 향신 성분과 함께 색채감을 부여함으로써 식품의 가치를 증진시키기도 한다. 이와 같은 색소 성분은 다음과 같다.

① 엽록소(chlorophyll) : sage, thyme, laurel, parsely, oregano, rosemary, celery
② 카로티노이드(carotenoid) : paprika, safran
③ 플라보노이드(flavonoid) : 생강의 색소가 대표적이지만 불안정하여 곧 없어진다.
④ 쿠쿠민(curcumine) : turmeric

향신료 중에 들어 있는 어떤 성분은 육제품 · 제과류 · 기타 식품중의 유지가 산화되는 것을 억제해 주는 항산화제의 상승제(synergist)로 작용한다. 향신료 중의 항산화성은 플라본류와 탄닌류에 의한 경우가 많고 향신성분으로서 유게놀, 티몰 등이 항산화성을 나타낸다.

향신료 및 정유가 정균 또는 살균력을 가지고 있는 것은 예부터 알려진 사실로, 고대 이집트시대에는 시체에 시나몬(cinnamon) · 클로브(clove) · 카시아(cassia)의 정유 등을 발라 보존하였다는 기록이 있고, 로마시대에는 코리안더(coriander)를 사용하여 육

류를 보존하였다는 기록이 있다. 지금까지 항균력에 대하여 실험된 결과를 보면 다음과 같다.

① 티브스균 : 마늘 · clove · 계피
② 적리균 : 마늘 · clove의 정유성분
③ 결핵균 · 콜레라균 : 오렌지 · 레몬 · 겨자 · 박하 · caraway oil · 고추냉이 · 생강
④ 스트렙토코커스(*Staphylococcus*) : clove · anise
⑤ 효모 및 곰팡이 : basil · cinnamon · coriander · thyme

향신료는 신선한 것을 그대로 사용하거나 건조하여 분말화한 것을 사용하고 있으나 유통과 보존성 · 품질관리 등을 고려하여 유효성분을 추출 · 분리 · 농축하거나 분무건조한 분말, 분말의 향기 성분을 보존하기 위한 피복제품 등으로 가공하여 이용하기도 한다.

향신료의 유효 성분은 휘발성이 강하기 때문에 가열을 하지 않는 것이 좋아서 신선한 것을 사용하거나 천일 건조한 것을 사용한다. 그러나 향신료의 생산지가 한정되어 있어 여러 단계의 유통경로를 거치는 동안 각종 미생물이 오염될 우려가 많다. 또한 산지 재배조건에 따라 품질에 차이가 난다. 이와 같은 천연향신료의 단점을 해결하기 위해서 유효성분만을 아세톤과 같은 용기용매로 추출한 점성이 있는 기름과 같은 제품을 추출향신료라 하는데, 향기성분 이외의 맛 성분이나 기타 향신료에 들어 있는 성분을 많이 함유하여 천연향신료와 가장 가깝다.

추출 향신료는 물에 잘 녹지 않으므로 유화제를 첨가하여 사용하기 간편하게 만들기도 하며, 유화제로 인해 식품에 잘 섞여질 수 있다. 추출향신료를 전분 · 포도당 · 식염 · 설 탕 · 글루탐산소다 등의 흡착제에 흡착시킨 것은 식품에 첨가 시 쉽게 유리되지만 표면에 흡착된 것이기 때문에 유효성분이 비산되고 산화되는 등 보존성이 나쁘다. 반면, 추출된 향신료를 아라비아 검 · 덱스트린 등의 피복제를 사용하여 피복한 것은 보존성이 매우 좋고 분말주스 등 분말식품에 첨가하는 데 적합하다.

3) 향신료의 형태와 용도

많은 허브가 신선한 형태로 이용된다. 그 식물들은 깨끗이 세척을 해야 한다. 이러한 초본 식물로는 파슬리, 차이브(chives)와 쳐빌(chervil)이 있으며 보통 다져서 샐러드,

스프나 다른 식품 등에 뿌려주거나 첨가한다. 줄기는 가끔 부케 가르니(bouquet garni)로 이용되기도 한다.

말린 잎사귀 · 잔가시 · 씨 등을 통째로 혹은 가늘게 다진 구근 채소들을 종종 음식에 이용한다. 이때 오랜시간 끓여서 사용해야 한다. 이 향료와 허브류는 요리를 시작할 때 첨가해야 한다. 향료를 치즈천(소창)에 싸서 묶어서 사용하고 난 뒤 버린다.

분쇄된 향신료는 향을 쉽게 잃어버린다. 향신료는 장시간 가열이 필요한 요리에 사용할 경우 마지막에 첨가한다. 분쇄된 향신료는 차고 건조한 곳에 밀폐된 용기에 담아 저장해야만 된다. 용기는 휘발성 기름의 손실을 피하기 위해 사용 후에는 다시 꼭 닫아 놓아야 한다.

2. 중요한 향신료

1) 후추

후추(胡椒, pepper)는 후추과에 속하는 다년생 넝쿨식물로 인도 남부가 원산지이며, 서인도 · 말레이시아 · 인도네시아 등지에서 재배되고 있다. 전체 향신료 무역량의 35%를 차지하는데 인도에서만 전체의 25~40%를 차지한다. 산지에 따라 매운맛이나 향이 다르며, 열매는 완두 크기의 장과로서 성숙함에 따라 녹 → 홍 → 황색으로 변한다.

후추에는 흑후추(black pepper)와 백후추(white pepper)가 있는데, 미지근한 물에 담가 외피를 제거하고 건조한 것으로 검은 입자가 혼입되면 좋지 않다. 소스, 샐러드 드레싱, 마요네즈, 크림, 수프 등에 쓰이는데 유럽 등지에서 많이 이용되며, 전체 생산량의 약 25%가 백후추로 가공된다.

휘발성인 매운맛 성분은 피페린(piperine, 5~9%), 차비신(chavicin, 6~13%), 정유가 1~2.5%로 외피에 많으며, 백후추는 흑후추에 비해서 매운맛이 약 1/4 정도이다. 고기의 보존, 소스, 케첩, 어육연제품, 기타 요리용으로 널리 쓰이며, 그밖에 후추와 유사한 것으로 장호초가 있으나 품질이 떨어진다.

통째로 된 후추콩은 스프고기와 피클에 풍미를 내는데 이용하고 분말 페퍼는 음식을 양념하는데 이용한다. 화이트 페퍼는 색이 연한 음식조리에 많이 이용된다.

후추는 타액분비 촉진 · 소화 촉진 · 항균 · 혈압상승 · 건위 · 해열작용 등이 있다.

2) 겨자

겨자(mustard)에는 백겨자, 흑겨자 및 일본겨자가 있다. 종자가 황색 구형인 백겨자, 적갈색 구형인 흑겨자 및 일본겨자는 각각 영국 · 지중해 · 일본 및 한국이 원산지이다. 우리나라에서 재배 생산되는 것은 주로 흑겨자로서 백겨자와는 차이가 있다.

성숙된 종자는 건조하여 시판하고 있으며, 겨자유는 식품의 향신료로 이용되는데 이는 흑겨자나 일본겨자에서 얻거나 합성한다. 샐러드나 채소로 이용되는 머스타드 그린(mustard green)은 인도 겨자라고도 한다. 세계 겨자 생산량은 러시아가 전체의 22%, 네팔이 22%, 캐나다 18~30%, 덴마크가 8~10%를 생산하고 있다. 또한 일본이 전체의 60%, 독일이 11.5%를 수입하며, 캐나다가 70%를 수출하고 있다.

흑겨자는 시니그린(sinigrin), 백겨자는 시나루빈(sinalubin)이라는 티오글루코시드를 함유하며, 공존하는 미로시나아제(myrosinase)가 가수분해하여 향미성분인 이소치오시아네이트(isothiocyanate)를 생성한다. 다만 흑겨자의 아릴 이소치오시아네이트(allyl isothiocyanate)는 휘발성이지만 백겨자의 파라 하이드록시 벤질 이소치오시아네이트(para-hydroxy benzyl isothiocyanate)는 비휘발성이다. 상품으로서의 겨자가루는 냉압착법으로 미로시나아제가 불활성화되지 않도록 압착한 박을 분말로 한 것으로, 이 분말을 물에 개어 넣으면 미로시나아제에 의해 가수분해가 일어나고 방향과 매운맛을 생성한다.

겨자는 단독으로도 사용되지만 다른 향신료와 혼합된 제품이 다양하게 만들어지고 있다. 겨자소스나 페이스트는 종자분말에 적당량의 물과 식초 및 향신료를 가미한 것이며, 휘발성 겨자유는 무색~담황색 액체로 아주 자극적인 맛과 향을 내어 식품향료로 쓰인다. 이들의 이용성은 절임류 · 카레분 · 소스 · 마요네즈 등 식품가공에 이용되나 매운맛의 지속성이 없어 장기간 보존식품용 향신료로는 부적당하다. 기능성은 건위제 · 국소도포제 · 신경통 · 폐염 · 류마티스 등의 약용으로도 사용된다.

3) 산초

산초는(山椒, Japanese pepper) 잎과 열매의 매운맛과 방향을 이용하는 것으로서 우리나라와 일본의 야산에 자생하고 있으며, 생잎은 그대로 사용할 수 있다. 건조열매는 표피 안쪽에 유실조직이 있어서 정유와 매운맛 성분을 함유하고 있기 때문에 강한 방향과 매운맛을 나타내지만 종자에는 향신미가 없다. 이러한 신미성분은 불안정하여 분쇄하면 보존성이 없어진다. 정유는 2~4%이고, 향신 성분은 디펜틴(dipentene)·시트로네랄(citronellal)·지라니올(geraniol) 등이며, 매운맛 성분은 산숄(sanshool)이다. 일본요리에 특유한 향미를 주는 것으로 우리나라도 각종 요리에 사용하며, 특히 추어탕에는 산초만을 사용한다. 약용으로 건위·정장·구풍·구충·설사·치통·회충구제 등에 사용되며, 그밖에 생엽이나 열매의 파쇄물은 방부작용도 있고 어독으로도 사용된다.

4) 고추냉이

고추냉이(wasabi)는 담록색 지하경의 일본 특산물로서 여러 품종이 있다. 서양 고추냉이(horseradish)는 서양이 원산지로 불고기, 생선회용으로 사용되며 우리나라에서도 소량 재배되고 있다.

이들의 매운맛 성분도 겨자처럼 아릴 이소치오시아네이트계 물질로, 식물체에는 겨자처럼 시니그린으로 들어 있고, 세포를 파쇄하면 미로시나아제(myrosinase)가 작용하여 겨자유를 생성한다. 뿌리와 줄기는 생선, 메밀국수 등의 양념으로 쓰인다.

5) 고추

고추(red pepper)는 가지과에 속하며 풍토에 대한 적응성이 강해서 오래 재배되는 동안 여러 변종이 생기게 되었다. 신미료의 대표적인 것으로 열매의 종자 이외에 잎도 이용된다. 매운맛 성분은 캡사이신과 디히드로캡사이신으로 0.2%를 차지하며, 그밖에 카로틴, 크산토필이 많다. 소시지 등에 착색용으로도 쓰인다.

레드페퍼는 타바스코(tabasco) 소스와 카레가루의 필수 재료이다. 이것은 또한 피클 마리네이드(marinating) 절임에 다른 향료와 같이 쓰인다.

6) 마늘

마늘(garlic)은 뿌리나 잎에 배당체를 함유하고, 이것이 가수분해되면 특유한 자극취를 가진 정유성분인 디아릴 설파이드(diallyl sulfide)를 생성한다. 그밖에도 알리신이 자극성분이며, 세계적으로 널리 향신료로 쓰인다(제5장 참조).

마늘의 이용성은 고기요리·스프·샐러드·드래싱·파스타요리·소스·피클·굴리쉬(goulash) 등에 이용한다.

7) 양파

양파(onion)의 특유의 자극취와 감미가 있으며 육류의 특이 취를 제거하는 데 사용되며 생선 · 육류가공품 · 수프 · 라면 · 소스 등에 넣는다. 함유황화합물인 디설피드(disulfide)류가 주성분이며 양파를 가열하면 환원되어서 프로필 메르캅탄(propyl mercaptane)이 생겨서 맛이 달다(제5장 참조).

대파(spring onion)는 샐러드와 가니쉬로 이용되고, 탈수 건조된 양파는 스프 · 스튜 · 고기요리 · 소스 · 드래싱 조리에 이용하기 편리하다.

8) 생강

생강(ginger) 은 열대아시아가 원산지로 마늘과 함께 널리 쓰이는 향신료로서 소스 · 햄 · 소시지에도 사용되며, 서구에서는 건조제품을 사용한다. 천일절간한 백생강(white ginger), 표백한 표백생강(bleached ginger), 껍질채 자숙 건조한 검정생강(black ginger) 등이 있다. 분쇄한 생강은 피클 · 스튜 · 달걀 · 겨자과일 · 과일 · 프루트케익(fruit cakes) · 아이스크림 · 페퍼케익(pepper cakes) · 진저밀크(gingermillk) · 베르무스(vermouth)의 향료로 쓰인다. 설탕 절임한 생강은 가니쉬로 패스트리(pastries)나 제과에 사용한다. 신선한 초록의 생강은 여러 가지 동양요리와 폴리네시아인 요리에 사용되고 머아머레이드(marmalades)와 제과에도 사용한다. 생강은 또한 진져엘(gingerale), 진져비어(gingerbeer), 그 밖에 시럽에 넣은 보존용 생강(preserved ginger), 설탕 결정을 한 결정형 생강(crystalized ginger) 등에도 이용한다.

9) 육두구

육두구(肉豆冠, nutmeg)는 모로코 · 브라질 · 말레이시아가 원산지로 육두과의 열대 상록교목으로부터 얻을 수 있는 것으로서 종피를 제거 · 건조한 것이 육두구(nutmeg)이고, 가종피를 마이스(mace)라 한다.

성숙된 핵과는 복숭아와 흡사하고 황색·난형이며, 3~8cm로 익으면 터지고 단단한 종자 1개를 포함한다. 이 핵과는 선홍색의 과육과 종자로 분리되고, 또 종자는 가종피를 제거한 후 석회유에 침윤시킨 후 건조하여 육두구를 만든다. 이는 단맛과 약간의 쓴맛을 내는 식품향료로서 분말은 사용범위가 넓다. 또한 정유 성분은 향료로 이용된다.

약용으로는 건위제 · 통경제 · 수태용 등의 민간약으로 귀중하게 이용되어 왔으며, 현재도 방광염 · 요로염증 등의 치료 생약으로 사용되고 있다. 넛메그는 소스 · 피클 · 케첩 · 카레 · 푸딩 · 육제품 에그노그(eggnogs) · 크림푸딩과 디저트 등에 광범위하게 사용된다. 또한 아스픽(aspics) 파이 · 스프 · 프라이드브레인(fried brains) · 셸트 베지터블(shelled vegetables) · 치킨스프 · 치킨 프리카세(fricassee) · 송아지 가슴고기 · 버섯요리 · 시금치 · 감자요리 · 빵류 등에 이용된다.

10) 메이스

메이스(肉豆冠花, Mace - Macis) 는 육두구와 분리 후 건조한 것으로, 신선한 것은 적색이지만 건조에 의해서 엷은 황색 혹은 담갈색이 된다. 향기는 육두구와 흡사하지만 다소 온화하며, 매운맛 성분으로 피넨(a · β-pinene)과 미리스티신(myristicin)이 많이 들어 있다.

피클의 조합제로 이용되고 설탕절임 · 소스 · 파운드케익 · 빵 · 푸딩 · 패스트리 등에도 이용된다. 육가공 산업에도 많은 양이 쓰인다.

11) 계피류

계피류(桂皮類)에는 한국산 · 실론산 · 중국산 등이 있고, 산지에 따라 원식물도 다르다. 향기는 어느 것이나 유사하고 방향 · 쓴맛 · 매운맛을 가지고 있으나 산지에 따라 특성이 다르다. 모두 녹나무과에 속하는 상록수의 계피로 실론에서 생산되는 신나모뉴 젤라니쿰 니스(*Cinnamomum zeylanicum Nees*)로부터 얻어지는 것을 실론계피라 하고, 중국의 신나모뉴 카시아 블룸(*Cinnamomum cassia Blume*)으로부터 얻어지는 것을 육계(肉桂)라고 칭하고, 신나모뉴 페두쿨라텀 니스(*Cinnamomum peduculatem Nees*)로부터 얻어지는 것을 수육계(藪肉桂, 천축)라고 한다.

국제적으로 유통되는 것은 실론계피 · 중국계피 등으로, 말린 껍질을 이용하고 일부는 정유원료로 이용한다. 그밖에 실론 계피엽의 정유가 이용되고 중국계피나 미숙과를 말려 이용하기도 한다. 실론계피엽의 정유가 이용되고 중국계피나 미숙과를 말려 이용하기도 한다.

시나몬(cinnamon)은 실론산 · 인도산의 계수피를 24시간 발효 후 속껍질을 분리하여 건조한 것으로서 어린 줄기의 얇은 껍질이 가장 좋다. 이용성을 보면, 분말정유는 과자류 · 빵 · 콜라 · 음료 · 아이스크림 · 커피 및 그 밖에 교미료로 사용되고 있다. 정유는 실론계피유라 하며 계피초 · 가지 등을 합해서 수증기로 증류하여 얻는다. 주성분은 신나믹 알데히드(cinnamic aldehyde)로서 방향과 단맛이 나는 매운맛이 있으며, 약 65~76% 점유한다.

카시아(cassia)계피는 세계에서 가장 오래된 향신료로 중국 남부가 주산지이고 자바에서도 생산된다. 향기는 시나몬보다 떨어지고 단맛도 부족하며, 실론계피에 존재하는 리나롤(linalool) · 유제놀(eugenol)은 함유되어 있지 않다. 향신료 · 약용 · 카시아계피유 및 신나믹 알데히드의 제조원료가 된다.

우리나라 육계수(肉桂樹, *Cinnamon loureii N.*)는 중국에서 이식된 것이며 나무껍질을 건조한 것으로 과자 · 음료 등의 향료로서 옛날부터 사용되어 왔는데 향기는 실론계피나 카시아(cassia) 계피보다 못하다. 천축계(肉桂樹)는 식용하지 않고 기름만 채취한 것으로 엽(葉) · 건피(乾皮)는 방향과 매운맛을 가지며, 정유는 비누의 원료 외에도 구충 · 설사제로도 쓰인다.

이용성은 패스트리 · 빵 · 푸딩 · 케익 · 캔디에 가루로 사용하고, 딱딱한 시나몬은 과일절임 · 피클 · 과일스프 · 콩뽀트(compotes) 또는, 뜨거운 음료로 쓰인다. 껍질을 으깨서 증류시킨 시나몬기름은 향료나 약재로 쓰인다.

12) 소두관

소두관(小豆冠, cardamon)은 남부 인도, 실론 등 아시아 남부의 열대지방에서 생산되는 생강과에 속하는 다년초의 열매를 건조한 것으로, 과피는 무미무취이지만 종자는 상쾌한 방향을 가지며 매운맛과 약간의 떫은맛이 있다. 향신료로서 소스 · 카레분 · 피클 · 케이크 등에 사용되고, 방향성 건위제 등의 약용으로도 쓰인다. 정유는 알코올 음료 · 식품 · 의약품 등에 이용되며, 정유성분으로 텔페네올(terpeneol) 등이 들어 있다.

13) 정향

정향(丁香, cloves)은 도금양과에 속하는 상록교목의 꽃술을 건조한 것으로서 세계 각지에 분포되어 있고, 한국에서는 관상수로 심는다. 꽃봉오리를 분쇄하거나 추출한 올레레진(oleoresin)과 증류한 클로브 버드 오일(clove bud oil)로 이용하고, 줄기와 잎의 정유도 이용되며 주성분은 유계놀이다.

건조한 꽃사슬은 정모양으로 되어 있어서 정향이라 부르며, 여기에는 페놀성 방향성분을 많이 포함하므로 방부성 · 구충성 · 부분마취작용이 있으며 식욕 증진에 유효하고, 식품향신료로 광범위하게 사용된다.

통째로 된 클로브는 마리네이드(marinades)절임 · 양고기다리 · 레드캐비지(red cabbage) · 잉어술 · 뱀장어 술 · 청어절임 · 피클 · 겨자과일 등에 이용된다. 가루로 된 클로브는 과일케익 · 생강빵 · 줄케익 · 후추케익 · 핫펀치(hot punches) · 쿠키 등에 이용된다.

14) 백미후추

백미후추(allspice)를 원래는 피멘토(pimento)라고 하며, 서인도산 상록의 도금양과(myrtaceae)의 미숙과를 건조한 것으로, 열매는 성숙해도 녹색인 데 반해 건조하면 암적갈색이 된다.

향미가 계피 · 후추 · 클로브 · 넛먹과 흡사하고 외관이 진한 갈색을 띠어 후추와 흡사하므로 백미후추라 한다. 정유는 소위 피멘토유로서 3~5% 들어 있는데, 그 60~80%가 유제놀(eugenol)이며, 그밖에 시네올(cineol) 등을 함유한다. 제빵 · 음료 · 과일제품 · 육제품 · 수프 등에 사용한다.

15) 월계엽

월계엽(月桂葉, bay leaves, laurel)은 녹나무과에 속하며 지중해 연안을 원산지로 하는 월계수의 잎을 날 것 그대로 또는 건조한 것으로서 향미료, 특히 건조한 잎은 강한 단맛과 쓴맛이 나는 향기를 가지며, 주성분은 시네올(cineol)이다. 한편, 베이(bay)는 여러 수종이 있으나 피멘타 라스모사 밀(*Pimenta racemosa Mill*)은 서인도제도에서 야생 또는 인공 재배되며, 잎을 증류하여 1~3%의 정유를 얻는다.

베이유의 주용도는 화장품이고, 식품향료로도 쓰인다. 정유의 주성분은 페놀성 물질로서 57~67%를 점유하며, 그 중 유제놀이 약 90%, 차비신이 약 10%이다.

월계수잎은 고기요리의 냄새 제거제로 쓰인다. 소꼬리 스프 · 고기스튜 · 바비큐 · 양의 갈비와 다리구이 · 청어절임 · 스프 · 소스 · 토마토요리 등에 이용된다. 사용하기 전에 월계수 잎을 반드시 깨끗하게 씻어서 사용해야 된다.

16) 고수

고수(coriander)는 지중해 지방의 동부 및 근동을 원산지로 하는 미나리과(Umberiferae)에 속하는 1년생 초본식물인 코리안드륨 사티바움(*Coriandrum sativum L.*)의 열매를 건조한 것으로 모양이 후추와 흡사하다. 현재 주요 산지는 동유럽 · 이탈리아 · 멕시코 동남아시아 등에서 야생 또는 인공재배 된다.

완숙한 과일을 수증기 증류하여 허브 오일(herb oil)을 얻는데 그 주성분은 리나롤(d-linalool)과 텔펜(terpene)류이다.

가루로 만든 코리안더는 식품향신료로 생강빵 · 케익 · 패스트리(pastries) · 소스 · 수프·빵 · 소시지 · 카레에 등에 이용하고, 유럽에서는 달여서 건위 · 구충제로도 이용한다. 통째로 된 씨앗은 절임을 하기도 한다.

17) 캐러웨이

캐러웨이(caraway)는 유럽 동부~아시아 서부 지역을 원산지로 하는 미나리과에 속하는 2년생 초목인 카럼 카비(*Carum carvi L.*)의 열매를 건조한 것으로서 모양은 다소 호상편평의 긴 타원형으로 횡단면은 오각형을 이루고 있다. 네덜란드·영국 및 기타 유럽국가에서 재배되고 있다.

정유의 주성분은 카보네(carvone)이고, 그 밖에 리모넨(d-limonene) 등이 들어 있다. 캐라웨이는 요리중에 첨가할 수 있으며 보리빵 · 빵 · 케이크 · 치즈 · 육제품 · 비프스튜 (beef stews)를 비롯한 재료 및 스프와 특히 소시지, 사우어 크라웃(sauer kraut), 캔디에 이용되기도 한다. 큐민(cumin)과 아니스(anise)와 같이 캐러웨이 씨는 독특한 향이 있으며, 생약으로서는 건위제 · 구충제로 사용된다.

18) 회향

회향(fennel)은 지중해 연안을 원산지로 하는 미나리과에 속하는 포니큘럼 불가리 밀(*Foeniculum vulgare Miller*)의 과일을 건조한 것으로 구형에 가깝고 다소 방추형이며 길이 4~10mm, 짧은 지름이 1~4mm, 표면색은 회 · 황 · 녹 · 회황색이며, 산지에 따라 다소 차이가 있다.

특이한 방향과 약간의 감미가 있어서 예부터 유럽에서는 향미료 · 과자 · 주정제조에 사용되었으며, 약용으로는 건위제 · 구충제 등으로 쓰인다. 주성분은 아네톨(anethole)이다.

19) 커민

커민(cumin)은 이집트와 에디오피아를 원산으로 하는 미나리과에 속하는 1년생 초본인(*Cuminum cyminum L.*)의 열매를 건조한 것으로 현재 지중해 연안· 중동· 모로코 · 러시아 · 인도 등지에서 재배되고 있다.

예부터 지중해 연안에서 야생하였으며 쓴맛을 약간 내며 특유한 방향성이 강하다. 향미료로 사용되어 왔으나 중세기 이후에는 향미료에만 쓰였다. 주성분은 쿠민 알데히드(cumin aldehyde)이다. 기원전부터 약용으로 쓰이고 현재는 카레분· 소시지· 치즈 등에 이용된다.

20) 딜

딜(dill)은 중동지역 · 지중해 연안을 원산지로 하는 미나리과에 속하는 안텀 그라벨렌(*Anthum graveolens L.*)의 열매를 건조한 것으로서 현재는 북아메리카 · 헝가리 · 스페인· 영국 등 각지에서 재배되고 있다. 전초가 방향을 가지고 있어 열매뿐만 아니라 전체에서 정유를 채취할 수 있다. 주성분은 카본(carvone)이다.

딜의 잎은 특히 피클의 향미료로 샐러드 · 사우어 크라우트(sauerkraut) · 스프 · 소스에 이용되며 요리가 되고 난 다음에 사용해야 된다.

21) 세이지

세이지(sage)는 유럽 · 지중해 연안을 원산지로 하는 다년생 숙근초인 살비아 오피시날리스(*Salvia officinalis L.*)의 잎을 건조한 것으로 소스, 육제품의 향미료로서 사용되고 있는 항산화성과 보존 특성이 있음이 밝혀져 약용으로도 쓰인다. 여기에는 일종의 케톤인 추존(thujone)이 주성분으로 들어 있다. 이용성은 소스 · 육제품의 향미료로서 가금류 양념과 스터핑(stuffing)에 쓰인다.

22) 입사향초

입사향초(thyme)는 지중해 북안지방을 원산지로 하는 자조기과에 속하는 다년초인 입사향초 잎을 건조한 것으로서 특유의 방향과 매운맛을 가진다. 현재 기후가 온난한 지방에서 재배되며, 입사향초의 정유는 개화기 중에 채취하여 전초를 수증기 증류하여 얻으며 치몰(thymol) 또는 카바크롤(carvacrol)이 많이 들어 있다.

이용성은 여러 가지 소스와 로스트 · 스프 · 케첩 등에 양념으로서 사용된다. 이 초본은 음식과 같이 넣어 요리해야 한다.

23) 아니스

아니스(anise)는 지중해 연안 지방이 원산지로 이집트 · 물타 · 스페인· 시리아 등지에서 재배되고 있는 미나리과에 속하는 식물의 종자이다. 잎 · 줄기에는 아네톨이 함유되어 있는 방향과 감미를 내며, 그 유도체인 아니스알데히드와 아니솔은 향료로 쓰인다. 정유제품은 종자로부터 얻는다.

양조산업에 천연재료로 쓰인다. 이 아니스로 만든 리큐르(liqueur)와 다른 음료에도 아니스향을 넣어 향을 낸다. 아니스의 기름은 구풍제 · 기침약에도 이용된다. 또 이 씨는 패스트리(pastries) · 캔디 · 빵 · 쿠키 · 피클에 첨가할 수 있다. 이 기름은 휘발성이 강해서 씨를 보관할 때 밀봉 관에 넣어 저장해야 한다. 아니스는 아니스씨가 분쇄된 아니스 · 아니스 기름등으로 판매된다.

24) 심황

심황(turmeric)은 동남아가 원산지로 현재는 말레이시아에서 많이 재배되고 있는 다년생 식물인 커쿠마(*Curcuma long L.*)의 구근을 건조 분말화한 것으로 향신 및 착색료로 이용된다. 착색 성분은 쿠쿠민(curcumin, 황색)으로 산성에서 황색, 알칼리성에서는 적색을 띤다.

분말가루로 카레분 · 단무지착색 · 겨자의 주요한 재료의 하나이다. 스웨덴과 영국에서는 잘 알려진 소스를 만들때 이 투메릭이 중요하게 사용되며, 또한 인도에서는 노란 염색약으로 제조되어 사용하기도 한다.

25) 타라곤

타라곤(tarragon, estragon) 식물은 유럽이 원산지이며 러시아와 몽고에서 재배되는 정원초이다. 다년생 초본으로 잎이 길고 얇으며 올리브색이고 꽃은 작고 단추같이 생긴 모양이다. 이 잎은 피클·스프·샐러드·소스·식초 제조 등에 쓰인다.

26) 샤프란

샤프란(saffron, safran)은 붓꽃과의 한 종류이며 아시아가 원산지이고 스페인, 프랑스와 이탈리아에서도 재배된다. 아랍어의 노란색이란 뜻인 'zafaram'에서 샤프란이란 이름이 유래되었다. 샤프란 100송이를 따야 겨우 샤프란 1g을 얻을 수 있다. 황금색의 끝이 뾰족한 암술머리를 말려 음식에 맛이나 색을 내며 염료로 귀중하게 쓰인다. 꽃을 손으로 따서 색깔에 의해 주의 깊게 분류해야 한다.

이 색은 노랑색에서 빨간색에 이르기까지 다양하다. 샤프론은 여러 식품에 넣었을 때, 강한 노란색을 띠게 되는데 맛은 특이하게 순하고 씁쓸하면서 단맛이 나며 매우 비싼 향료이다. 이용성은 소스·스프·쌀 요리·감자 요리·빵·패스트리 등에 이용된다.

27) 로즈메리

로즈메리(rosemary, romarin) 는 지중해 연안이 원산지이다. 로즈메리는 솔잎을 닮았으며 은녹색 잎을 가진 키 큰 잡목으로 꽃은 보라색이다. 이 초본은 로즈메리 잎이나 로즈메리 분말가루로 구입할 수 있다. 신선한 것이나 건조한 것을 고기·가금 요리와 샐러드에 향을 돋우는데 이용한다. 또 스튜나 스프에도 이용된다.

28) 양귀비 씨

양귀비 나무는 극동아시아, 네덜란드가 원산지로서 높이가 150cm로 자란다. 양귀비 씨(poppy, pavot)는 다년생의 양귀비나무에서 얻은 것으로 표피는 열매 속에 들어있는 씨를 목적으로 재배하는데, 이 씨에는 기름이 함유되어 있다. 미숙성한 캡슐은 우유 같은 액즙이 있으며 아편의 원료가 되기도 한다. 성숙한 씨를 건조한 것은 바삭바삭한 박하와 비슷한 향을 가지고 있다.

건조한 양귀비 씨는 빵·롤빵·케이크·쿠키·샐러드·캐비지·국수 같은 연한 요리와 패스트리 필링에도 사용할 수 있다.

29) 파슬리

파슬리(Parsley, Persil)는 원산지가 지중해 연안국 들이다. 작은 정원초로 잎사귀는 대개 꼬부라지고 쪼개져 있으며 밝은 녹색이다. 이 식물은 일년에도 몇 번씩 수학을 할 수 있다. 이것의 특이한 방향 성분은 잎과 꽃술에 있는 휘발성 기름 때문이다. 잎은 건조시켜 쓰기도 한다.

초본이 신선했을 때 생선 · 고기 · 채소 · 샐러드 · 스프에 쓰이고, 모든 요리의 가니쉬 하는데 이용된다. 파슬리의 건조시킨 잎은 가니쉬 하는 데와 양념으로 우수하다. 건조시켰을 때나 소금물에 담가 놓았을 때 고유 향기를 잃게 된다.

30) 파프리카

파프리카(Paprika, Paprika)는 스페인 · 남부프랑스 · 이탈리아 · 유고· 헝가리가 원산지이다. 파프리카는 스위트 페퍼 (sweet pepper)로 제조된다. 선홍색의 이 열매는 원추형이며 길이는 5~7.5cm이다. 납작하게 생긴 노란색의 씨들이 열매 안에 있다. 이 페퍼는 채소, 피클로 먹을 수 있으며 샐러드에 이용된다.

음식에 색을 들이는데 이용되고 리조토(risotto), 헝가리식 굴라쉬(goulash), 파프리카 첨가한 잉어(carp)요리, 카나페(canapes) 위에 뿌림 등에 이용하기도 한다.

31) 박하/페퍼민트

박하(Mint/Peppermint, Menthe)는 전 유럽과 미국에서 재배된다. 스피아민트(spearmint)는 유럽이 원산지이고 영국과 미국 전역에서 재배 되고 있다. 박하는 특이한 방향과 짧은 잎사귀, 꽃 등으로 구별할 수 있다. 작살모양의 잎사귀를 가진 스피아민트(spearmint)는 향이 있고 메탄올을 함유한다. 가장 인기 있는 종류로는 붉은 꽃술을 가지고 있는 잉글리쉬 스피아민트이다.

리큐르(liqueurs) · 코르디알(cordials) · 캔디· 음료 등에 이용되며 페퍼민트의 기름도 이용할 수 있다. 스피어민트는 양고기에 향을 내기 위해 사용되며 채소 · 과일스프 · 자스민트소스 · 민트 아이스크림 등에도 이용된다.

3. 유지 식품재료

지방질은 식품에 적은 양이 들어 있을 때는 조직을 부드럽게 하고 맛과 향기 성분을 가지고 있어서 독특한 맛을 내며 입안에서의 촉감을 느끼게 하고 위에 오래 머물면서 만복감을 주기도 한다. 식품을 조리할 때는 가열매체가 되어 높은 온도에서 조리가 가능하게 하고 튀길 때는 조직을 형성하는데 매체가 되기도 한다. 대부분의 식품 재료에는 지방질이나 이와 유사한 성분이 다소간 들어 있는데 필요에 따라서는 별도의 기름을 첨가하여 조리하기도 한다.

지방질은 상온에서 고체인 것과 액체인 것이 있는데 대체적으로 동물성 기름은 고체이고 식물성 기름이나 어유는 액체이다. 이러한 물리적 성질은 지방을 구성하고 있는 지방산의 종류에 따라 결정되는데 포화지방산(지방분자 중 탄소와 탄소간의 단일결합만으로 구성)이 많을 경우는 고체이고 불포화지방산(지방분자 중 탄소와 탄소간의 이중결합이 존재)이 많을 경우는 액체 상태를 이룬다. 유지의 특성은 그 유지를 구성하고 있는 지방산의 종류와 녹아 있는 향미 성분에 따라 좌우된다.

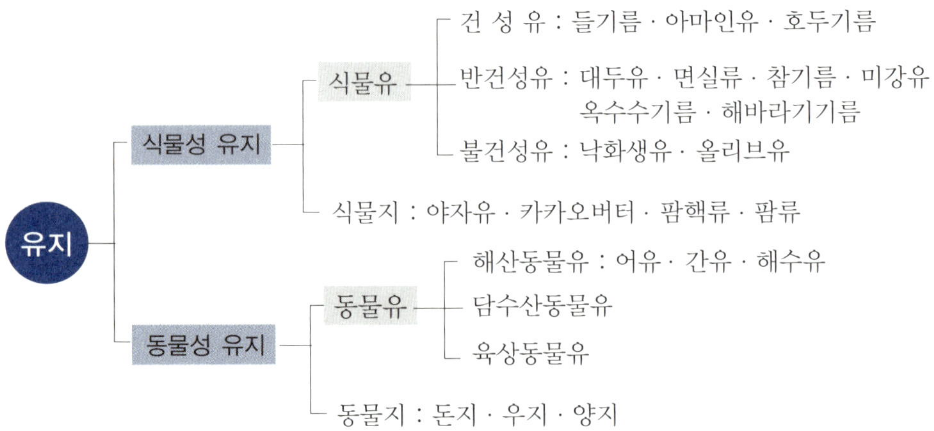

[그림 7-1] 유지의 종류

식용유지는 유지 식품재료로부터 추출 · 정제하여 사용하는 샐러드·조미료 등으로 쓰이는 것과 경화시켜 마가린이나 쇼트닝의 원료로 사용하는 것이 있다.

[표 7-1] 각종 유지재료의 유지 함량

유지자원	대두	땅콩	유채	미강	해바라기씨	사플라워	옥배아	참깨(白)	들깨	올리브	면실	팜	팜핵	코코넛
유지[%]	16~20	40~50	38~45	20이상	45~55	39~40	20~30	55~56	40~45	40~60	28~40	33~37	30~40	30~40

식용유지를 오래 저장하게 되면 자동산화에 의해서 산패 취를 내므로 산화방지제를 첨가하고 빛과 산소의 접촉을 차단하여 산패를 막아야 한다.

1) 참깨

참깨(胡麻, sesame)로 이용하여 제조된 참기름은 그 맛이 우리 기호에 가장 좋고 약리 효과까지 있기 때문에 가장 요긴하게 쓰이고 있다. 인도 부근이 원산지인 참깨는 열대성 작물이기 때문에 열대에서 온대지방까지 널리 재배되고 있는데 중국 · 인도 · 아프리카 · 중남아메리카에서 많이 재배되고 있다.

품종에 따라 백 · 황 · 갈 · 흑색의 종피색을 가지며 지방함량은 22~50% 들어 있고 올레산(40%), 리놀레산(44%)이 대부분을 차지하며 반건성유이다. 세사몰린(sesamolin)이라는 성분이 항산화작용과 독특한 향미를 부여하는데 기름을 정제하고 나면 이물질이 많이 제거되어 고소한 맛이 적어진다.

한방에서는 맛이 달고 허한 것을 보호하고 귀와 눈을 밝게 하고 간과 신장 및 오장을 보호하며 혈맥을 이롭게 한다고 하였다. 식용 이외에도 약용으로 해독제 · 완화제 · 연고의 원료 및 공업용으로도 이용되고 있는데 선박기관의 냉각제 · 비누제조 · 화장품의 원료 등으로 쓰인다. 깻묵에는 단백질과 비타민류가 풍부하며 고소한 향미가 있어 식용 또는 사료로 쓰인다.

2) 들깨

들깨(perilla)도 인도 · 중국이 원사지로 인도와 한 · 중 · 일, 그 밖의 동남아에서 주로 재배되며 대부분이 종피색이 흑색이며 그 밖에 백색인 것이 있다. 독특한 맛이 있고 유

[표 7-2] 각종 유지의 특성

구분 / 유지	지방산[%]																비누화가	불검화물	비중 [20/20℃]	굴절률
	6:0	8:0	10:0	12:0	14:0	16:0	18:0	20:0	22:0	24:0	16:1	18:1	18:2	18:3	20:1	22:1				
면실유	-	-	-	-	1	29	4	미량	-	-	2	24	40	-	-	-	189~198	1.5이하	0.916~0.918	1.468~1.472
낙화생유	-	-	-	-	미량	6	5	-	3	1	미량	61	22	-	-	-	188~196	1.5	0.911~0.922	1.470~1.473
해바라기기름	-	-	-	-	-	11	6	-	-	-	-	29	52	-	-	-	188~194	1.5이하	0.915~0.919	1.472~1.474
옥수수기름	-	-	-	-	-	13	4	미량	미량	-	-	29	54	-	-	-	187~193	2.0이하	0.915~0.920	1.470~1.474
참기름	-	-	-	-	-	10	5	-	-	-	-	30	45	-	-	-	187~194	1.5	0.917~0.924	1.473~1.476
유채유	-	-	-	-	-	3.8	1.6	-	-	-	-	32.9	17.5	9.0	12.4	42.4	169~177	1.5	0.910~0.918	1.472~1.474
대두유	-	-	-	-	미량	11	4	미량	미량	-	-	25	51	9	-	-	189~195	1.5이하	0.917~0.921	1.470~1.476
올리브유	-	-	-	-	미량	14	2	미량	-	-	미량	64	16	-	-	-	188~196	1.8이하	0.909~0.915	
팜유	-	-	-	-	1	48	4	-	-	-	-	38	9	-	-	-	195~205	0.8이하	0.898~0.901	1.453~1.456
사플라워유	-	-	-	-	미량	8	3	미량	-	-	-	13	75	1	-	-	188~194	1.5이하	0.919~0.924	1.432~1.475
코코넛기름	0.5	9.0	6.8	46.4	18.0	9.0	1.0	-	-	-	-	7.6	1.6	-	-	-	250~264	0.5이하	0.869~0.874	1.448~1.450
팜핵유	-	2.7	7.0	46.9	14.1	8.8	1.3	-	-	-	-	18.5	0.7	-	-	-	230~250	0.2~0.5	0.893	1.443
코코아버터	-	-	-	-	-	26.2	34.4	-	-	-	-	37.3	2.1	-	-	-	190~198	1.0이하	0.856~0.864	1.453~1.458
우지	-	-	-	-	6.3	27.4	14.1	-	-	-	-	49.6	2.5	-	-	-	193~202	0.74	0.860~0.870	46~49
돈지	-	-	-	-	1.8	21.8	8.9	0.8	-	-	-	53.4	6.6	0.8	0.8	-	195~202	1.0이하	0.858~0.864	45~49
양지	-	-	-	-	4.6	24.6	30.5	-	-	-	-	36.0	4.3	-	-	-	-	-	-	-
닭기름	-	-	-	1.9	2.5	36.0	2.4	-	-	-	-	48.2	0.8	-	-	-	-	-	-	-
정어리기름	-	-	-	-	6.4	12.7	0.9	-	-	-	-	12.7	-	-	14.1	20.8	180~192	0.5~1.7	-	1.473~1.478
대구기름	-	-	-	-	1.4	19.6	3.8	-	-	-	-	13.8	-	-	3.0	1.0	-	-	-	-

지성분 중 리놀렌산(linolenic acid)이 약 49%, 리놀레산이 33%나 되어 건성유에 속하고 산패되기 쉽다.

들기름은 참기름 대용으로 쓰이는데 외국에서는 주로 공업용으로 쓰인다. 한방에서는 고혈압 · 혈전 · 강장 · 건위 · 천식 · 해열에 효과가 있다고 한다. 깻묵은 사료 또는 비료로 쓰인다.

한편 잎에는 독특한 향기 성분인 페릴라 알데히드(L-perrilla aldehyde), 리모넨(L-limonen), 페릴라 케톤(perilla ketone) 등이 들어 있어 깻잎 · 김치 · 장아찌 등으로 요긴하게 쓰이고 있다.

3) 콩

콩(soybean)에는 20%의 지방이 들어 있는데 콩의 생산량이 많아 세계적으로 가장 많이 쓰이는 기름 중의 하나이다. 이 기름에는 리놀렌산이 많이 들어 있는 것이 특징인데 이 기름을 오래 저장하거나 가열하면 쉽게 산화되어 변패취를 발생한다. 그래서 가볍게 선택 경화시켜 리놀렌산을 감소시켜 안정성을 도모하기도 한다.

4) 유채

스칸다나비아 반도, 시베리아 및 코카서스 지방이 원산지인 유채(rape)는 겨자과에 속하는 1~2년생 초본으로 흑색종(*Brassiaca napus L.*)이 있고 온대지방에서 주로 재배된다.

종자에는 기름이 35% 정도 들어 있는데 에루스산((eruic acid)이 50%나 들어 있고 갑상선 비대증을 일으키는 함황배당체가 들어 있다. 캐나다에서는 이물질이 적게 들어 있는 품종을 개발해서 카놀라유(canola oil)라고 별도의 이름을 붙여 기름을 생산하여 수출하고 있다. 유채기름은 샐러드유 · 튀김용 · 마가린 · 과자 제조 등에 쓰이고 의약이나 공업용 윤활유로도 쓰인다. 깻묵과 어린 잎줄기는 사료로 쓰인다.

5) 해바라기

북아메리카 일부 지역이 원산지인 해바라기(sunflower)는 국화과에 속하는 1년생 초본으로 온대지방 및 아열대지방 등 세계 널리 재배되고 있다. 종자에 24~40%, 종피를 벗긴 것에는 40~45%의 기름이 들어 있는데 리놀레산(linoleic acid) 59%, 올레산(oleic acid) 34%가 들어 있는 건성유이다. 깻묵에는 단백질 20%, 조섬유 38%, 가용성 무질소물이 35% 들어 있다.

종자는 식용으로 볶아서 땅콩처럼 간식용으로도 쓰이고 기름은 샐러드 · 쇼트닝 · 마가린 제조용 · 비누 · 양초 · 페인트 등의 공업용으로도 쓰인다.

6) 땅콩

땅콩(peanut)에는 기름이 47~50%나 들어 있고, 그중에서 올레산 61%, 리놀레산이 20%나 들어 있는 불건성유이지만 안정성이 높으며 특유한 맛과 향기가 있어서 샐러드·튀김용·마가린 등의 원료와 고급 비누나 윤활유 등 공업용 원료로 이용된다. 지방 이외에 단백질이 30% 이상 들어 있어 식용 가치가 높다.

7) 면실유

인도가 원산지인 무궁화과에 속하는 목화(cotton)는 열대성 식물로 우리나라에는 14세기 중엽에 도입되었다.

목화는 섬유용으로 재배하고 면실은 부산물로 28~40%의 기름이 들어 있고 리놀레산이 47~50%, 팔미트산(palmitic acid)이 26%로 구성된 고도 불포화지방으로 주로 마가린이나 쇼트닝 제조에 이용된다. 면실유에는 생장 저해물질인 고시폴(gossypol)이 들어 있어 이것을 제거한 품종을 개발하고 있다. 깻묵은 단백질이 50%나 들어 있어 아주 귀중한 사료로 이용하고 있다.

8) 올리브

올리브(olive)는 성장 속도가 느리고 수명이 긴 아열대 상록수로서 지중해 연안에 분포하고 있다. 타원형의 올리브과일은 과육에 기름 15~35%, 종자에는 5%가 들어 있다. 건조시킨 경우 전체 과일에 지방질 35~70%, 펄프에는 75% 이상 들어 있으며 녹황색이고 독특한 향미를 가진다. 올레산이 65~85%를 차지하고 산화에 안정적이다. 상급품의 올리브유는 정제 과정을 거치지 않고 직접 이용하고 강한 냄새를 내는 저급품은 다른 식물성기름과 혼합하여 사용한다.

9) 옥수수

정제하지 않은 옥수수기름(corn oil)은 다른 식물성기름보다 어두운 적갈색을 띠는데 이것은 인지질과 불검화물이 많기 때문이다. 올레산과 리놀레산이 80%이상 차지한다. 샐러드·마요네즈·마가린의 제조 원료로 쓰인다.

10) 미강

현미에는 8%의 쌀겨가 들어 있고 이 쌀겨(rice bran)에는 지방질이 15~20%가 들어 있다. 미강유에는 4~6%의 유리지방산과 80~85%의 불포화지방산이 들어 있을 뿐만 아니라 지방 분해 효소인 리파제가 들어 있어 산패되기 쉬운 것이 특징이다. 쌀을 도정 시에 얻어지는 부산물로써 수집 문제와 안정성 문제 때문에 크게 활용되지 못하고 있다.

11) 코코넛

코코넛(coconut)은 열대 지역에서 가장 중요한 과실로서 생과로 먹거나 제과를 비롯하여 광범위하게 쓰인다. 즉 과일 · 코프라 · 코넛 기름 · 깻묵 · 껍질의 섬유(coir) · 건조 코코넛 등의 형태로 이용된다. 코프라(copra)는 건조된 과육으로서 기름이 50~65%나 들어 있으며 라우르산(lauric acid) 45%, 미리스트산(myristic acid) 18%가 들어 있는 불건성유로 안정성이 좋아 제과 · 제빵 · 튀김용으로 적합하다.

특유한 향미 물질인 락톤류가 들어 있고 굳는 온도 범위가 좁아서 상온에서는 고체 상태이지만 입안에 들어가면 쉽게 녹는다. 코코넛기름은 과피·과육·핵 부위에서 얻을 수 있는데 그 특성이 각각 다르다.

12) 팜오일

팜오일(palm oil)은 코코넛과 함께 세계적으로 중요한 수목이다. 기름이 들어 있는 과일은 과육과 핵에 아주 다른 기름이 들어 있다. 즉 핵에는 44~53%의 기름이 들어 있는데 그 특성이 코코넛 기름과 유사하고 과육에는 50%의 팜유가 들어 있는데 팜핵유와는 지방 조성이 다르다.

팔미트산이 주성분이며 카로틴 함량 때문에 진한 오렌지적색을 띠고 상온에서 반고형이다. 정제된 팜유는 담백한 특유의 풍미를 가지며 포화지방이 많아서 산화 안정성이 좋아 라면 튀김유로 많이 사용되고 있다.

13) 카카오

카카오(cacao)는 아메리카 원산의 상록교목으로 주산지는 열대지방인 아프리카 서해안, 남아메리카, 인도 등이다.

과일이 익은 후 수확하여 1~2일 후에 쪼개서 카카오 콩을 꺼내고 발효시켜 나머지 섬유를 제거한 후 건조한 열매에는 약 55%의 지방이 들어 있다. 이것은 담황색 고체지방으로 녹는점 한계가 뚜렷한 것이 특징이다. 즉 75% 이상의 올레산(oleic acid)이 스테아르산(stearic acid)이나 미르스트산(myristic acid)과 결합되어 있어서 27℃ 이하에서는 딱딱하지만 그 이상의 온도에서는 쉽게 녹는다. 또한 불포화 지방이 적어서 산화 안정성이 높다. 이런 특성 때문에 제과용으로 요긴하게 쓰인다.

14) 사플라워

사플라워(saflower)는 국화과에 속하는 1년생 초본으로 동남아시아가 원산지 이며 미국과 멕시코가 주산지이다. 열매에는 39~40%의 기름이 들어 있고 이 기름은 리놀레산이 78%, 올레산이 13% 들어 있어 산패되기 쉽다. 마가린·샐러드·조리용 등으로 쓰이지만 불안정성 때문에 용도가 제한된다.

15) 기타 유지식품재료

동물성 지방 중 우유 중의 지방성분을 분리한 크림을 다져서 만든 버터는 옛날부터 빵이나 그 밖의 제품에 널리 이용되었다. 이 버터 대용으로 돼지기름을 이용하였는데, 돼지의 지방조직을 가열하여 얻은 지방을 라드(豚脂, lard)라 한다. 녹는점이 28~48℃의 백색 고체로서 우지나 양지에 비해서 부드럽고 불포화지방산도 많다. 품질이 좋은 것은 쇼트닝, 마가린의 제조 원료로, 좋지 않은 것은 공업용으로 쓰인다. 추출부위나 정제 방법에 따라 여러가지 라드(neutral lard, leaf lard, choice kettle rendered lard, lard stearin 등)가 있다.

한편 소의 지방조직으로부터 얻은 지방을 우지(牛脂, beaf tallow)라고 하는데 담황색~흰색의 경질 지방으로 신선한 것은 냄새나 맛이 없다.

생선류의 조직으로부터 얻은 기름(魚油, fish oil)도 마가린 등의 제조 원료로 쓰이기도 하지만 품질이 좋지 않아서 많이 쓰이지는 않는다.

튀김용으로는 콩기름, 유채유, 참기름, 미강유, 팜유 등의 식물성기름이나 이들의 배합유가 주로 쓰인다. 튀김용 기름을 반복 사용하면 불쾌취가 생성되고 색이 진해지며 점도가 증가하며 끈적끈적해진다.

정제한 기름을 다시 냉각처리(winterization)하여 정제한 기름은 나물을 무치거나 마요네즈 · 프렌치 드레싱 · 생야채 등에 사용하는데 이런 기름을 샐러드유라 한다.

마가린은 버터나 라드 대용으로 식물성기름을 경화처리하여 가공한 것으로 빵 등에 발라 먹는다. 그러나 최근에 와서 경화과정에서 트랜스지방이 생성된다고 하여 사용량이 줄어들고 있다.

쇼트닝(shortening)은 제빵이나 튀김 등에서 물리적 특성 즉 쇼트닝성이나 가소성을 개선하기 위해서 식물성 기름을 경화시켜 만든 제품이다.

그 밖에도 고체 지방에 단백질 · 탄수화물 · 유화제 등을 첨가하여 건조시켜 분말로 만든 것으로 건조분말식품에 혼합하기 쉽게 한 것이 이용되고 있다.

4. 버섯류

우리나라에서 버섯의 이용은 이미 신라시대 선덕여왕 3년(704)에 금지(芝, 木菌)와 서지(瑞芝, 地下菌)를 진상물로 왕에게 바쳤고, 이조시대 허준의 동의보감(1613)에 여러 가지 버섯의 약용법이 상세히 기록되어 있다. 또 산림경제(1643~1715)에 송이와 복령 등의 균류가 식용 또는 약용으로 사용된 것으로 기록되어 있다.

1935년에 표고가 처음으로 인공 재배되고 1955년에 양송이가 재배되었으며, 지금은 많은 버섯이 인공 재배되고 나무를 베어 씨앗인 종균을 접종하여 재배하는 골목재배법·볏짚재배법·톱밥재배법 등 다양한 재배기술이 발달되고 있다.

버섯은 대부분 자낭균류와 담자균류라고 하는 미생물의 일종에 속한다. 버섯은 포자가 발아하여 균사체를 이루고 성장하면 씨앗인 자실체를 형성하고 다시 포자를 생성하는 과정을 거친다. 자실체는 갓 · 줄기 · 주름살 등으로 분화되며 이렇게 생장하는데 물과 영양소가 필요하고 외부환경으로 빛 · 온도 · 환기 · 습도 그리고 자실체 내의 생리활성 물질 등에 영향을 받는다. 이들 버섯류는 셀룰로스(cellulose) · 헤미셀룰로스

(hemicellulose) · 리그닌(lignin) 등 목재 성분의 분해력이 강해서 목재 부후균이라고도 하는데 산림의 낙엽 퇴적물을 이용해서 생활하고 있다.

버섯류는 그 용도에 따라 식용(700여종), 약용(50여종), 독버섯(50여종), 관상용(10여종) 등 800여 종에 달하는데, 이들 중 송이 · 표고 · 싸리버섯 등은 옛날부터 식용되었고 그 일부는 인공재배하고 있으며 영지 · 운지 · 상황버섯은 건강기능성이 인정되어 음료 등의 가공원료로 이용되고 있다.

버섯류는 자실체가 갓모양 · 귀모양 등 다양하다. 자실체의 주름살에서 생긴 포자가 바람 또는 물에 의하여 옮겨져 발아하여 균사를 형성한다. 균사는 땅 속 또는 목재 속에 살고 자실체만 짧은 기간 공기 중에 나와 있을 뿐이다. 신선한 버섯은 수분이 90~90%를 차지하고 단백질은 5~6%로 차이가 심하고, 그중 $\frac{1}{3}$은 버섯 고유의 맛을 내는 비단백태의 질소 화합물들이다.

[표 7-3] 버섯류의 일반 성분

[단위 : %]

성분 / 버섯명	수분	조단백질	조지방	가용성 무질소물	조섬유	회분	수용성 물질
목 이 (건)	9.19	8.67	1.64	73.69	11.50	4.50	41.22
흰목이(건)	11.84	5.62	4.34	63.68	21.10	5.26	79.60
잎새버섯	92.60	21.79	4.68	56.47	9.42	7.64	48.05
그물버섯	92.49	15.91	10.27	64.61	4.89	4.32	37.34
꾀꼬리버섯	94.28	19.20	9.15	51.14	9.58	10.93	47.71
젖 버 섯	88.62	22.10	10.53	54.50	8.17	4.70	38.62
양 송 이	90.55	47.42	3.30	31.49	9.38	8.41	57.20
나 메 꼬	95.75	35.03	3.68	38.53	13.70	9.06	55.81
풀 버 섯	-	33.77	3.52	30.51	18.40	13.30	49.73
느 타 리	95.30	19.46	3.84	65.61	6.15	4.94	51.39
참 버 섯	68.11	23.23	3.24	59.20	6.28	8.05	49.45
팽나무버섯	88.45	31.23	5.78	52.07	3.34	7.58	61.16
송 이	89.89	20.07	5.04	59.84	7.41	7.63	55.07
표 고 (건)	15.25	18.32	4.89	66.32	7.11	3.36	45.21
달걀버섯	93,90	26.32	18.67	34.42	10.96	9.63	40.69

1) 양송이

양송이(mushroom)는 유럽이 원산지로 유럽과 미국에서는 옛날부터 재배되었으나 우리나라에서는 1960년대부터 재배되었다.

백색종·크림콩·갈색종 고온종 등의 품종이 있다. 낱개 하나하나가 균일하며 육질이 두껍고 단단하며 탄력이 있는 것, 자루의 길이가 갓의 직경을 초과하지 않는 것이 좋은 것이다.

2) 표고

표고(oak mushroom)는 한국 · 중국 · 일본에서 생산되는 특산물로 참나무류에 기생하는 목재 부후균으로 지금은 인공재배하고 있다.

수분함량이 70~95%로 쉽게 변질되므로 건조시켜 저장 유통한다. 갓의 형상이 표면에 거북이등 또는 국화꽃 모양으로 균열되어 있으며 갓의 개열정도가 50% 이하인 것, 갓 둘레가 오무라든 것이 좋은 것이다. 이 버섯에는 혈압강하물질, 빈혈치료물질, 항암물질 등이 들어 있으며, 또한 고혈압 저하, 콜레스테롤 저하, 자율신경 안정, 폐 · 위장 질환 예방 등의 효능이 있다고 하여 건강식품으로 평가되고 있다.

3) 송이

송이버섯(pine mushroom)은 버섯 중에서 향기가 가장 뛰어나 값비싸게 이용되고 있다. 적송(赤松)에 기생하여 봄 · 가을 2회 발생하나 우리나라에서는 가을 송이가 주로 산출된다. 송이는 저장성이 없어서 냉장수송이 요구된다. 특이한 향은 메칠 신나메이트(methyl cinnamate)이다. 송이는 구이나 볶음 · 찜 · 전골 · 산적 등 각종 요리에 이용된다.

4) 느타리

반달형으로 한 쪽에 버섯대를 피우고 맛이 좋아서 널리 이용된다. 표면에 윤기가 있는 것, 두꺼운 것, 신선하고 탄력이 있는 것, 육질이 부드러운 것이 좋은 것이다. 볏짚에 종균을 접종한 후 40~45일이면 수확한다. 한방에서는 요통 · 손발마비 · 항종양 · 용혈 · 항바이러스 · 저혈압 및 알레르기 반응 억제 등의 효능이 있다고 한다.

5) 팽나무 버섯

송이과에 속하고 감나무 · 느티나무 · 뽕나무 등에 야생하나 톱밥을 사용한 병 재배가 용이하여 널리 재배하고 있다. 살이 두꺼운 것일수록 좋다.

6) 목이

자연산을 이용하여 왔으나 지금은 인공재배를 하고 있다. 목이 속에는 목이 · 털목이 · 흰목이 등이 있으며 갓의 지름은 3~12㎝, 색깔은 갈색 · 회색 · 백색이고 표면은 한천질이지만 건근하면 연골상으로 된다. 중국요리에 많이 사용되고 있다.

7) 영지

목재 부휴균으로 온대 이북의 한국 · 중국 · 일본 등에서 귀중한 약재로 쓰인다. 지금은 인공재배를 하는데 농가에 보급되고 있는 것은 적지(赤芝)이다. 한방에서는 정혈 · 이뇨 · 해독 · 강심 · 강정 · 소염 등의 효능이 있다고 한다.

갓이 두껍고 육질이 단단한 것, 갓 이면이 노란색을 띤 것, 표면색이 연갈색~황갈색인 것이 좋다.

8) 상황버섯

소나무 비늘버섯과에 속하는 것으로 초기에 노란 진흙덩어리가 뭉친 형태를 유지하다가 다자란 후에는 그루터기에 혓바닥을 내민 형태로써 표피는 진흙색이나 검은색을 띠고 아랫 부분은 노란 융단색을 나타내며 갓은 난원형~말 발굽형이다. 인공재배를 하고 있으며 위암 · 식도암 등 항암성이 있고 자궁출혈 · 월경불순 · 장출혈 · 오장기능을 강화시키고 해독작용을 한다.

9) 동충하초

자낭균류 동충하초(冬·夏草) 속(Cordyceps)에 속하며 300여 종이 있는데 우리나라는 번데기 동충하초, 유충, 흑색 다발 동충하초, 큰 매미 동충하초 등 9종이 알려져 있다. 겨울에는 곤충의 몸에 있다가 여름에는 풀처럼 돋아난다 하여 동충하초라 한다. 이것도 머리와 자루로 되어 있는데 형태나 빛깔이 다양하고 인공배양이 되고 있다. 중국에서는 강장 · 동맥경화 억제 · 면역기능 증강 · 항암 등에 효능이 있다고 하여 널리 보급되고 있다.

5. 기호음료 재료

음료는 수분을 공급 받기 위한 것과 알코올 음료처럼 흥분성을 일으키기 위한 것이 있는데 단순히 수분만을 위한 음료는 맛이 없으므로 적당한 성분이 들어 있는 과실음료나 탄산음료 · 차 · 커피 등 기호성이 부여된 음료 등 다양한 제품들이 있다.

그 중 대표적인 것으로 차(茶, Tea, *Thea sinensis L.*)는 차나무 가지에 많은 잎이 착생하는데 봄부터 가을까지 연 3회 걸쳐 수확한다. 어린잎을 따면 품질은 좋으나 수량이 적고, 자란 잎을 따면 수량은 많으나 품질이 나쁘므로 품질과 수량을 고려하여 결정한다. 차에는 카페인이 들어 있어 발효 후에는 정유성분이 향미에 중요한 역할을 한다.

[표 7-4] 차의 성분

[단위 : %]

종류 \ 성분	조단백질	카페인	탄 닌	조지방	조섬유	회분	가용성 무질소물	총질소
옥노	34.7	3.7	11.5	4.3	14.0	6.8	42.9	6.6
연차(말차)	35.8	4.6	10.0	5.1	9.7	6.7	46.7	7.1
전차(1향차)	27.8	2.4	13.5	4.3	14.6	5.1	42.6	5.1
전차(2향차)	22.2	2.0	14.6	3.4	16.9	5.3	42.5	4.1
전차(3향차)	22.2	2.1	15.8	4.1	17.3	5.5	37.2	4.2
전차(Lipton)	25.6	3.1	15.1	2.3	9.3	6.2	47.9	5.0
홍차(정강)	15.6	1.1	7.0	25.0	25.0	5.4	20.3	2.8

단맛과 구수한 맛을 내는 티아닌(theanine)이 들어 있고 떫은맛은 폴리페놀성 물질인 탄닌에 의한 것으로 녹차에는 탄닌 성분들이 남아서 떫은맛을 내며 홍차에서는 산화되어 떫은맛이 다소 감소된다.

차의 향미는 아미노산 염기, 티아닌, 탄닌, 기타 페놀성 물질이나 당분의 조합에 의해서 이루어진다.

차를 끓일 때 잎이 두꺼운 것을 가열로 침출하면 탄닌의 70% 이상이 쉽게 용출되지만 충분히 추출하려면 어느 정도의 시간이 소요된다. 탄닌이 많이 추출된 것이 맛이 좋고 향기 성분인 정유 성분도 충분히 침지함으로써 녹아 나온다.

차는 가공방법에 따라 홍차(black tea) · 녹차(green tea) · 우롱차(oolong tea)가 있다. 홍차는 차 잎을 따서 18~24시간 재운 다음 수분 함량이 거의 50% 줄어들면 압착롤러에 넣어 즙액과 효소를 짜내고 발효시키는데, 발효숙성이 완료되면 천일건조나 열처리 하여 만든다. 한편 녹차는 증기로 쪄서 효소를 불활성화시켜 발효를 억제한다. 압착롤러를 사용하여 즙액을 짜내는 것은 홍차의 경우와 같다.

한편 우롱차는 가볍게 발효시켜 가공한 것으로 홍차와 녹차의 중간 제품이라고 할 수 있다. 차의 좋은 점은 신경흥분 · 이뇨 · 항균 · 항염 · 해독 · 노화방지 · 혈소판응집 억제 · 항산화작용 등 광범위한 생리활성기능을 한다.

커피(Coffee, Coffeea sp.)는 열대지방 상록의 관목의 열매를 볶아서 추출한 것인데 에디오피아 원산인 아라비카(Arabica) 종과 콩고 원산인 로부스타(Robusta) 종이 있는데 후자는 전자에 비하여 향미가 못하지만 값이 싸기 때문에 세계 시장의 20%를 차지한다.

열매의 과육 안쪽에 파치멘트(parchment)라고 하는 단단한 껍질이 있고 이 씨를 커피콩이라고 한다. 특수 성분인 카페인은 아라비카 종에 1.1%, 로부스타종에 약 2%, 인스턴트 커피에 3~6% 들어 있으며 쓴 맛을 내고 떫은 맛은 탄산에 의한다. 향기는 볶음처리를 함으로써 생성되고 카페올 · 초산 · 에스테르류 · 아세톤류 · 페놀류 등으로 이루어져 있다.

커피의 종류는 대부분 아라비카 종이며, 이 경우 품종명은 쓰지 않고 산지나 출하지명을 쓰고 소량품종은 생산지명과 품종명을 함께 사용한다. 커피는 80%를 라틴아메리카에서, 그중 50%가 브라질에서 생산된다. 브라질산은 순한 맛이 특징이고 산토스, 미나스, 리오, 빅토리아 등이 유명하다. 그 다음이 콜럼비아인데 메델린, 보고타, 아르베니아 등이 있고, 베네수엘라산은 원두가 크고 향도 좋은데 카라카스, 다치라, 마라가이브 등이 있다. 멕시코산은 베라크루츠, 오리자바, 코르도바 등으로 상쾌한 신맛을 낸다. 과테말라 커피는 고산지대의 아라비카종과 저지대의 부르봉종이 있으며 산미가 강하고 향이 좋다. 섬전체가 1,000~2,500m의 고지대인 자메이카산 커피는 블루마운틴이라고 하는데 단맛 · 신맛 · 쓴맛이 조화를 이룬 최고의 제품으로 꼽힌다. 이와 같이 산지에 따라 특징이 있어 어떤 것은 직접 이용으로 쓰이고 또 어떤 것은 배합용으로 쓰인다.

[표 7-5] 커피 추출물과 커피박의 화학적 조성 [단위 : %]

성 분	생 두	백전두	추출물	커피막
탄수화물	8.0	1.5	35.0	65
(갈변물질)			15.0	-
지방질(지방산포함)	11.5	13.0	0.2	18
단백질(아미노산포함)	13.0	14.0	4.0	15
회분(산화물)	4.0	5.0	14.0	-
산(비휘발성)				-
Chlorogenic	6.0	4.0	13.0	-
Caffeic			1.4	-
Quninic			1.4	-
기타			3.0	-
Trigonelline			3.5	미량
카페인	1.5	1.5		
Arabica			3.5	미량
Robusta			(7.0)	
페놀(추정)			5.0	
휘발성물질			1.1	미량
건조 전 - 산·정유			(1.0)	미량
엑기스	17.0	29.5		
섬유질	28.0	29.0		

커피콩은 연록색인데 볶으면 갈색으로 변하고 이때 여러 가지 향미 성분이 생성된다. 이 볶은 커피를 갈아서 끓여 추출한 것을 원두커피라 하고 추출된 커피를 건조하여 뜨거운 물에 타먹는 것을 인스턴트커피라 한다. 지금은 인스턴트커피에 설탕과 프림을 한데 섞어 포장한 커피믹스 제품이 가장 많이 시판되고 있으며 통조림으로 만든 캔커피도 팔리고 있다.

카카오(Cocoa Tree, Cacao, Theobroma cacao L.)는 열대 아메리카가 원산지로써 벽오동과에 속하는 목본식물의 꼬투리에 20~40개의 콩이 들어 있는데 열매를 따서 1~2일 방치 후 쪼개서 과육은 제거하고 건조한 것을 볶아서 지방을 제거하여 분쇄한 것이 코코아이고 기름을 짜지 않고 설탕과 분유를 첨가하여 만든 것이 초콜릿이다.

콜라(Cola, *Erythroxylon cocoa Lam*)는 남아프리카 · 서인도제도 등 열대 상록교목으로 잎에 2.5%의 정유성분이 들어 있고 이 추출액에 계피유 · 레몬유 · 오렌지유 · 바닐라 등의 향신료와 정유를 가하여 콜라음료를 만든다.

호프(Hop, *Humulus lupulus L.*)는 지중해 원산으로 숙근성의 덩굴성 식물로서 10세기 이전부터 맥주 제조에 이용되었다. 수확한 꽃봉오리에 들어 있는 루푸론(lupulon)과 휴물론(humulon)은 독특한 쓴맛을 내며 가열하면 쓴맛이 더욱 강해진다. 호프에 들어 있는 탄닌은 발효액의 단백질을 침전시켜 양조액을 맑게 하고 수지는 젖산 발효 및 그 밖의 미생물 번식을 억제한다.

6. 산나물류

옛날부터 산이나 들판에 자라는 식물의 잎이나 뿌리 또는 줄기를 데쳐서 양념을 한 나물류로 가공하여 이용해왔다. 계절 따라 나오는 채소류는 독특한 향이나 건강기능성분들이 들어 있어 식욕을 돋구고 건강에도 좋으며 조리가 간단하여 즐겨 이용되고 있다.

산야에 자생하는 것을 이용하였으나 지금은 재배하여 대량 생산하여 이용되고 있다.

고사리은 다년생 양치식물로 우리나라 전역, 특히 한라산일대에 많이 자생하고 있다. 이른 봄에 나오는 순을 물에 담가 유해물질을 제거한 후에 나물을 무쳐 식용하거나 국을 끓이는데 쓰인다. 고사리는 치아 · 뼈의 강화 · 이뇨 · 해열 · 자양강장 · 소염작용이 있다고 한다.

고사리와 비슷한 고비는 낮은 산, 숲 또는 시냇물에 자라는 다년생 초본으로 봄철의 연한 잎을 고비라고 하는데 고사리처럼 삶아서 식용한다. 도라지는 다년생초본으로 뿌리의 껍질부분을 벗기고 아린 맛을 우려낸 다음 식용 또는 약용으로 사용한다. 꽃의 색과 모양에 따라 흰도라지 · 겹도라지 · 흰겹도라지 등이 있다. 사포닌 성분이 용혈작용을 하고 진해 · 거담 · 부스럼 · 이질 · 소화 · 궤양 · 염증 등에 효과가 있다.

더덕은 숲속에 자라는 다년생 덩굴 식물로서 뿌리에 특유한 향이 있어 식용 또는 약용으로 쓰이는데 약용으로는 정장 · 강장 · 해독 · 기관지염 · 거담 · 용혈 · 항생 · 항암 · 향균작용에 효과가 있다.

가장 널리 이용되는 **쑥**은 다년초로서 어린잎은 독특한 향기와 푸른 색소가 미각을 돋운다. 손발이 저릴 때나 경련 · 치질 · 출혈 · 속쓰림 · 신경통 · 냉증 · 설사 · 고혈압 · 향균 ·

항암 등의 민간요법에 이용된다.

쑴바귀는 국화과의 다년초로서 이른 봄에 뿌리채 뽑아서 나물이나 국을 끓이는데 이용된다.

두릅나무는 두릅나무과의 낙엽관목으로 이른 봄에 싹이 튼 어린 순을 잘라서 산채로 이용한다. 두릅은 당뇨·위장병·건위 등에 효과가 있고 뿌리의 껍질은 강심·저혈압·이뇨·진통·위궤양·위암 등에 효과가 있다.

달래는 다년초로서 뿌리와 더불어 연한 잎줄기를 식용한다. 달래는 불면증 · 신경안정 · 자궁출혈 · 위암 · 건위 · 정강 · 해열 · 항균작용에 효과가 있다.

그 밖에도 많은 산채들이 있다. 이들은 대부분 인공으로 재배하여 대량 생산하고 있는데 자연산이 향기가 강하여 선호하고 있으며, 생채소가 좋지만 장기 저장을 위해서 말려 둔다.

CHAPTER

08 식육류

1. 서론

우리 인간은 약 12,000년 전까지 야생의 곡식과 열매 등을 식량으로 이용하여 왔으나 야생동물들이 들판 곡식에 피해를 주므로 인간은 식량 확보에 위협을 받게 되었다. 이에 인간은 짐승을 몰살하든지, 특정지역에 짐승의 침입을 막든지, 짐승을 인간의 지배하에 두는 방법 중에 하나를 선택하게 되었다. 즉, 가장 유익한 방법인 곡식과 고기를 동시에 확보하는 방법을 터득하게 되었다. 야생짐승 중에서 양과 염소는 군거성이면서 순하므로 가장 길들이기 쉬웠다. 양은 기원전 9,000년경 이라크와 루마니아 등지에서 가축화하였다. 돼지는 가축화 중 세 번째로서 기원전 7,000년 경 인간이 먹다 남은 음식인 견과류, 고기조각, 곡식 등으로 키울 수 있고, 고기와 돼지기름과 털을 이용할 수 있었다. 소는 기원전 6,000년 경 터키 지역에서 가축화하였는데 소는 힘이 세고 성질이 거칠었으므로 가축화가 느렸다.

인류는 수십만 년 동안 음식을 날로 먹어왔다. 불의 사용으로 요리법이 발전하여 왔는데, 가열로 난용성의 식품이 가용성으로 변하여 소화가 쉬웠고, 식품의 영양가와 흡수율이 향상되었으며 결과적으로 인간의 건강을 증진시켜 수명이 연장되었다. 미국의 인류학자인 칼턴 쿤에 의하면 "요리법의 도입은 원초적 동물상태의 인간을 보다 완전한 인간으로 만드는데 결정적인 요인이 되었다."고 하였다. 한편 식육의 섭취는 인간의 건강과 식생활 문화를 크게 향상시켰는데 식육이란 식품으로 사용하기에 적합한 동물의 조직을 말하며, 이들 조직을 사용하여 만들어진 모든 제품이 식육에 포함된다. 식육류는 다음과 같이 분류 할 수 있다.

① 수육류(meats) : 쇠고기, 돼지고기, 양고기 등이 대부분 이용된다.
② 조육류(poultry meats) : 닭, 오리, 칠면조, 거위 등의 살을 이용한다.
③ 야생동물의 육류 : 사냥 등으로 얻어지는 야생동물의 육류를 이용한다.

좁은 의미에서의 식육은 식용되는 가축 · 가금 등을 도살하여 불가식부를 제거하고 먹을 수 있게 처리한 부분을 말하는데, 주로 동물과 날짐승의 골격근으로 넓은 의미로는 혀 · 꼬리 · 내장도 포함된다.

우리가 먹는 식육은 가축을 몇 단계의 가공을 거쳐야 한다. 즉, 식육을 얻기 위해서 도살되는 가축은 먼저 절식으로 안정을 시킨다. 가축을 안정시킨 상태에서 도살하면 근육 중의 글리코겐이 분해되어 pH가 내려가 미생물의 번식을 억제하는데, 도살 전에 피로하면 글리코겐이 소모되어 보존성이 좋지 않고 육질도 나빠진다.

가축이 도축장에 도착하면 도축검사(屠畜檢査)를 행한다. 도축은 인체에 해로운 질병이나 기생충 등이 없어야 하며, 축산물 가공처리법에 의하면 검사를 받지 않은 고기는 판매하지 못하도록 규제하고 있다.

검사에는 생체검사와 도체검사가 있는데, 생체검사는 도살 2시간 전에 도축장에서 실시하며 성별 · 나이 · 털색 · 품종 등을 확인함과 동시에 건강여부를 검사하고, 도체검사는 도체(屠體) · 혈액 · 임파선 · 내장 등의 상태 파악과 기생충의 감염 유무 등을 검사한다.

검사 후 도살(屠殺)을 하는데, 도살방법에는 타액법 · 전기충격법 · 피스톨법 · 탄산가스법 등이 있다.

① 타액법(knocking) : 앞이마를 강타하여 실신시키고, 경동맥을 절단하여 방혈시킨다.
② 전기법(electrical shut) : 고압전기로 감전 실신시켜 방혈한다. 주로 돼지에 이용한다.
③ 피스톨법(bolt pistol) : 화약의 폭발에 의하여 철간(bolt stem)이 순간적으로 돌출되어 앞이마를 천공시키고 뇌조직을 파괴하게 되어 실신시킨다.
④ 탄산가스법(CO_2 gas) : 주로 돼지에 사용하는 방법이며 가스실의 하부에 돼지를 통과시켜서 중독 실신하면 방혈시킨다.

어느 방법이든지 가축에 고통을 최소화하고 방혈이 잘 되도록 해야 한다. 도체는 경동맥을 잘라 3~5분간 방혈을 하고 박피 후 내장을 제거한다. 이어서 머리 · 가죽 · 내장 · 다리의 끝부분을 제거하고 척추를 중심으로 양쪽으로 갈라 물로 씻는다. 이때까지의 도체는 따뜻하여 열도체(hot carcass)라 하고 0~1℃의 냉장실에서 육류의 중심부가 3℃ 정도가 되도록 냉각한 것을 냉도체(cold carcass)라 한다. 돼지의 경우는 소와 대체로 비슷하게 처리하지만, 도체를 63~65℃의 온탕에 넣어 탈모한 다음 가죽을 도체에 포함시키는 것이 다르고 닭의 경우도 마찬가지이다.

이상과 같은 처리로 가공된 도체를 생체 중에 대한 백분율로 나타낸 것을 도살률(dressing percentage)이라 하고, 도체로부터 뼈를 발라낸 나머지의 가식부를 정육이라 하며, 그 비율을 정육률(lean meat percentage)이라 한다. 가축별 해체비율을 보면 [표 8-1]과 같다.

[표 8-1] 각 가축의 해체성적표

[단위 %]

부위 \ 가축	소(비육)	말	돼지	면양	토끼
도 체*	53.775	51.25	57.16	45.50	49.04
머 리*	3.763	4.08	5.66	4.40	6.47
꼬 리	0.189	0.22	0.01	–	0.61
가죽털	8.727	5.37	2.87	13.30	14.18
혈 액	3.012	3.23	3.56	4.30	2.34
다리끝	1.435	2.47	–	1.30	2.78
내 장*	29.878	31.11	28.20	28.20	22.79
감 량	12.542	2.00	3.66	3.02	0.72

※도체 : 정육, 지방, 뼈, 콩팥　　머리 : 혀, 뼈.
내장 : 식도, 인두기관, 염통, 허파, 간, 이자, 지라, 밥통, 대장, 소장, 생식기, 방광, 지방조직

도체를 취급하기 간편하게 절단하는 정도에 따라 전도체 · 반도체 · 4분체 등으로 불리며, 또 용도에 따라 세분하는데 그 명칭은 [표 8-2]와 같다.

도체는 부위나 육질에 따라 품질이 현저히 다르므로 면밀한 검사를 거쳐 등급을 매기는데, 쇠고기는 근육내의 지방분포 · 육색· 지방의 색· 조직간의 성숙도 등을 검사하여 육질 등급을 1등급, 2등급, 3등급 및 등외로 구분하고, 한편 돼지고기의 경우는 육질과 육량을 종합하여 A · B · C · D · E 등급으로 구분한다. 고기는 등급에 따라 가격 차이가 많아서 등급 심사는 고도로 숙련된 검사원이 해야 한다.

[표 8-2] 고기의 부위별 구분 및 종류

구분	대분할 부위명	소분할 부위명
쇠고기	안 심	안심살
	등 심	윗등심살, 아랫등심살, 꽃등심살, 살치살
	채 끝	채끝살
	목 심	목심살
	앞다리	꾸리살, 갈비덧살, 부채살, 앞다리살
	우 둔	우둔살, 홍두깨살
	설 도	보섭살, 설깃살, 도가니살
	양 지	양지머리, 업진살, 차돌박이, 치마살
	사 태	아롱사태, 뭉치사태, 앞사태, 뒷사태
	갈 비	갈비, 마구리, 토시살, 안창살, 제비추리
	10개 대분할	29개 부위
돼지고기	안 심	안심살
	등 심	등심살
	목 심	목심살
	앞다리	앞다리살, 사태살
	뒷다리	볼기살, 설깃살, 도가니살, 보섭살, 사태살
	삼겹살	삼겹살, 갈매기살
	갈 비	갈비
	7개 대분할	13개 부위

고기의 빛깔은 동물에 따라 다르며, 같은 고기라도 나이가 들수록 연한 색에서 어두운 색으로 바뀐다. 육색을 결정해 주는 요인으로는 동물의 종류나 나이 이외에도 고기에 들어 있는 지방의 함량과 빛깔에 따라 좌우되며, 이는 사료의 종류에도 영향을 받는다.

뼈의 발육은 도체의 나이를 감별하는 데에 중요한데, 반도체로 하는 경우 척추가 노출되기 때문에 그 단면을 보고 발육상황을 판단할 수가 있다. 고기의 굳기(firmness)는 주로 지방의 종류 · 함량 · 분포에 따라 결정된다.

지방이 많으면 상대적으로 수분 함량이 적어서 굳기가 세며, 유상(油狀)의 지방이 많으면 좋지 않다. 또 지방이 근육내에 고루 분포되는 상강도(霜降度, marbling degree)는 소의 경우 비육상태를 나타내므로 매우 중요하다. 이는 피하지방이 콩팥지방보다 발달이 늦어서 어느 정도 비육이 된 후에야 나타난다. 이 상강육은 불고기를 할 경우 지방이 용출되어 근육을 둘러쌈으로써 맛을 내는 수용성 성분의 손실을 막고, 열의 전도체로 작용하여 가열을 고르게 해준다.

도체의 등급을 결정하는 기준은 나라마다 각각 다르나, 도체의 전체적인 외형은 균형이 잡혀 궁둥이 · 어깨 · 갈비 등이 발달하고 풍만해야 하며, 지방의 함량과 분포에 의해서 결정되는 비육도가 적합해야 한다. 또한 색 · 굳기 · 뼈의 발육상태 등 육질이 좋아야 한다.

쇠고기의 경우, 외형·성숙도·육질 등에 따라 등급을 매기는데, 미경산우(未經産牛) 및 거세우의 고기가 품질이 좋으며, 육질은 주로 상강도에 의해서 결정된다.

돼지고기의 경우, 가공을 기준으로 하여 등급이 결정되는데, 살코기의 양이 많고 일정량의 지방이 함유된 것이 좋다. 지방 함량의 측정은 생체의 경우 등지방 측정법으로, 도체의 경우는 등지방의 두께로 각각 측정한다. 또한 도체의 길이는 살코기의 양과 관계가 있어서 길이를 측정하기도 한다.

2. 식육의 성상

식육의 조직은 크게 세 가지 부분으로 구분할 수 있다. 즉, ① 근육조직, ② 골격조직, ③ 지방조직 등이다. 이 중에서 근육조직이 육류로서 식용에 사용된다. 이 근육조직은 근육섬유조직과 결체조직으로 구분되며, 결체조직의 함량이 많아짐에 따라 육질이 질겨지고 소화율도 떨어지며 육류의 가치도 떨어진다.

1) 근육조직

근육은 근섬유(筋纖維, muscle fiber)의 기능에 따라 횡문근(橫紋筋), 평활근(平滑筋) 및 심근(心筋)으로 나눈다. 식육으로 이용되는 것은 횡문근이며 근육은 주로 이것으로 되어 있다.

횡문근은 근섬유 · 결체조직 · 지방세포 · 힘줄 · 혈관 · 신경조직 · 임파 등으로 구성되어 있고 그 중에서 근섬유가 가장 많다. 신선한 고기를 강하게 압착하면 60~80% 가량의 즙액이 나오는데, 이것을 육장이라 하고, 남은 고형물을 육기질이라 한다. 육기질이 많은 고기는 대개 질기다.

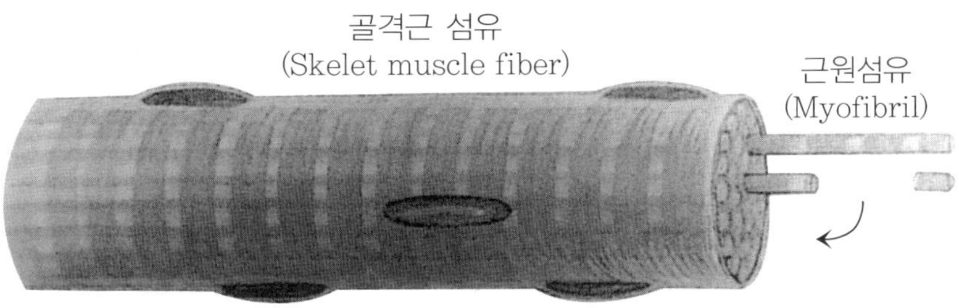

[그림 8-1] 근섬유의 구조

2) 결체조직

거의가 섬유질로 몸 전체에 분포하여 조직이나 장기(臟器)사이의 빈틈을 채우고 근섬유 및 지방조직을 싸며 근섬유 속을 묶어 그 말단을 건(腱, 힘줄)에 의해서 골격과 연결하는 등, 근육과 다른 조직을 연결하거나 기관의 위치를 고정 보호하는 구실을 하고 있다. 결체조직이 모인 것이 이른바 근육의 섬유이며, 육안으로도 쉽게 볼 수 있다.

결체조직의 성분은 경(硬) 단백질인 콜라겐(collagen)을 비롯하여 엘라스틴(elastin) · 무신(mucin) · 무코이드(mucoid) 등의 단백질을 주성분으로 함유하고 있어서 질기다. 엘라스틴은 탄력성 섬유인데 인대(靭帶)나 혈관 벽의 주성분으로 콜라겐보다 매우 질기고 딱딱하며 식용으로는 적합하지 않다.

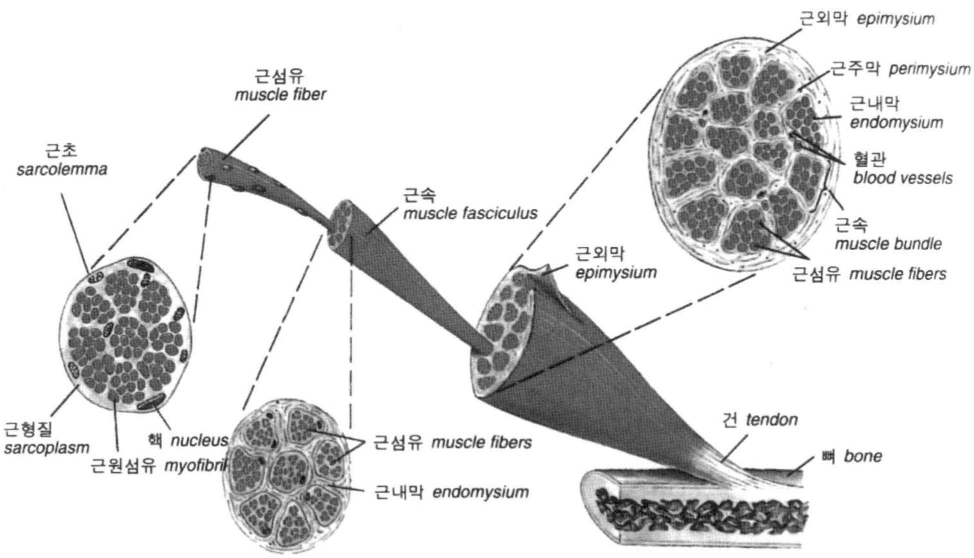

[그림 8-2] 근육단면의 구조
(최종적으로 근외막이 싸는 단위를 근육이라고 한다.)

3) 지방조직

지방조직은 지방구를 갖는 지방세포가 모여서 결체조직으로 쌓여 이루어져 있다. 지방조직은 어느 곳에나 산재하며, 특히 피하 · 내장중(內臟中) · 신장 주변과 근육간층(筋肉間層)에 많이 분포되어 있다.

비육(肥肉)한 가축에서는 지방이 근육 중에 침강(沈降)하여 대리석 무늬의 고기를 형성하여 고기의 풍미와 가치를 높여준다. 이러한 지방조직은 원래 결체조직이 특이적으로 분화한 것으로 영양분 흡수가 필요량을 초과하면 나타나는 현상이다.

3. 식육류의 성분

식육의 화학적 조성은 고기의 종류 · 품종 · 연령 · 성별 · 사료 · 비육도(肥肉度) · 부위 · 도살 후의 경과 시간 · 저장조건 등에 따라 차이를 보일 수 있다. 또 고기의 지방 함량 에 따라 성분의 비율은 달라진다.

대체로 식육의 성분은 60~80%가 수분이고, 이 수분을 제외하면 단백질이 주성분으로서 고형분의 70~80%를 차지한다. 단백질에 이어서 중요한 것은 지방으로, 피하·내장 · 근육 등 침착하는 부위에 따라서 성상이 다르다. 고기에는 소량이지만 글리코겐(glycogen) · 포도당 등 탄수화물이 들어 있으며, 그 일부는 단백질과 결합하여 당단백질의 형태로 존재한다. 글리코겐은 신선한 고기에 들어 있는데, 특히 말고기에는 2.3%나 들어 있다.

간장에는 섭취한 당이 글리코겐의 형태로 들어 있어서 근육에 비하면 훨씬 많은 편이다. 식육의 지미성분으로서 약 2%의 가용성 고형물이 함유되어 있다.

고기를 오랫동안 삶을 때 열탕에 녹아 나오는 물질 중에는 특히 유기염류가 많다. 지미성분에는 이노신산(inosinic acid) · 크레아틴(creatin) · 메칠구아니딘(methylguanidin)·카노신(carnosine) · 콜린(choline) · 퓨린(purin)류 · 글루탐산(glutamic acid) 등이 들어 있다. 무기질은 1.0%~1.5%로 적지만, 이온의 형태 · 무기화합물의 형태 · 단백질과 결합된 형태 등으로 들어 있다. 특히 K · S · P이 많고 Ca은 적으며, 비타민은 A · B_1 · B_2 · 나이아신 등이 함유되어 있고 이 중 비타민 B군이 많아서 고기의 비타민은 비교적 안정성이 높다.

소화율은 고기의 품질에 따라 다소 다르지만 대략 95%로 높으며, 조리법에 따라서도 약간의 차이는 있지만 그리 큰 차이는 없다. 예를 들면, 소고기 고형분의 경우 생육은 94.0%, 버터구이 75.5%, 소금 절인고기 94.3%, 불고기 95.2% 정도이다. 이들 각종 식육류의 일반 성분을 보면 [표 8-3]과 같다.

[표 8-3] 식육류의 일반 성분

[가식분 100g 중]

식품명	열량	수분	단백질	지질	당질	회분	Ca	P	Fe	비타민				
	cal	g	g	g	g	g	mg	mg	mg	A IU	B_1 mg	B_2 mg	C mg	니아신 mg
쇠고기(보통)	133	72.9	22.1	5.7	0.3	1.0	6	210	3.0	10	0.06	0.08	2	5.0
쇠고기(多脂)	259	59.5	19.2	20.2	0.2	0.9	4	79	2	20	0.06	0.05	1	4.0
쇠고기(곱창)	174	69.0	18.1	10.8	1.2	0.9	5	212	4.8	100	0.20	0.20	5	6.1
쇠고기(간)	118	73.1	19.8	3.4	2.1	1.5	5	318	10.1	1,500	0.30	2.10	30	12.0
소선지(혈액)	36	91.5	8.4	0.2	-	0.5	25	90	11	-	-	-	-	-
돼지고기(보통)	125	72.4	20.7	4.6	0.2	1.1	4	218	3.0	10	0.95	0.11	0	5.0
돼지고기(多脂)	408	46.0	14.1	39.0	0.1	0.8	5	140	1	10	0.25	0.06	1	3.0
돼지고기(간)	125	72.8	19.5	4.4	1.8	1.5	6	370	16	1만	0.40	2.20	10	17.0
말고기	119	73.6	20.5	3.7	1.0	1.2	4	200	-	20	0.10	0.10	2	3.5
양고기	138	74.4	16.4	8.0	-	1.2	7	210	-	0	0.15	0.20	2.5	5
벳돼지고기	142	74.1	16.8	8.3	-	0.8	12	120	-	10	0.39	0.11	4	4.0
집토끼고기	123	71.9	23.4	3.3	-	1.4	5	300	7	0	0.30	0.10	2	5.0
산토끼고기	138	74.3	16.9	7.8	-	1.0	7	350	-	0	0.30	0.10	-	-
닭고기	126	73.5	20.7	4.8	-	1.3	4	302	-	40	-	-	0	5.0
영계고기	115	72.1	24.9	1.7	-	1.3	11	-	-	230	0.09	0.15	0	10.0
꿩고기	141	65.4	31.3	1.7	-	1.6	6	310	-	9	0.08	0.16	0	-
참새고기	125	71.0	20.8	4.3	-	3.7	854	1,532	23	1	0.10	0.13	-	-
개고기	107	76.8	19.3	3.0	-	1.1	10	550	-	-	-	-	-	5-
사슴고기	103	78.0	19.5	2.5	-	1.2	220	120	-	-	-	-	-	-
고래고기	298	54.7	22.0	22.5	0.3	0.5	8	21	2	-	-	-	0	5.0
햄	165	68.8	16.1	10.7	0	4.4	7	210	2.6	0	0.09	0.08	0	4.0
베이컨	648	22.6	5.5	69.2	0	2.7	5	140	-	0	0.85	0.17	0	4.0
소시지	272	58.1	13.0	22.6	4.2	3.6	16	295	1.9	0	0.30	1.13	0	4.0
설렁탕국물	14	96.3	1.6	0.8	-	1.2	13	34	12	-	-	0.10	-	-

1) 단백질

식육의 단백질은 15~25% 정도로서 고형물의 80% 정도를 차지한다. 식육단백질은 근육 조직에 있어서의 구성 위치나 각종 염류용액에 대한 용해도에 따라 육장 단백질과 육기질 단백질로 나누고, 육장 단백질은 다시 섬유상 단백질과 구상 단백질로 나눈다. 일반적으로 섬유상 단백질의 함량은 큰 차이가 없고 약 50%로 거의 일정하다. 육장 단백질에서 섬유상 단백질은 근원섬유에 존재하는 단백질로서 육기질과 함께 근육 구조 단백질이라고 부르며, 살아 있는 근육에서의 수축, 수분의 유지, 결착성 및 사후경직(死後硬直) 등과 관계가 있다.

[표 8-4] 식육류 단백질의 필수 아미노산 조성 (총 질소 1g당 mg)

고기류 / 아미노산	쇠고기	돼지고기	닭고기	양고기	토끼고기	말고기
tryptophan	73	87	76	81	-	63
threonine	276	290	266	286	304	244
isoleucine	327	321	330	324	322	406
leucine	512	460	452	484	487	590
lysine	546	513	549	506	541	625
methionine	155	156	163	150	161	175
phenylalanine	257	246	246	250	236	238
valine	347	325	307	308	304	313
arginine	403	383	393	407	350	-
histidine	217	216	180	174	141	-

2) 지방질

고기의 향미와 깊은 관계가 있는 것은 지방이며, 근섬유세포에 가까운 곳에 침착시킨 지방은 상강육을 만든다. 근육 중의 지방은 먼저 바깥쪽의 외근초(外筋鞘)에 침착하고, 이어서 내근초(內筋鞘)의 내부에 미친다. 지방의 성상을 보면 영양상태를 어느 정도 알 수 있다. 고기 중의 지방 함량은 수분 함량과 반비례하며, 일반적으로 암컷이 수컷보다 지방이 많다.

지방의 물리화학적 성질은 고기의 맛이나 감촉과 깊은 관계가 있어서 돼지지방이 소지방(牛脂)보다 감촉이 좋은 것은 융점이 낮고, 인간의 체온과 비슷하기 때문이다. 지방의 굳기는 사료에 따라서 좌우되는데, 탄수화물이 많은 사료를 먹이면 지방이 굳게 되고 지방이나 단백질이 많은 사료의 경우는 연해진다. 보리 · 밀기울 · 감자 등은 황색을 띤 지방을 만든다. 고기의 지방은 77% 이상이 중성지질(triglyceride)이고, 주요 구성지방산 중 포화지방산은 팔미트산(palmitic acid) · 스테아르산(stearic acid) 등이 있고 고급 불포화지방산은 리놀레산(linoleic acid) · 리놀렌산(linolenic acid) · 아라키돈산(arachinodnic acid) 등의 지방산 함량은 동물의 종류에 따라서 다르다.

고기의 지방에는 불검화물이 적고 요오드값이 40~80이며, 일반적으로 근육조직에는 전체 지방질의 약 5~10%정도의 인지질이 함유되어 있다. 지방은 식육의 결체조직에 저장되어서 지방조직을 이루고 있는 축적지질과 근(筋)세포를 구성하는 조직지질로 되어 있는데, 그 함량은 동물의 종류 · 성별 · 사육의 환경 · 사료 · 연령 등에 따라 차이가 난다. 일반적으로 암컷은 수컷보다, 겨울에는 여름보다, 또 성숙한 것은 어린 것보다 지방함량이 많고, 특히 돼지가 다른 동물보다 많다.

지방의 성질은 동물의 종류에 따라 다르고 지방의 융점에 따라 굳은 것과 연한 것이 있으며, 그것은 또 혀에 대한 미각과 느낌을 다르게 나타낸다. 지방분은 식육을 저장할 때에 산화되기 쉬우며, 따라서 육질의 품질에 악영향을 주는 경우가 많다.

3) 탄수화물

탄수화물 함량은 생육상태에서 약 0.5~1.0% 정도로 함유되며, 주로 글리코겐으로 존재하고, 근육 중에서는 유리형 글리코겐과 단백질이 약하게 결합된 결합형 글리코겐의 형태로 존재한다. 그리고 글리코겐은 도살 직후에는 해당작용(glycolysis)으로 짧은 시간 내에 감소되므로 입에 들어갈 즈음이면 거의 함유되어 있지 않다. 그 밖에 포도당 · 과당 · 갈락토스(galactose) 등이 함유되어 있다.

4) 무기질과 비타민류

식육 중의 무기질 함량은 대체로 1% 내외이고, 동물 사이에 별 차이가 없다. 그런데 칼륨 · 인 · 유황이 비교적 많고 칼슘이나 마그네슘은 비교적 적은 편이다.

비타민은 대체적으로 함량이 적은데 비타민 A는 함유량이 적고 B군이 비교적 많은 편이다. 특히 돼지고기에는 비타민 B_1이 다른 고기보다 훨씬 많이 함유되어 있고, 부위에 따른 차이도 별로 없다. 그러나 내장 특히 간장 등에는 비타민류의 함량이 커서 비타민의 보고라고 할 수 있다. 무기질 중 P와 S가 많기 때문에 강한 산성식품으로 분류한다.

따라서 육류를 사용 시는 육단백질과 지방이 대부분이므로 비타민류 · 탄수화물 · 염류의 보충을 위해서 채소류 · 곡류 · 식염을 같이 섭취해야 한다. 또한 유독한 아민(amine)류를 생성하여 혈액 중에 들어가면 중독을 일으키기도 하고, 입냄새를 나쁘게 하므로 채소류 · 과일류 등을 같이 섭취하는 것이 좋다.

4. 식육의 사후경직과 숙성

도살 후에 일어나는 반응과 변화는 생명을 유지하려는 동적 평형과 직접 관계가 있고, 도살 전의 조건이 사후경직 변화와 식육의 품질에 영향을 미친다는 점에서도 중요하다. 도살 후의 첫 단계에서는 가능한 한 혈액을 제거해야 하는데, 이때는 격렬한 스트레스가 오며, 혈압이 떨어지자마자 순화기 계통의 혈액을 기관에 유지하려 한다. 심장의 고동은 증가하고 말초혈관은 혈압을 유지하기 위해서 수축하므로 겨우 50%의 혈액만을 근육으로부터 제거할 수 있다.

한편, 혈액은 미생물 번식의 아주 좋은 영양원이 되기 때문에 미생물의 번식을 억제하기 위해 도살과정에서 혈액의 제거는 필수적이다.

동물은 죽으면 근육 중의 여러 효소의 작용으로 근육 성상에 여러 변화를 일으키는데, 그 중에서 처음에 일어나는 것은 근육이 수축하여 경직된다. 이런 현상을 사후경직(死後硬直, rigor mortis)이라 한다. 그 다음 현상으로는 경직이 풀려 연화되고, 자체의 분해효소에 의해 분해되는 현상이 일어나는데 이런 현상을 자기소화라고 한다.

1) 사후경직

방금 도살된 고기는 휴식하는 생육과 흡사하나, 시간이 경과하여 근육 중의 글리코겐이 분해되어 젖산이 생성되면 pH는 산성 쪽으로 기울게 되고, 산성에서 활성화되는 ATPase에 의해서 인산이 생겨서 더욱 산성으로 된다. 그러면 미오신(myosin)과 액틴(actin)이 결합하여 글리코겐이 생성되어 경직을 일으킨다.

경직이 시작되는 시간이나 경직이 최대로 되는 시간은 동물의 종류 · 도살 전의 상태 · 온도 등에 따라 다르다. 온도가 높으면 빠르고, 온도가 낮으면 늦게 나타나며, 도살

전에 운동량이 많아서 근육 중에 젖산량이 많은 것은 경직이 빨리 온다. 일반적으로 최대 경직이 일어나는 시기는, 수산물이 1~4시간, 소와 말 12~24시간, 돼지는 3일, 가금은 6~12시간 정도이다.

2) 숙성

경직된 고기는 가공 조리하여도 질기고 맛이 나쁘며, 소화도 잘 되지 않는다. 경직 기간이 지나면 경직이 풀려서 연화(軟化)되는데 이런 현상을 경직해제(rigor off)라고 한다.

pH 5.4 이하의 산성이 되면 젖산의 생산은 중지되고 이 산성 때문에 단백질은 서서히 응고현상을 일으키며, 산성에서 활성이 최적이 되는 단백질 분해효소가 작용하여 단백질 분해가 시작된다. 이와 같이 자체의 효소에 의하여 분해되는 현상을 자기소화라고 하며, 이 현상에 의해 가용성 단백질 · 각종 아미노산 · 펩티드 등 수용성 질소 화합물이 증가하여 고기가 연해지며 맛이 좋아져서 식용에 적합하게 된다. 이와 같은 과정을 숙성(熟成, aging)이라고 한다.

쇠고기 중에는 안심고기가 가장 연하며, 그 다음은 등심고기로 쇠고기의 숙성은 이를 기준으로 실시되는데, 특히 돼지고기와 송치고기는 연하기 때문에 숙성을 시키지 않는다. 고기의 숙성을 보다 적극적으로 실시하는 방법으로는 콜라겐 등의 결체조직 단백질을 분해하는 효소인 파파인(papain) · 브로멜린(bromelain) · 피신(ficin) 등 식물성 효소와 미생물, 단백질분해효소(protease) 등을 표면에 살포하여 연화시킨다. 온도가 높으면 숙성은 촉진되나, 미생물이 번식하기 쉬우므로 이를 억제하기 위하여 살균 등을 사용하기도 한다. 살균 시에는 13℃에서 5일, 15.5℃에서 3일, 29℃에서는 5일 동안에 숙성이 끝나며, 짧은 시간에 숙성되므로 감량이 적고 빛깔의 변화를 방지하며 균일하게 조직이 연화된다. 그밖에 올리브유·레몬즙·소금 등을 혼합한 연화제(tenderizer)를 마리네이드(marinade)라 하며, 이를 고기 표면에 뿌리면 공기의 접촉을 피해 수분의 증발이나 변색을 막을 수 있다.

5. 식육의 변패

식육은 자가효소에 의해서 분해되지만 미생물은 이들 분해생성물을 다시 영양물질로 이용한다. 미생물은 산소가 존재하면 단순한 펩티드나 아미노산을 최종산물로 생성하지만 산소가 없으면 황화합물이 분해되어 불쾌취를 발생하고, 비단백태 질소화합물을 분해하면 암모니아 등이 생성된다.

지방질 분해효소인 lipase는 지방질을 지방산과 글리세롤로, 인지질의 경우 질소염기와 인을 부수적으로 생성하는데 지방분해가 심하면 우지냄새나 흙냄새를 발생한다. 식육에는 탄수화물이 적으나 미생물은 이를 이용해서 유기산과 알코올을 생성한다.

이러한 성분 분해 이외에도 호기성의 세균이나 효모에 의해서 점질물의 생성 · 불쾌취 발생 · 변색 등을 일으킨다. 세균에 의해서 산화되면 미오글로빈과 옥시미오글로빈(oxymyoglobin)은 메트미오글로빈(metmyoglobin)과 기타 산화형의 색소물질로 바뀌어 회색 · 갈색 · 녹색 등으로 변한다.

곰팡이에 의해서는 고기 표면이 끈적끈적해지며, 각각 고유의 포자빛깔 때문에 여러 가지 빛깔을 나타내고 지방을 분해하여 산패취를 낸다. 호기적인 변패는 산소가 존재하는 표면에 한정되므로 표면의 고기만을 제거하면 이용할 수 있다. 고기의 내부에서는 혐기적인 변패가 일어나며, 이는 밀폐된 용기 내에서도 진행되어 산패·얼룩의 생성·부패 등을 일으킨다. 이런 유형의 변패는 혐기성, 통성혐기성 세균에 의해서 일어나고, 신맛이나 냄새 그리고 가스를 발생한다.

육류 중의 지방질은 효소작용 이외에도 산소에 의해서 자동산화가 일어나 저분자의 알데히드(aldehyde) · 산(acid) · 케톤(ketone) 등의 냄새물질을 생성한다. 식육을 가열 · 염류의 첨가 · 자외선 조사 · 산성화 · 표면건조 등에 의해서 회갈색 ~ 갈색의 메트미오글로빈이 생성되어 표면을 변색시킨다.

고기 표면이 건조되면 딱딱해지고 외관이 좋지 않으나 표면을 잘라내면 내부는 아무렇지 않다. 그러나 너무 마르면 향미에도 영향을 미친다.

도살한 식육을 충분히 냉각하지 않고 쌓아 놓거나, 냉각할 때 식육끼리 접촉하여 찬공기의 유통이 방해, 또는 도체의 저장방법에 미비한 점이 있을 때는 산성발효에 의해서 적동색(赤銅色)으로 되고 육질이 변화하며 황화(H_2S)가스를 발생하여 악취와 유해성 물질을 생성한다. 이와 같이 변질된 고기를 질식육(suffocated meat)이라 한다.

고기를 변패시키는 미생물 이외에도 인체에 해로운 미생물이 있으며, 특히 식중독 세균(*Clostridium botulinum, Staphylococcus aureus, Salmonella sp, Clostridium perfringens, Streptococcus faecalis*) 등이 육류에 오염되는 수가 많다.

선도가 저하되어 부패기에 가까운 식육을 먹는 것은 위험하기 때문에 옛날부터 여러 가지 선도 판별법을 사용해 왔다. 신선한 것보다 부패에 도달한 식육의 화학적 변화과정을 관찰함으로써 신선도를 알 수 있다. 가장 일반적인 선도판별법은 pH의 측정 · 아미노태질소 함량의 측정 등에 의한 화학적 판별법이다.

식육의 pH는 전술한 ATP나 젖산 등의 관계도 사후경직기 → 숙성기 → 부패기에 따라 변화한다. 즉, 도살 직후(살아있는 상태에 가까움)에는 pH가 중성(6.50)에 가까우나 사후경직에 의해서 pH는 산성이 강해지고, 그 후 점차 산성이 약해져서 부패의 초기에는 6.25로 내려가므로 pH의 변패 한계를 6.0로 하는 경우가 많다.

식육 숙성 중에는 아미노태질소가 증가되고 이것이 미각에 관여하는 것으로 생각되나 부패기에 가까워짐에 따라 그 함량이 증가한다.

즉, 시료 100g 중 아미노태 질소가 100mg이상이면 부패기에 들어갔다고 판정한다.

6. 식육의 저장과 가공

신선한 고기는 수분이 많고 영양분이 좋아서 미생물이 번식하기 좋다. 따라서 장기저장을 위해서는 냉동이나 기타 처리를 하지 않으면 안된다.

냉장은 고기를 빙점 부근의 낮은 온도에서 단기간 저장하는 방법으로, 고기가 얼게 되면 조직이 파괴되어 품질이 저하된다. 따라서 가급적이면 미생물을 억제할 수 있으면서 얼지 않는 온도가 바람직하다. 도체의 중심부가 0℃로 냉각되려면 부위에 따라 차이는 있지만 -2~-3℃의 낮은 온도에서는 72시간, 돼지나 양은 24~36시간이 필요하다.

식육을 냉각할 경우 냉동저장을 하면 그 온도가 빙점 이하로 낮아져서 고기 중 용액부분의 수분이 얼게 되며, 이때의 온도는 대략 -1.7℃가 된다. 동결저장 고기는 일단 -28~-30℃에서 얼린 다음 -18℃ 정도의 온도에서 저장한다.

이상과 같은 냉장이나 동결저장 중 품질 변화를 방지하기 위하여 동결된 도체표면에 빙막(氷膜, 氷依, glaze)을 입혀 외기에 접촉하지 않도록 함으로써 건조와 산화를 방지한다. 동결된 도체를 맑은 냉수에 담갔다 꺼내면 수분이 바로 얼어서 빙막을 형성하는데, 이것은 승화에 의해서 점차 없어지게 되므로 가끔 되풀이해서 빙막을 입혀 주어야 한다. 물 이외에 젤라틴, 녹말, CMC(soium carboxy methyl cellulose), 알긴산소다(sodum alginate) 등을 사용하거나 지방에 담그는 방법도 있다. 그 밖에 항산화제의 처리, 탄산가스 처리 및 방사선 살균 등을 이용하는 방법이 있으나 널리 쓰이지는 않는다.

식육은 변패되기 쉽고 유해미생물이 번식하여 식중독을 일으키기 쉬우며, 다른 식품재료에 비해서 가격이 비싸므로 유통과 저장 중에 각별한 주의를 해야한다.

육류는 저장성이 없기 때문에 냉장시설이 없었던 옛날에는 소금에 절여 저장하든지 태양열로 건조하던 것이 개선되어 각종 향신료나 발색제 등을 넣어 햄이나 베이컨을 만들게 되었다.

이들 제품의 공통적인 가공공정은 고기에 식염 · 질산염 · 조미료 · 향신료 등을 넣어 숙성시키고, 훈연을 하여 향을 부여함과 동시에 방부 · 건조처리 등을 하여 포장한 것으로 비교적 원형을 유지하며 보존성이 있게 조미를 하였기 때문에 먹기가 좋다.

[표 8-5] 식육의 냉장 표준

식육별	빙점[℃]	온도[℃]	습도[%]	기간
쇠 고 기	-1.7	0~1	88~92	1~6주
돼지고기	-1.7	0~1	85~90	3~7일
양 고 기	-1.7	0~1	85~90	5~12일
송치고기	-1.7	0~1	90~95	5~10일
토끼고기	-1.7	0~1	90~95	1~5일
생 선	-1.7	0~4	90~95	5~20일

[표 8-6] 식육의 동결저장 표준

식육별	빙점[℃]	온도[℃]	습도[%]	기간
쇠 고 기	-1.7	-18 ~ -23	90~95	9~12
돼지고기	-1.7	-18 ~ -23	90~95	4~6
양 고 기	-1.7	-18 ~ -23	90~95	8~10
송치고기	-1.7	-18 ~ -23	90~95	8~10
토끼고기	-	-18 ~ -23	90~95	6이내
돼지지방	-	-18 ~ -23	90~95	4~6
생선	-1.0	-18 ~ -23	90~95	8~10

1) 냉각육

도살 후의 체온은 37~38℃ 전후이므로 15℃ 내외까지 예비냉각을 시키며, 이때 작업실 온도 혹은 저장온도는 10℃ 이하로 유지하여야 한다. 이런 냉각은 동결냉장에 대해서는 예냉이 된다. 냉각냉장(0℃)에서는 바로 냉장온도까지 냉각하게 된다. 동결하지 않은 상태의 냉장된 고기로서 일반 식육점에서 볼 수 있는 저장으로, 이때 고기의 숙성이 진행된다. 이런 상태로의 저장은 약 10~14일 정도 가능하다.

2) 냉동냉장

냉동냉장은 4℃로 예비 냉각한 고기를 80~90%의 습도에서 -23~-40℃의 저온으로 2~3일 방치하면 고기 중심부에는 약 -10℃가 되는데 이것이 적당한 냉동냉장이다. 이때 동결속도가 빠를수록, 또 온도가 낮을수록 육질의 변화가 적은 우량 냉동육이 된다. 따라서 고기를 -10℃ 이하로 동결한 것을 냉동육이라고 하며, 고기를 냉각해 가면 그 액체부분은 -0.5 ~ -1.2℃에서 얼기 시작한다.

⊙ 동결방법

고기의 품질을 좌우하는 요인으로 고기를 급속하게 동결하면 근섬유 속과 세포간의 사이에 작은 얼음 결정이 생기게 되어, 근육의 조직에 큰 영향을 미치지 않고 해동(解凍)할 때에도 수분이 신속하게 세포에 흡수된다. 그러나 서서히 동결시키면 큰 얼음 결정이 생기므로 그것 때문에 조직이 기계적 손상을 받음으로써 세포막까지 피해를 입을 수 있다. 또 다른 조직의 손상은 세포의 탈수작용에 의한 탈수 건조가 일어나기 때문에 감량은 물론이고 건조된 부분이 갈변하게 되는데, 이 부분이 마치 화상을 입은 것 같다고 하여 냉동화상(freeze burn)이라고 한다. 냉동화상은 육색, 풍미, 조직 맛도 저하시킨다.

따라서 고기의 품질에 악영향을 주지 않게 하려면, 물의 최대 빙결정생성대(最大氷結晶生成帶), 즉 온도범위 -1~-5℃ 사이를 되도록 단기간(약 30분) 내에 통과시켜 -50° C에서 동결시키는 급속냉각법을 이용하는 것이 유리하다.

3) 해동(解凍)

동결할 때보다 효소적 변화가 더 잘 진행되며, 서서히 해동시키면 더욱 그러한 변화가 심하다. 해동할 때에는 고기의 액즙보지력(液汁保持力)이 떨어져서 즉 drip현상이 심해져서 품질에 악영향을 준다. 그래서 완만해동법이 이용되었으나 최근에는 고주파를 이용한 급속해동법이 우수한 것으로 알려져 있다.

⊙ 드립현상

동결식품을 녹일 때 식품에 흡수되지 못하고 흘러나오는 물이 생기는데, 이 현상을 드립현상이라고 하며 액을 드립(drip)이라고 한다. 드립이 유출되면 식품의 성분 중 수용성 성분, 즉 수용성 단백질·염류·비타민류 등이 빠져 나오고 풍미물질도 흘러나와 식품가치를 저하시키고 무게도 감소시키는 요인으로 작용하게 된다.

4) 칠드(chilled)육

냉동육과 냉각육의 중간 것으로 고기의 표면만을 동결시킨 것으로 저장성이 냉각육보다 좋아서 약 30여 일 정도가 된다. 대량으로 육류를 수출하는 호주·뉴질랜드·미국 등에서 이 방법을 쓰고 있으며, 이런 고기를 칠드육이라고 한다.

7. 식육류

1) 쇠고기

육용종의 비육암소 및 거세우(去勢牛)의 고기는 선홍색~적갈색, 특유의 향기를 가지며, 근섬유가 섬세하고 탄력이 있고 광택이 나며, 근육간에 백색지방을 함유하여 소위 상강(霜降)육을 형성한다.

늙은 소와 황소는 갈적색~암적색이며, 근섬유가 거칠고 다량의 질긴 결체조직을 함유하여 단단하고, 단면은 구리빛이 난다. 지방질의 빛깔은 황색을 띠고 양도 적어서 근육간에는 존재하지 않고 냄새가 강하다.

송치고기는 6개월 미만의 쇠고기를 말하고, 송아지고기(calf beef)는 6~9월의 것을 말한다. 고기의 빛깔은 담적색, 수분이 많고 연질(軟質)이며, 지방의 침착(沈着) 및 가용성 고형분이 적어 맛이 떨어진다. 숙성을 필요로 하지 않을 뿐만 아니라 오히려 변패되기 쉽고 보존성이 좋지 않다.

송치고기는 유럽과 미국에서는 부드러운 고기로서 애용되고 비프(beef)와는 전혀 다른 식육으로 취급되고 있다.

고기는 육질에 따라 특등육(등심 · 대접 · 채끝 · 치마살) · 상등육(볼기 · 앞다리) · 보통육 (사태 · 목덜미 · 양지) · 등외육(내장 · 갈비)의 4등급으로 나눈다. 대부분 신선육으로 이용되지만 콘비프(corned beef), 소시지용, 미트로브(meat loaves) 등으로 일부 가공된다.

[그림 8-3] 쇠고기 부위별 요리 특성(농협중앙회 축산물위생교육원 제공)

[표 8-7] 쇠고기의 부위명 명칭에 따른 조리 용도

부위명칭	조리용도
1. 앞다리살	내부에 지방층과 근막이 많기 때문에 연한 부위와 질긴 부위가 서로 섞여 있으며 운동량이 많아 육색이 짙다
2. 부채살	앞다리 중앙에 위치하고 있는 마름모꼴 형태의 고기 덩어리로 내부에 스지를 포함하고 있지만 마블링이 좋다.
3. 꾸리살	견갑골 좌측의 고추모양의 고기 덩어리로 내부에 질긴 스지가 있다.
4. 목심살	여러 개의 다양한 근육이 모여 있어 고기 결은 거친 편이나 내부에 엑기스를 많이 포함하고 있다.
5. 등심살	척추 좌우에 원통모양으로 위치하고 있으며 마블링이 좋다. 흉추 6번을 경계로 윗등심과 아랫등심으로 구분된다.

〈계속〉

6. 살치살	윗등심 바깥쪽에 위치하며 형태와 두께가 일정하면서도 마블링이 잘 발달되어 감칠맛이 있다.
7. 채끝살	허리부분의 등심과 맞닿은 배최장근으로 육단면적이 크고 부드러워 스테이크의 대명사로 불린다.
8. 안심살	척추 뼈 안쪽에 위치하고 있는 부위로 움직임이 없어 부드러우며 저지방으로 육즙이 많고 결이 비단결처럼 곱다.
9. 갈비	갈비뼈를 살과 함께 얇게 썰어 상품화한 것으로 육즙과 골즙이 어우러져 농후한 맛을 내며 마블링이 좋다.
10. 차돌백이	양지 가슴쪽에서 생산되며 고기다발이 단단한 지방속에 차돌처럼 박혀 있어 지방과 함께 얇게 썰어 상품화 된다.
11. 치마살	양지 끝부분에 위치하고 있는 주름치마 모양의 부위로 근육모양이 다발형태를 이루고 있어 씹을 때 감칠맛을 낸다.
12. 우둔살	뒷다리 안쪽에 위치하고 있는 복숭아 형태의 고기 덩어리로 내부에 스지가 적어 뒷다리 부위중 가장 연한 부위이다.
13. 도가니살	뒷다리에서 생산되며 둥그런 모양으로 여러 가지 근육이 뭉쳐 있으면서도 결이 고운 특성이 있다.
14. 홍두깨살	밀가루 반죽하는 홍두깨 모양의 원통형 단일근육으로 다소 질긴 감이 들지만 씹는 맛이 있다.
15. 사태살	사골을 감싸고 있는 부위로 운동량이 많아 색상이 진한 반면 근육다발이 모여 있어 특유의 쫄깃한 맛을 낸다.
16. 제비추리	목뼈 옆에서 생산되며 다소 거친 편이나 부드러우면서도 고소한 맛을 낸다. 변색이 빠른 편이다.
17. 토시살	황경막의 일종으로 가운데 스지를 가니 좌우 대칭형의 살코기로 결에 직각으로 썰면 부드러워진다.
18. 안창살	토시와 연결된 횡경막으로 둘러쌓인 근속다발이 가늘고 긴 형태를 이루고 있어 양면의 막을 벗긴 후 상품화한다.

2) 돼지고기

돼지는 식성으로 보아 초식과 육식의 중간인 잡식성이므로, 농후사료와 조사료를 모두 이용하지만 위(胃)가 하나이기 때문에 조사료만으로는 살 수 없다.

돼지는 보통 한번에 6~10마리 씩의 새끼를 1년에 두 번 낳고 암돼지 1마리가 일생 동안에 100마리 정도 낳는 번식력이 좋은 동물로 고기를 생산하는 가축으로서 매우 유리하다. 즉 새끼가 자라서 도살될 때까지는 5개월이 걸리며, 평균 하루에 600g씩 체중이 증가하므로 생산성이 좋고 도체율도 다른 가축에 비해서 높은 편이다. 돼지고기의 빛깔은 일반적으로 담홍색~회적색이며, 부위에 따라 변동이 크다.

근섬유는 섬세하고 고기가 연하며, 지방은 세립상의 순백이다. 돼지는 근섬유가 거칠

[표 8-8] 돼지의 이용 분야

용도 부위	식 용	기 타 용 도
살코기	생고기, 햄, 베이컨, 소시지, 통조림	
기름	식용, 라드, 마가린	비누, 구두약, 고약, 포마드
가죽	소시지, 헤드, 치즈	가방, 구두, 마구, 아교, 젤라틴
내장	소시지, 케이싱	호르몬제, 효소제
뼈		사료, 비료, 아교, 단추, 빗
혈액	소시지	헤모글로빈, 헤마토겐, 알부민
털		브러시, 방석

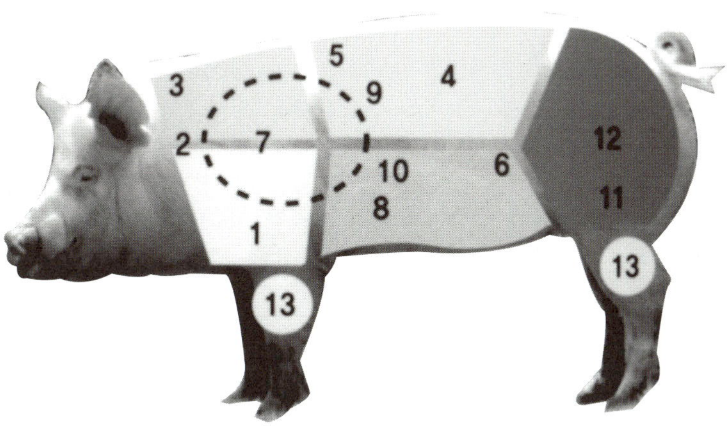

[그림 8-4] 돼지고기 부위별 요리 특성(농협중앙회 축산물위생교육원 제공)

[표 8-9] 돼지고기의 부위 명칭에 따른 조리 용도

부위명칭	조리용도
1. 앞다리살	운동량이 많아 육색이 짙으면서도 지방이 적고 영양가가 높다. 내부의 질긴 스지와 근막을 제거한 뒤 상품화 한다.
2. 항정살	어른 손바닥 크기로 목 뒷부분에서 생산되며 지방속에 많은 근육가닥을 함유하고 있어 구웠을 때 육즙감이 뛰어나다.
3. 목심살	원통형으로 형태가 일정하면서도 내부에 여러개의 근육과 지방층이 있어 감칠맛이 있고 부드럽다.
4. 등심살	등쪽에 위치하는 원통형의 긴 고기 덩어리로 운동량이 적어 색상이 연하고 부드럽다. 지방을 붙이면 감칠맛을 낼 수 있다.
5. 등심덧살	등심앞부분 위쪽에 있는 손바닥 크기만한 부위로 내붕에 섬유질이 발달해 있어 구이용으로 적합하며 일명 가부리살로 알려져 있다.
6. 안심살	뼈 안쪽에 위치하고 있어 운동량이 적어 연한 부위로 섬유질 방향이 일정하고 저지방과 담백한 맛이 특징이다.
7. 갈비	마블링이 좋고 뼈와 고기에서 나오는 엑기스가 살로 스며들어 특유의 감칠맛을 나타낸다. 4번 또는 5번 늑골에서 몸통과 분할된다.
8. 삼겹살	살과 지방이 일정한 두께로 삼층을 이루고 있어 삼겹살이라 하며 지방의 감칠맛으로 인기가 높다.
9. 갈비삼겹	삼겹살에서 갈비뼈와 갈비살을 같이 떼어내 6cm간격으로 잘라 상품화한 것으로 현장에서는 등갈비, 쪽갈비로 상품화된다.
10. 갈매기살	30cm자 모양을 하고 있으며 가로로 막힌 살에서 유래되었으며 막을 제거하면 감칠맛이 있어 구이용으로 최적이다.
11. 도가니살	뒷다리 바깥 아래쪽에 위치하고 있으며 둥그런 모양으로 지방이 적어 웰빙식품으로 인기가 있으며 가공용으로 활용된다.
12. 볼기살	뒷다리 안쪽의 복숭아 모양을 한 부드러운 부위로 형태가 일정한 상품화가 가능하다.
13. 사태살	운동량이 많은 부위로 내부에 근속다발이 있어 색상이 진하고 결이 다소 거칠지만 장시간 삶으면 부드러워진다.

고 지방이 부드럽고 고유의 냄새를 가진다. 지방의 녹는점은 28~48℃이며, 굳는점은 22~32℃로, 입안에서 쉽게 녹으므로 냉식용(冷食用)에 적합하다.

돼지고기는 생고기로 이용하는 것은 물론, 햄 · 베이컨 · 소시지 등으로 가공하며, 그 밖에 털은 브러시나 방석 등을 만드는데 이용되고, 뼈는 사료나 비료 등으로 많이 이용된다.

3) 양

양고기(mutton, lambs)의 원료인 양은 털을 얻기 위하여 기르며, 일반적으로 숫면양을 비육하여 고기를 이용한다. 현재 전세계에 분포되어 있는 야생양은 수십종이나 되며, 주로 중앙아시아와 북아메리카의 서부에 많다.

면양은 야생의 풀, 기타 농장 부산물로 사육할 수 있는 가축이다. 갓 태어난 수컷을 거세하여 잘 육성하면 생후 3~4개월에 체중이 30~35kg까지 발육한다. 일반적으로 생후 3개월에 체중이 20kg 내외가 되었을 때 젖을 떼고, 그 후 2~3개월간 비육하면 30~35kg까지 증체시킬 수 있다. 이러한 개체를 도살하여 얻는 고기를 새끼 양고기(lamb)라 한다. 또 비육하여 45~50kg이 되었을 때 도살하면 질이 좋은 양고기(mutton)를 얻을 수 있다. 잘 비육시킨 면양은 지육률이 52~58%, 정육률이 41~45%에 달한다.

양고기는 섬유가 가늘고 조직이 단단하지 않기 때문에 고기질이 연하고, 소화가 잘되며, 맛도 있어 유럽과 미국에서는 고급식품으로 취급되고 있다.

양고기는 특이한 냄새가 있으나 새끼 양고기는 냄새가 거의 없으며, 육색은 쇠고기보다 엷 으나 돼지고기보다는 진한 선홍색~벽돌색이다. 지방은 백색이나 근섬유간에는 적고 피 하신장 주변에 많다. 융점 44~45℃, 고화점 30~45℃로 다른 고기보다 훨씬 단단하다. 따라서 차가운 양지는 입 안에서 녹기 어려워 냉식용(冷食用)으로는 부적당하다.

4) 염소

반추성 동물로서 페르시아 지방에서 가축화된 듯하며, 이미 신석기시대부터 고기와 모피를 이용한 것으로 알려져 있다.

우리나라의 경우, 백제 말엽 일본에 염소 2마리를 보냈다는 기록으로 보아 1,400년 전에 이미 사육되었거나 제물 등의 귀한 용도로 쓰였던 것으로 추정된다.

염소(山羊, goat)는 젖과 고기를 생산하므로 다른 가축들과 마찬가지로 농업경영을 합리화하는 데 이바지한다.

초식동물이므로 사료의 이용 범위가 넓어서 독초를 제외한 대부분의 야생의 풀을 사료로 이용할 수 있다. 따라서 산악지대의 목초지가 있는 곳에 적합하다. 인도 · 중국 · 터키에서 많이 생산하고, 러시아 · 브라질 등에서 그 다음으로 많이 기른다.

염소는 출산 후 1년이면 번식 능력은 있지만 몸이 완숙해지는 것은 3~4세 때이며, 7~8세가 지나면 경제적으로 부적당하므로 도태시킨다.

재래종 염소는 고기를 목적으로 사양해 왔고, 젖염소도 일부 고기를 이용한다. 염소고기는 지방이 쇠고기와 비슷하여 면양고기처럼 느끼하지도 않다. 또 섬유가 섬세하여 조리를 잘하면 으뜸가는 고기가 되어 유럽의 여러 나라에서 애용되고 있다.

고기맛이 가장 좋을 때는 생후 1~2개월의 어린 때에 거세하여 비육한 경우이나, 보통의 염소고기도 도살시 방광과 외피지방을 미리 제거하면 고기에서 특유한 냄새도 나지 않고 맛도 좋아서 구미를 돋군다. 염소고기는 일반적으로 구워서 먹는데, 삶아서 먹을 때는 냄새를 없애기 위해 각종 향신료를 사용한다.

5) 말

말(horse)의 육색은 암적색이나 공기에 접촉하면 표면이 흑변하고, 근섬유는 섬세하나 섬유 속의 분리가 용이하여 단단하다. 지방색은 황색으로 근육간에 존재하지 않으며, 글리코겐을 1.1% 함유하여 단맛이 있다. 또한 마육 특유 냄새가 있는데 이는 가온할 경우 현저히 나타난다.

어린 말고기는 부드러우나 일반적으로 운동을 많이 하기 때문에 좋은 품질의 고기는 얻기 어렵다. 지방분이 적어서 유럽과 미국의 일부에서는 미용식으로 쓰이며, 우리나라는 현재 제주도에서 육용으로 생산되고 있다.

6) 가금류

닭(flowl, Gallus domesticus)은 멧닭[野鷄]으로부터 순치된 것으로, 기원전 2,300년경 인더스강 유역의 도시 유적인 하라파 주민들이 인도 정글지대의 들새를 길들였는데, 그 후 '닭' 이 되었다고 추정한다. 우리나라도 먼 옛날부터 닭은 길러 왔으나 닭의 개량은 1900년부터이며, 1952년 미국으로부터 개량종을 들여와 본격적인 양계업이 시작되었다.

품종으로는 육용 · 난 · 육 겸용종이 있으며, 대개 체중은 암탉이 3.2~3.6kg, 수탉이 4.2~4.5kg이며, 산란능력은 1년에 100~159개 이다.

가슴살은 백근(白筋)으로 지방이 적고 맛이 담백하며, 피육은 적근(赤筋)으로 가용성 고형분이 많아 맛이 좋으며, 섬유는 아주 섬세하고 부드럽다. 지방은 피하의 복강에 많고 근육간에는 적고 융점이 23~40℃이다.

식육용의 브로일러(broiler)는 어린 닭으로 생체 중 1.8kg이하, 14주 미만의 것을 말하며, 지육률이 62%이고 기름에 구우면 50~55%로 감소된다. 닭고기는 신선육·튀김용 등으로 쓰이지만 최근에는 소시지용으로 사용되기도 한다.

오리(duck, Anas boschas domestica)는 들오리를 순치한 것으로 기원전 3,000~2,000년경 이집트에서 사육한 흔적이 있으며, 아시아에서는 중국 남부지방의 늪지대에서 기원전부터 사육해 왔으리라 추정된다.

육용종(Peking duck, Aylesbury, Orpington, Cayusa)이 있고, 청수오리 등이 있다. 이들은 닭보다 성장이 빠르고 비육도 좋으며, 고기의 성상이 닭고기와 유사하다.

칠면조(七面鳥, turkey, Meleagris gallopavadomestica)는 아직도 확실한 유래는 잘 모르지만 스페인의 세비아항에 기항한 터키 상인들에 의해 칠면조가 유럽에 소개되었고, 영국에 전파되어 영국인들이 멕시코어인 'uexoltl' 의 발음이 어려워 '터키새' 로 불렀고, 프랑스에서는 '인도닭' , 인도에서는 'peru' 라고 하였으나 칠면조의 원산지는 페루도 아니고 터키도 아니다. 오리고기처럼 부드럽고 육질 · 향미가 특색이 있으며, 닭고기와 유사하나 맛이 더 뛰어나다.

8. 육가공품

1) 햄(ham)

햄은 원래 돼지 뒷다리 부위 고기에 소금·초석(硝石)·아질산염·조미료·향신료 등을 섞어서 절인 후 훈연하여 포장한 것이다. 방부성(防腐性)과 독특한 풍미를 가진 제품으로 호평 받고 있다. 제조 공정은 원료육 → 혈교(血絞, precuring) → 염지(鹽漬, curing) → 수침(水浸, soaking) → boning과 wrapping → 훈연(燻煙, smoking) → 가열(加

熱, cooking) → 냉각과 포장으로 만든다.

햄의 종류는 다음과 같다.

① 레귤러 햄(regular ham) : 뒷다리 살을 뼈가 있는 채로 가공한 것이며, 본레스 햄(boneless ham) 보다 보존성이 좋게 만들기 때문에 먼저 30℃, 2~3일간 건조시킨 후 연기를 보내어 25~30℃, 3~5일간 훈연을 실시한다.

② 본레스 햄(boneless ham) : 돼지 뒷다리를 이용하여 뼈를 빼고 살코기로만 만든 것으로, 특히 제조시 고기의 온도가 10℃ 이하로 유지시켜야 제품이 좋아지고 보수성이 우수하다.

③ 로스트 햄(roast ham, lacks ham) : 로스고기(어깨살과 이어지는 등의 중앙부분)와 살코기를 잘게 갈아서 만든다.

④ 숄드 햄(shoulder ham) : 어깨살로 만든다. 실제로 로스와 거의 같다고 본다.

⑤ 프레스 햄(press ham) : 햄이나 베이컨을 만들고 남은 고기조각이나 그 외의 식육을잘게 잘라서, 이들을 혼합 압착시켜 만든 것으로 햄과 소시지의 중간적 가공품이다.

2) 베이컨(bacon)

돼지의 배의 측면에 위치한 고기로, 빨간 살과 지방이 층으로 되어 있는 고기를 소금에 절여서 정형한 다음 건조하고 훈제한 것이다. 특히 제조 공정 중 살균 목적의 가열처리가 없기 때문에 위생처리가 필요하다. 제법은 햄과 마찬가지이나 베이컨은 햄보다 지방이 많다.

베이컨의 일반제법은 원료 → 염지 → 훈연 → 냉각 → 포장의 순서이다.

염지에서 액염법은 원료 1kg당 4~5일의 비율로 행한다. 건염법은 공기에 접촉을 피하기 위하여 비닐로 싸서 골고루 문지르도록 한다. 훈연은 수침을 행하고 베이컨 핀(bacon pin)에 꿰어 훈연실로 보내며, 건조는 30℃ 정도에서 2~5시간, 훈연은 30~40℃에서 12~24 시간 정도로 한다. 냉각은 훈연을 마치면 습도가 낮은 저온실로 옮기고 품온이 10℃ 이하로 떨어지면 5℃의 저온실로 보관한다. 포장실은 5~6℃의 저온이 좋다. 베이컨의 종류는 다음과 같다.

① 롤러 베이컨(rolled bacon) : 원료 육의 베이컨이 얇을 때는 양질의 베이컨을 얻

기가 어려우므로 로울더 베이컨을 만든다. 제품의 단면이 아름다운 것이 특징이다. 제법은육의 안쪽 근막을 제거 → 염지 → 수침→ 여분의 소금을 제거하고 고기면을 안쪽으로 로울링 한다. 이때 인산염을 얇게 도포하거나 적육을 갈아서 엷게 발라 결착을 도울 수 있다.

② 보일드 베이컨(boiled bacon) : 얇은 베이컨육을 늑골을 붙인 채로 염지를 행하고, 염지가 끝나면 그대로 가열처리한다.

③ 캐나다 베이컨(Canadian bacon) : 이는 보통의 베이컨과는 다르게 로인 부분의 큰 근육이나 가늘고 긴 실로인(sirloin)으로 만든다. 이 베이컨은 지방이 없고 적육이 많다. 기본적으로 하나의 근육으로 만들기 때문에 근육사이의 소량의 지방밖에 없다.

④ 대니쉬 베이컨(Danish bacon) : 캐나다식 베이컨과 같은 원료인 로인 부위를 사용하여 만든 것으로 베이컨의 일반 제법에 준한다.

⑤ 비프 베이컨(beef bacon) : 원료를 쇠고기의 베이컨 부위로 하며 일반 베이컨 제법에 준한다.

3) 소시지(sausage)

지육(枝肉)에서 햄과 베이컨 등을 얻고 난 다음 나머지 고기류, 즉 빰살 · 내장 등을 다져서 소금 · 초석 · 설탕 · 향신료를 섞은 후 케이싱(casing)에 담아서 훈연하고 물에 삶고 건조하여 만든 육제품이다. 소시지의 종류와 케이싱은 [표 8-10]과 같다.

[표 8-10] 소시지의 종류

종 류			주 원료	casing
domestic sausage (보존성이 그다지 좋지 않다)	flesh sausage	pork sausage	돼지 어깨 살코기, 돼지 잔등지방	돼지 소장(小腸)
	smoke cooked sausage (훈연 삶은 것)	pork sausage	소 어깨 살코기, 돼지 잔등지방	돼지 소장(小腸)
		bologna sausage	소 어깨 살코기, 돼지 뺨 살코기, 심장 등	소 대장 소장
		wiener sausage	소 허벅다리 살코기, 돼지 어깨 살코기, 돼지기름	양의 소장
		frankfurrer sausage	돼지 붉은 살코기, 베이컨	돼지의 소장
		Lyoner sausage	소 허벅다리 살코기, 돼지 어깨살코기, 그린피스, 돼지기름 잘게 썰은것	소의 맹장
	smoke sausage (훈연)	blood sausage	소, 돼지의 뺨살, 심장, 혀, 돼지기름, 피 및 가죽	소의 맹장, 결장
		liver sausage	돼지의 간, 잔등 기름 등	소의 소장
dry sausage (보존성이 좋다)	훈연, 건조한 것	salame sausage	소의 어깨 살코기, 돼지의 복부살	소나 돼지의 결장, 직장
		cerbelat sausage	소의 어깨 살코기, 돼지의 붉은살 돼지기름	

CHAPTER 09

우유와 알류

1. 우유

1) 서론

가축의 유즙(milk)은 태고적부터 인류의 중요한 식량이 되어 왔다. 유즙을 생산하는 가축은 소 · 양 · 말 · 면양 등이 있으나 우유 이외의 유즙은 한정된 지역에서 주로 자급용으로 이용되는 데 불과하였다.

서기 1,000년경 유목민들은 재래식 유제품을 이용하여 왔는데 유목민의 원기를 돋우는데 말젖이 가장 중요한 식품이었다. 스텝 지역에서는 과일과 채소를 구하기가 쉽지 않음에도 불구하고 유목민들은 비타민 C의 결핍증상인 괴혈병이 거의 없었는데, 이는 비타민 C가 말젖에 모유의 2배, 우유의 4배나 함유되었기 때문이다. 또한 유주(乳酒)를 만들어 음료화 하였는데 말젖을 발효시킨 쿠미스(kumis), 낙타젖을 발효시킨 케피어(kephir), 야크젖을 발효시킨 아이란(airan) 등은 유목생활로 피로한 몸에 높은 영양가를 공급했다. 유즙은 단일의 천연 식품으로서는 완전식품에 가까우며, 각 성분의 소화 · 흡수도 대단히 좋고, 특히 칼슘의 급원으로서도 좋은 식품재료이다.

우유를 생산하고 또한 생산된 우유로서 여러 가지 유제품을 제조하는 일련의 산업체제를 낙농업(酪農業, dairy industry)이라고 하는데, 낙농업은 농업의 한 분야이면서 축산의 일부분이기도 하다.

낙농업은 그 생산과정에 따라서 두 가지로 구분할 수 있는데, 그 하나는 젖소를 사육하여 우유를 생산하기까지의 좁은 범위의 낙농업과 생산된 우유를 가공하는 유제품업을 말한다.

낙농의 대상인 젖소는 반추동물로서 단위동물(單胃動物)들과는 달리 식물의 잎·줄기를 잘 소화 · 흡수하여 양분이 풍부한 우유를 생산하는 생리적 특징을 가지고 있다. 유럽 각국에서는 일찍부터 젖소의 이러한 생리적 특징을 이용하는 낙농이 농업의 주체로 발달하여 왔기 때문에 오늘날에는 완전히 낙농을 뒷받침하는 초지농업으로 발달하게 되었다.

2) 우유의 성상

우유의 평균조성은 수분 87%, 단백질 3.5%, 탄수화물 4.9%, 그리고 회분 0.07% 정도 이다. 조지방과 다른 성분은 경우에 따라서 변동이 심하고 품종 · 개체 · 계절 · 수유 · 사료 · 기후 등에 따라 다소 차이가 난다. 각종 동물 젖의 화학적 조성은 [표 9-1]와 같다.

[표 9-1] 동물들의 유즙 평균조성

[단위:%]

동물	유지방	단백질	유당	무기질	전고형물
젖소	4.00	3.50	4.90	0.70	13.10
산양	4.09	3.71	4.20	0.78	12.86
말	1.59	2.69	6.14	0.51	10.96
나귀	1.50	2.10	6.40	0.30	10.30
돼지	6.77	6.22	4.02	0.97	17.98
양	6.18	5.15	4.17	0.93	16.43
물소	12.40	6.03	3.74	0.89	23.91
낙타	5.40	3.00	3.30	0.70	12.39
사슴	18.70	11.10	2.70	1.20	33.70
토끼	13.50	12.00	2.00	2.50	30.50
개	9.57	6.10	3.09	0.73	24.59
고양이	3.33	9.08	4.91	0.58	18.37
사람	3.70	1.63	6.98	0.21	12.57
초유(우유)	3.37	20.68	2.48	1.78	28.31

우유 중 중요한 성분은 단백질로서 주단백질인 카세인(casein)이 전체 단백질의 78%를 차지하고, 나머지의 대부분은 락토알부민(lactalbumin)과 락토글로불린(lactoglobulin)이며, 그 밖에 미량의 단백질과 질소화합물이 함유되어 있다. 카세인은 인단백질로, 정상적인 우유의 산도(pH 6.6)에서는 대부분 칼슘염으로 존재한다. 산이나 렌닌(rennin)에 의해서 쉽게 응고된다. 락트알부민이나 락토글로불린은 유청단백질(whey protein)의 대부분을 차지하며, 산이나 렌닌에 의해서 응고되지 않는다. 우유를 끓일 때 용기바닥에 침전되는 것은 이들 단백질이 가열에 의해서 응고된 것이다.

지방질은 지름 0.1~10μ의 작은 방울로 우유 중에 분산되어 있고 그 주위를 친수성 상태로 유지하는 친수성 피막이 포위하여 안정 상태를 이루고 있다. 이 피막성분은 인지질과 글로불린성(性) 단백질로 되어 있고 비타민 A, 카로티노이드(carotenoid), 콜레스테롤(cholesterol), 녹는점이 높은 글리세리드(glyceride) 등이 들어 있다. 유지방은 부티르산(butyric acid)이나 카프로산(caproic acid)과 같은 저급 포화지방산이 들어 있는 것이 특색이며, 버터가 상하거나 변패되었을 때의 불쾌취는 주로 이들 지방산이 지방분자로부터 유리되기 때문이다. 버터 중에 비교적 많은 이들 저급 지방산은 버터의 물리적인 가소성과 녹는점을 낮추어 준다. 액상유 규격에는 최소한 유지방분을 3.0%이상 규제하고 있어서 유가공 공장에서 유지방이 미달될 때에는 크림을 첨가해서 맞춰준다.

탄수화물의 대부분은 락토오스(lactose)로 우유에 용해되어 있다. 인체의 소장에는 락토오스를 포도당과 갈락토오스로 분해하는 락타아제(lactase)를 생성하나, 어떤 사람들은 이 효소가 부족하여 체내에 소화되지 못해 우유를 미생물이 분해하여 가스를 생성하고 설사를 일으키는데 이것을 젖당 불내증(lactose intolerance)이라 한다. 락토오스의 단맛은 자당의 1/6에 불과하지만 구성당인 갈락토오스는 유아의 뇌조직 성분으로 중요한 당지질 합성에 필수성분이다.

우유 중의 무기질 성분의 일부는 용액이나 현탁상태로, 나머지는 단백질이나 지방질과 결합되어 존재한다. 대부분의 인은 인산칼슘이 현탁 상태로 존재하고 일부는 카세인과 인단백질을 이루며 소량은 레시틴이 들어 있다.

그 밖의 무기질로는 Mg · K · Cl · S · Fe · Cu · Zn · Al · Mn · I 등이 있으며 그 밖에 미량의 성분들이 들어있다. 요오드는 사료로부터 쉽게 우유로 이행되며, 황(S)성분은 단백질의 구성분으로 존재한다.

우유 중에는 인간에게 필요한 모든 비타민이 들어 있는데, 비타민 A와 카로틴류는 사료의 영향을 받아서 청초를 먹이는 것이 건초의 경우보다 그 함량이 높다. 탈지유 제조 시에는 지용성 비타민인 A · D · E · K가 지방과 함께 제거되므로 탈지유 및 저지방유에는 일반적으로 A와 D를 첨가한다. 비타민 B군 중에는 B_1, B_2가 상당량 들어 있고 열에 안정하기 때문에 좋은 급원이 된다. 그러나 B_2는 햇빛에 약하여 일광에 노출되면 파괴된다. 나이아신은 적게 들어 있지만 그 전구물질인 트립토판이 우유에 많은 반면, 소량의 비타민 C는 가공 중에 손실되어 공급원이 될 수 없다.

우유 중에 함유된 효소(peroxidase, xanthin oxidase, catalase, phosphatase, lipase, protease, lysozyme, rennin)는 여러 종류이며, 그 밖에 락타아제, 하이드로겐아제(hydrogenase) 등이 미량 존재한다.

특히 초유(colostrum)에는 알부민과 글로불린의 함량이 매우 높고 염화물, 칼슘염, 지용성 비타민의 함량도 높으나 락타아제는 적게 들어 있다. 초산 때에는 비유량이 적지만 고형분이 많고, 비유 후기에는 보통 우유에 비해서 지방 및 고형분 함량이 높다. 1일 2회 착유 시에는 저녁 때가 아침의 우유보다 지방 함량이 높다. 동물이 나이가 들어감 에 따라 비유량은 증가하나 지방, 고형분 등이 다소 감소한다.

우유 중 락토오스는 단맛을 내며, 교질상 우유단백질과 염류 및 유청 중의 유지방 에멀전(emulsion) 상태가 입안 촉감에 영향을 준다. 신선한 우유의 향기는 아세톤(acetone) · 아세트알데히드(acetaldehyde) · 디메칠설피드(dimethylsulfide) 그리고 락톤(lactone)류 등에 의하며 휘발성 특유향은 유지방에 의한다.

대부분의 우유는 살균과정을 거치는데 가열온도에 따라 향미가 변화한다. 우유 중의 불쾌취는 소의 건강, 사료, 미생물의 작용, 화학적 변화 및 외부로부터의 불쾌취 흡수 등에 의해서 발생하며, 산패취는 인지질의 산화에 의하여 우유 중의 구리에 의해서 촉진된다. 또 우유를 일광에 노출하면 단백질과 리보플라빈(riboflavin)이 지방산패와 더불어 불쾌취 생성에 관여한다.

신선한 우유는 pH가 약 6.6인데 공기에 노출시키면 우유로부터 탄산가스를 잃기 때문에 산도가 저하되고, 후기에는 우유 중에 존재하는 젖산균에 의해서 생성되는 젖산의 축적으로 산도가 증가한다. 살균을 하면 젖산균이 사멸되기 때문에 젖산이 쉽게 생성되지 않는다.

신선한 우유는 일단 살균과정을 거치게 되는데, 살균하는 동안 비타민 B_1·C는 약 20%가 손실되는 반면 무기질은 별로 영향을 받지 않는다. 농축유는 미세한 커드를 형성하기 때문에 소화가 더 쉽게 되나, 저온살균의 경우보다 비타민의 손실이 더 크고 라이신(lysine) 등의 아미노산 손실을 수반한다.

3) 시유(市乳)

시유란 목장에서 생산된 원료유인 생유(raw milk)를 먹기 위하여 가공된 액상상태로 상품화된 음용유를 말한다. 이를 위하여 우유처리 공정은 원유에 대한 수유검사(受乳檢査) → 여과(濾過) → 청정(淸淨) → 냉각(冷却) → 균질(均質) → 살균(殺菌) → 밀봉(密封) → 포장(包裝) → 유통(流通)의 과정을 거친다.

(1) 시유의 종류

유가공 기술의 발달로 소비자의 기호성에 맞추어 다양하게 생산되는 전지시유, 탈지 시유, 가공유 및 각종 액상유 음료를 총칭할 수 있다.

① 살균시유(pasteurized milk) : 생유를 각종 처리 과정을 거쳐 소비자가 음용할 수 있도록 살균하여 포장 용기에 포장한 우유로서 살균에 의하여 대부분 유해한 미생물이 사멸되지만 상당량의 미생물이 존재하므로 저장이 5℃에서 4~5일 정도로 제한적이다. 살균시유 중에는 전지시유, 탈지시유, 저지방시유, 비타민 D 강화시유 및 환원시유 등으로 판매되고 있다.

② 멸균우유(sterilized milk) : 원유를 약 150℃, 2~3초간 가열처리하여 무균 상태로 만든 우유를 말한다. 상업적 멸균처리를 한 것으로 냉장시설 없이도 장기간 저장이 가능하다.

③ 유음료(milk beverage) : 우유 및 유제품을 주 원료로 하여 여기에 다른 식품이나 향료나 색소를 첨가하여 음료화한 것이다. FAO나 WHO에서는 유음료로 표기 영어로는 flavored milk, milk drink, milk beverage이다.

(2) 우유의 품질검사

① 수유검사 : 목장에서 공장에 도착한 원유를 가공처리하기 위하여 질이 좋은 원유를 선별 저유하는 하는 것을 말하며, 검사의 경우 규격미달 원유, 항생물질에 감염된 원유, 부정유 및 이상유 등을 검출하는 것이다.

② 원유검사 : 이의 검사는 크게 관능검사 · 이화학적 검사 · 세균학적 검사로 나눌 수 있다.

관능검사는 원유검사원의 충분한 경험에 의하여 우유의 향기 · 맛 · 냄새 · 점조도 · 이물질 · 응고물 · 이상유 등을 관능으로 검사하는 방법으로, 이는 시간과 비용을 최소화하여 시유와 유제품이 미치는 나쁜 요인을 미리 찾아내는 데 그 목적이 있다. 주정검사(alcohol test)는 우유의 신선도 및 산패 여부를 판정하는 방법이다.

적정산도 검사는 일정량의 우유를 중화시키는데 필요한 알카리의 양을 측정하여 이 알카리와 결합한 산성물질 전량을 젖산(lactic acid)으로 가정하여 중량비율로 표시한 것을 말한다.

비중검사는 우유의 비중은 우유 중에 용해 또는 분산하고 있는 물질의 양에 관계하며 보통 15℃에서의 비중을 표시한다.

지방검사는 우유의 지방함량 검사는 중요한 의의가 있는데, 그 중 몇 가지 예를 들어 보면 다음과 같다. ① 지방율과 유지방의 생산량은 산유량과 함께 젖소의 개체증

력을 나타내는 지표가 되며, ② 유가를 산출하는 기준이 되고, ③ 규격상 가부의 확인에 이용되며, ④ 부정우유 등의 적발에 이용되며, ⑤ 가공 처리공정에서 버터 우유나 유청 등으로 나가는 지방량을 계산하는 데 이용되고, ⑥ 젖소의 건강상태와 질병의 진단에 이용하고, ⑦ 연구자료로 이용된다.

지방정량법에는 밥콕(Babcock) 방법, 제버(Gerber)방법 등이 있으며, 특히 최근에는 우유시험기(milk tester)가 보급되어 사용하고 있다.

(3) 계량

검사에 합격한 원유 무게를 저울에 다는데 자동저울기로 우유의 무게를 달면 자동으로 그 무게량이 종이에 기록된다.

(4) 여과와 청징

원유에는 먼지 · 흙 · 털 등을 비롯한 백혈구 · 체세포 조직 · 미생물 등의 불순물이 들어 있다. 우유공장에서는 청정기를 사용한다.

(5) 표준화

표준화란 우유공장에서 생산하고자 하는 유제품의 종류와 규격에 따라 원료 우유의 지방, 무지고형물, 비타민 및 철분 등의 강화 성분을 조정하여 완제품의 조성분 규격에 맞추어 조절하는 것을 말한다. 표준화 방법과 순서는 다음과 같다.

① 원유의 지방율 검사를 한다.
② 탈지유와 크림의 지방율 검사를 한다.
③ 페어소(Pearson) 공식에 의해 계산한 보정표에 따라 표준화를 한다.
④ 표준화한 후 지방율 검사를 하고 이상이 있으면 다시 보정한다.

(6) 균질

균질이란 우유 중의 지방구에 물리적 충격을 가하여 그 크기를 아주 작게 분쇄하는 공정을 말하고, 보통 지방구의 크기는 직경 1.0~10.0μ 정도로 우유 1ml 중에는 약 15억~50억 들어 있다.

(7) 살균과 멸균

원유 속에 들어 있는 미생물들이 시유 또는 유제품 속에서 활동할 수 있게끔 균을 죽이거나, 효소를 파괴하여 안전성, 위생성 및 저장성이 높은 우유를 생산하기 위한 처리를 살균(또는 멸균)이라고 한다. 가열에 의한 살균방법으로는 다음의 네가지 방법이 있다.

① 저온장시간 살균법(low temperature long time pasteurization, LTLT) : 61~63℃에서 30분간 살균하는 방법으로 처리시간이 오래 걸려서 소규모 공장에서 이용하고 있고, 이 방법은 내열성 결핵균이 죽는 61.1℃/30분을 최저기준으로 하는 것이다.

② 고온단시간 살균법(high temperature short time pasteurization, HTST) : 미국에서 많이 사용하는 연속식 살균법으로 72℃에서 15초 이상 처리 후 즉시 냉각하는 방법이다.

③ 초고온 살균법(ultra-high temperature pasteurization, UHT) : 130℃ 이상에서 2~3초 이내 처리하는 것으로 내열성균도 살균되며, 단시간 살균하기 때문에 우유의 품질의 손상을 최소한으로 한다.

④ 고온멸균법 : 일반적으로 멸균우유는 병 또는 깡통에 70~85℃의 가열우유를 담아서 밀봉 한 후 110~120℃에서 10~20분간 가열 멸균된 것으로 갈색이 나타나고 가열취가 심하여 신선한 맛이 없는 것이 단점이다. 그러나 현재는 초고온 멸균유는 135~150℃에서 1~5초간 가열하여 우유 속에 미생물을 완전히 멸균시키기 위하여 가압가열하는 방법으로 높은 온도에서 장시간 가열하므로 우유가 갈색화되고 풍미와 영양가가 변화되어 신선한 우유와는 차이가 있으나 상온에서 20일 이상 보존이 가능하다는 것이다.

(8) 충전과 포장

살균 또는 멸균된 우유의 충진과 포장의 방법은 소지자의 선호도를 고려하고 제품의 안전성도 고려해야한다.

이들 우유의 가공제품을 열거하면 [그림 9-1]과 같다.

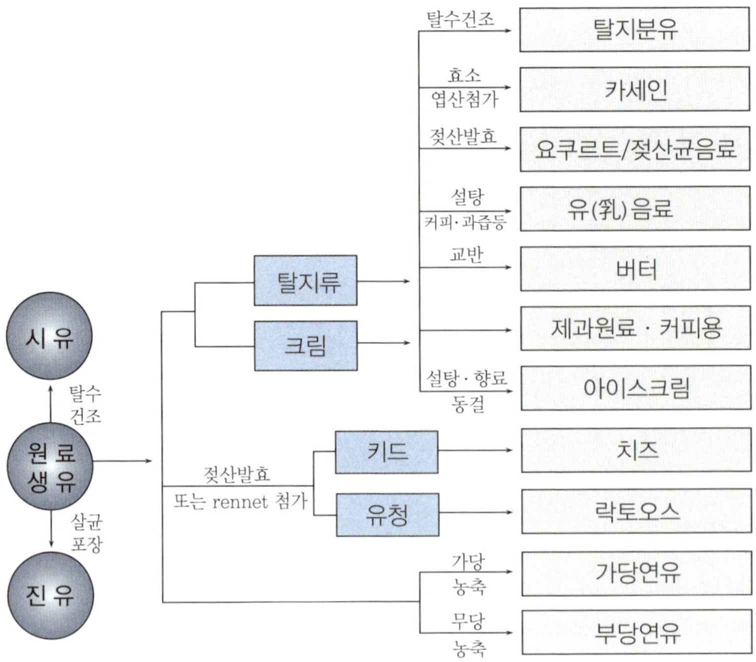

[그림 9-1] 우유 가공제품들

2. 우유가공품

1) 버터

버터(butter)는 기원전 2,000년경부터 제조한 것으로 유지방식품이다. 버터는 소화흡수율이 우수하여 95% 이상으로 건강에 기여하고 있다. 버터란 원료유에서 분리된 크림을 버터 교유기(butter churn)에 넣어 서서히 교반한 후, 유지방구가 파괴되어 지방만이 유출되어 뭉쳐서 좁쌀 같은 입자크기로 엉킨다. 이것을 반죽하여 여기서 남아있는 물이 지방에 분산되도록 유화한 것을 말하며, 이 버터의 조성분은 80% 이상의 유지방과 16% 이하의 수분을 가지는 것을 성분 규격으로 하고 있다.

버터의 종류에는 다음과 같은 것들이 있다.

① 가염버터(salted butter) : 1.5~2.0% 식염 첨가한 버터

② 무염버터(unsalted butter) : 식염을 첨가하지 않은 것으로 제과용, 조리용, 심장

이 나쁜 사람의 식용으로 이용된다.

③ 발효버터(ripened butter) : 크림에 유산균을 번식하여 만든 버터로 좋은 향기를 내고 있다.

④ 감성버터(sweet cream butter) : 발효시키지 않은 버터로 크림은 노화(aging)시켜 만든다.

⑤ 단백질 강화버터 : 치즈공장에서 치즈를 제조 시 부산물인 whey에서 단백질을 추출한 후 버터 제조할 크림에 혼합하여 단백질 강화 버터를 만든다.

2) 치즈

치즈(cheese)는 그리스의 상인들이 사막을 이동할 때 우유를 낙타에 메어 저장하였다가 꺼내서 마시려고 하니 응어리 된 덩어리로 변해 있어, 먹을 수 있는 것인지 의심하다가 호기심에 작은 응어리진 덩어리를 먹어 보니 새콤하고 감칠맛이 나서 입맛이 당기므로 먹기 시작한 것이 계기가 되어 치즈를 개발하기 시작하였다.

치즈의 명칭은 어느 규칙에 의해 지은 것이 아니고 제조지명으로 표기하는 방식을 쓰는데 예를들면, 체다(Cheddar), 에멘탈(Emmentaler), 로마노(Romano), 로큐포터(Roquefort) 등이며, 수도원명(修道院名)인 트라피스트(Trappist), 포트 드 살룻(Port du Salut) 등이 있고, 원료유의 종류인 페코리노(Pecorino) 등, 상표명인 벨패세(Bel Paese), 치즈성질인 불루(Blue), 치즈외관인 브릭(Brick) 등으로 나눈다.

치즈를 원산지 · 제조법 · 화학조성 · 미생물학적 성질에 따라 분류하여 국가별 소비자의 기호도를 맞추어 치즈거래를 편리하게 해주고 있다.

① 초경질 치즈(very hard cheese) : 수분 함량 25% 이하
세균에 의한 숙성 : Romano, Parmesan, Sapsago 등

② 경질치즈(hard cheese) : 25%~36% 수분 함량
세균에 의한 숙성 : Cheddar, Gouda, Caciocavallo

③ 반경질 치즈(semi-hard cheese) : 36%~40% 수분 함량
- 주로 세균에 의한 숙성 : Brick, Munster
- 표면생육한 세균에 의한 숙성 : Limburger, Port du Salut, Trappist 등
- 주로 내부의 푸른곰팡이에 의한 숙성 : Roquefort, Goronzola, Blue, Stilton 등

④ 연질 치즈

- 숙성에 의한 것 : Beipaese, Camembert, Brie, Neufchatel
- 숙성하지 않는 것 : Cottage, Bakers, Cream, Mysost, Fresh Ricotta

⑤ 가공치즈(processed cheese) : 위의 자연치즈(natural cheese) 중 한 종류 또는 여러 종류를 분쇄 혼합하여 녹힌 다음 살균 한 것으로 살균치즈라고도 하는데, 이 가공치즈는 자연치즈의 냄새를 싫어하는 소비자의 기호성에 맞추어서 유화제나 향기를 넣어 제조한 것이다.

3. 알류

1) 서론

알을 식용으로하는 가축에는 닭 · 오리 · 메추리 등이 있으나, 일반적으로 식품재료로 이용하는 알[卵]이라 하면 달걀을 일컫는다. 우리나라에서도 달걀은 일찍부터 이용하여 왔다.

알의 크기는 각각의 무게로 구분하며, 그 범위는 달걀 40~70g, 오리알 70~90g, 거위알 100~200g, 칠면조알 80~100g 정도로 알려져 있으며, 달걀의 경우 20g 이하의 왜소란 또는 70g 이상의 거대란도 있다.

달걀은 식품 중 영양소가 가장 균형적으로 풍부하게 들어 있는 영양식품 재료로서뿐만 아니라 팽창 · 결착 · 증점 · 유화 · 연화 · 보수 · 향미 · 빛깔 등을 부여하는 등의 기능적 특성을 가지고 있어서 가공용 첨가재료로도 다양하게 사용된다. 그러나 달걀의 보다 나은 가공용 이용량을 개선하려면 달걀의 이화학적 특성, 즉 노른자의 유화성(乳化性), 흰자의 거품성(泡立性) 및 전란(全卵)의 열응고성(熱凝固性) 등을 잘 살리는 조리 · 가공법 개발에 연구를 계속 할 필요성이 있다.

2) 달걀의 구조

[그림 9-2]에서 보는 바와 같이 달걀의 구조는 난각 · 난각막 · 난백 · 난황의 4부분으로 되어 있다. 달걀을 예부터 "the egg is a nutrients store house"라고 하였으며, 영양소의 보고라고 하였고 소비 간편성이 우수하다.

(1) 난각

난각(卵殼, egg shell)의 두께는 0.26~0.36mm로 칼슘화합물로 형성되어 있으며, 표면에는 기공(氣孔)이라 하는 작은 구멍이 1cm²에 약 129개 정도이며 첨단부보다 둔단부에 많다. 이 기공은 알의 내부와 외부의 공기 유통, 알속의 수분을 증발시킨다. 난각은 탄산칼슘($CaCO_3$)으로 되어 있고, 그 외 탄산마그네슘($MgCO_3$) · 인산칼슘($CaPO_4$) 등이 함유되어 있으며, 사료 중에 칼슘이 부족하거나 이상대사(異狀代謝)가 일어나면 난각은 얇아져서 연란(軟卵)을 생산하게 된다.

(2) 난각막

난각막(卵殼膜, shell membrane)은 유기질 섬유로 내외 2층으로 밀착되어 있으나 둔단부에서는 서로 떨어져 공간을 이루어 기실(氣室)이 된다. 이 난각막은 젤라틴(gelatin)질의 엷은막으로서 외부로부터의 미생물 침입을 막아준다. 두께는 0.01~0.02mm 정도이다.

(3) 난백

난백(卵白, egg white)은 난황을 둘러싸고 있고 점도가 낮은 수양난백(watery albumin)과 점도가 높은 농후난백(thick albumin)으로 난황주위의 농후난백은 난황 양단부에서 은백색 나선상의 알끈(chalaza)이 되어 난각막에 부착하고 있다. 신선란의 농후난백은 50~60% 정도이고, 그중에서 외수양난백은 20~25%, 내수양난백은 11~36%, 중층의 점도가 높은 농후난백은 27~57%를 차지한다. 알의 신선도가 저하되면 농후난백은 물같이 되는 수양난백이 된다.

(4) 난황

난황(卵黃, egg york)은 무색투명한 얇은 난황막에 싸여 구형으로 알의 중앙부 약간 위쪽에 위치한다. 전란에 대한 난황의 비율은 약 30~33%이며 큰 알에 비해 작은 알은 난황의 비율이 크다. 난황은 백색부와 황색부로 나누고 배반이 아래쪽을 향해서 가늘고 긴 백색부분이 있는데, 이것을 라테브라(latebra)라고 하며 이는 백색난황으로부터 유래된 것이며 황색 난황과 구별된다. 난각막이 약해지면 난황계수(york index)가 낮아지며 심하면 파열된다. 난황계수는 난황의 높이를 난황의 직경으로 나누어 계산하고, 신선란의 높이는 17~19mm, 직경은 4.5~4.2mm 정도이다. 신선란의 난황계수는 0.442~0.361로서 0.30 이하는 25℃에서 8일간, 37℃에서 3일간 소요되며, 0.25 이하는 활란의 경우 난황막이 파열된다. 달걀 중 난황과 난백의 화학적 조성에는 차이가 많다.

[표 9-1] 각종 알의 부위별 구성 비율

종류	무게[g]	난각[%]	난백[%]	난황[%]
달걀	40~60	10~12	45~60	26~33
오리알	60~90	11~13	45~58	28~35
칠면조알	80~100	10~14	55~60	32~35
거위알	160~180	11~13	45~58	32~35
비둘기알	14~16	7~13	68~74	17~24

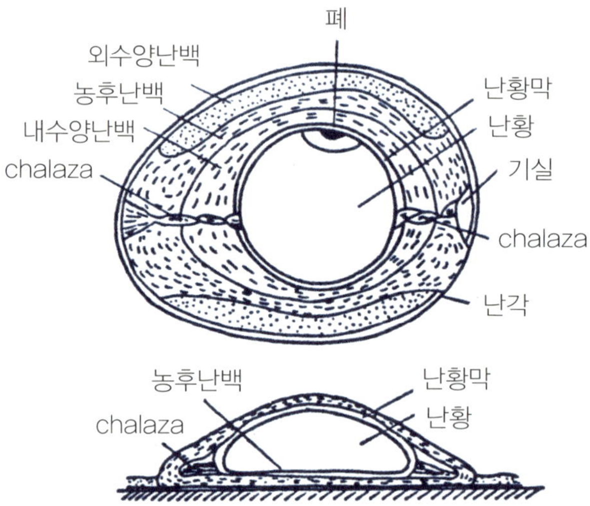

[그림 9-2] 달걀의 구조

3) 달걀의 화학적 및 물리적 특성

알의 화학적 성분은 품종·연령·개체·사료·계절 등에 따라 다르나, 난각을 포함해 달걀 전 성분의 화학적 조성은 수분 65.6%, 질소화합물 12.1%, 지방류 10.5%, 탄수화물, 0.9% 및 회분 0.9%로써 난각의 대부분은 회분이 차지하고 난각을 제외한 대부분은 단백질과 지질이다.

(1) 난백

주성분은 오브알부민(ovoalbumin)으로 전단백질의 60%를 차지한다. 그밖에 오브무코이드(ovomucoid) · 코알부민(conalbumin) · 라이소자임(lysozyme) 등은 단백질 분해효소를 저해하는 작용이 있고, 아비딘(avidin) 등은 세균의 번식을 억제한다. 모두 생화학적 활성이 높아서 세균이 달걀의 난각과 난각막을 투과할 수 있음에도 불구하고 비교적 장기 보존되는 이유는 난백 자체의 성분이 선도저하와 미생물의 번식을 억제하는 작용이 있으며, 미생물의 오염을 받기 쉬운 난황을 둘러싸고 보호하고 있기 때문이다. 또한 신선한 난백이 담황색을 띠는 것은 리보플라빈(riboflavin)에 의한 것이다. 난백의 비타민은 지용성인 A · D · E는 없고 수용성 비타민은 B는 존재하나 C는 전혀 없다.

[표 9-3] 달걀의 부위별 성분 [단위:%]

성분 \ 부위	전 란	난 황	난 백
수분	74.0	49.4	87.8
단백질	12.8	16.3	10.8
지방	11.5	31.9	0.0
탄수화물	0.7	0.7	0.8
회분	1.0	1.7	0.6

[표 9-4] 난백단백질의 종류와 특성

단 백 질	종 류	함 량 (총단백질 중 %)	성 질
Ovalbumin	albumin	60.0	난백의 중요 단백질로 쉽게 결정화되고, 분자량 4.4~4.6만, 등전점 pH 4.6~4.6
Conalbumin	albumin	13.8	분자량 7만, 등전점 5.8~6.1, Cl·Fe·Zn이온과 결합하기 쉽고 결합된 것은 단백질 분해효소나 변성에 대하여 저항력이 강함
Ovomucoid ovoglobulin	당단백질	14.0	항트립신 작용, 분자량 2.7~2.9만, 등전점 4.3~4.5
GlobulinG_1 (lysozyme)	globulin	2.8	라이소자임은 분자량 1.4~1.7만

〈계속〉

Globulin G_2	globulin	4.6	등전점 10.5~11.0, 어떤 종의 세균류에 대하여 용균작용
Globulin G_3	globulin	4.3	-
Ovomucin	당단백질	1.1	글루코사민 11%, N 12.5%, S 1.73%
Adidin	당단백질	0.1	분자량 6.6~6.8만, 비오틴과 결합하여 불용화 작용

(2) 난황

난황은 수분이 약 50% 이고 고형분 약 50% 중에서 단백질 16%, 지질 31%, 회분 2%, 탄수화물 1%로 구성하고 있다. 이러한 난황단백질의 종류와 특성은 [표 9-5]와 같다. 달걀은 필수아미노산 함량이 높고, 특히 메티오닌 · 시스틴 등 함황아미노산의 함량이 다른 식품에 비교하여 많아서 단백질의 생물가는 94~97이다. 지방질은 유화성이 강하여 소화 · 흡수가 잘되며, 무기질 중 황 및 인의 함량이 높은 것이 특징이다. 특히 철은 가열의 영향을 받지 않고 흡수가 잘되어 100% 가까이 혈색소의 합성에 이용되므로 난황은 철의 좋은 공급원이다.

[표 9-5] 난황단백질의 종류와 특성

단 백 질	종 류	함 량 (총단백질 중 %)	성 질
Lipovitellin	lipoprotein	43~44	phospholipid + vitellin, 18%, 지질 vitellin도 존재
Lipovitellenin	lipoprotein	30~31	phopholipid + vitellenin, 36~41% lipid, free vitellenin도 존재
Phosvitin	phosphoprotein	10	9.7~10.0%,P 함유, 난황단백질 60~70% 점유
Livetin	수용성 단순단백질	14~15	수용성 1/2 포화황산암모늄염으로 침전, 난황효소의 대부분은 이 획분에 함유. 전기이동으로 α, β, γ의 3획분으로 구분됨

난황에는 비타민류가 많고, 특히 지용성 비타민 A·D·E가 많으나 B군도 난백보다는 많다. 난황막은 3층으로 구성된 탄성막으로 당단백질을 함유한다. 난황 단백질의 대부분은 지방질과 결합하여 지질단백질의 형태로 들어 있으며, 유화력이 대단히 강하여 마요네즈 등의 제조에 이용된다. 또한 지방질의 1/3은 인지질로서 그중 50~60%가 레시틴이다. 이는 광선이나 효소 등에 극히 불안정하여 이들에 의해서 분해되면 악취가 나는 물질을 생성하기 쉬우므로 달걀가공품의 저장에 주의해야 한다.

난황은 날 것도 소화율이 높지만, 난백단백질의 경우는 가열에 의해서 소화율이 증진된다. 그러나 너무 심하게 열응고된 것은 소화액과의 혼합이 불충분하여 오히려 소화율이 저하되는 경우도 있다. 비타민류도 고열로 장시간 조리한 경우 이외에는 큰 손실이 없다. 아비딘의 항비오틴 작용 또한 가열에 의해서 파괴되기 쉽다.

생달걀에는 병원세균인 살모넬라(*Salmonellae*) 속 세균이나 기타의 세균이 침입하는 경우가 있고, 중독의 원인이 된 예도 있으므로 생달걀을 직접 먹는 것은 뚜렷한 해는 없지만 주의해야 한다.

(3) 물리적 특성

신선한 난백의 pH는 7.5~8.0이지만 저장 중 점차 상승하는데, 이는 난백 내의 탄산가스가 방출되기 때문이다. 28℃에서 20일간 저장하면 pH 9.5~9.6에 달하며, pH가 상승함에 따라서 난백의 수양화(水樣化)도 진행된다. 반면, 신선한 난황의 pH는 6.2~6.6으로 저장 중에도 거의 변하지 않는다.

난백은 가열하면 60℃ 전후, 난황은 65℃ 전후에서 겔(gel)화되며, 어느 것이나 70℃ 이상에서는 완전히 유동성을 읽고 겔화하지만 응고하여 고체화하는 데에는 80℃ 이상이 필요하다. 달걀을 가열하여 난황의 중심까지 완전히 굳는 데에는 98~100℃에서 12분이 필요하다.

난백과 난황은 열응고 이외에 산 · 알칼리 · 염류 · 방사선 등으로 처리하면 변성에 의해서 응고된다.

한편, 난백은 -0.45℃, 난황은 -0.58℃에서 동결되는데, 동결된 것을 해동하면 난백의 점도가 저하하고 난황의 경우는 비정상으로 증가하여 경우에 따라서는 사용할 수 없게 되므로 공업적 동결란 제조시에는 미리 식염 · 설탕 등을 첨가하여 겔화를 방지하는 경우가 많다.

달걀의 물리적 특성 중 가장 중요한 것을 유화성(乳化性)과 포립성(泡立性)이다. 난황 · 난백 모두 유화성이 있지만 난황이 훨씬 강하고, 포립성은 난백이 더 강한데, 이와 같은 성질은 마요네즈나 케이크를 만드는데 중요하게 이용된다.

신선한 달걀은 껍질을 포함하면 비중이 1.08~1.09이며, 저장 중 점차 감소하여 10일 후에는 1.07, 20일 후에는 1.05로 저하된다. 이 성질을 이용하면 선도감별도 가능하다. 난백 · 난황 혼합물의 비중은 1.045이다.

달걀의 품질은 크고 균일한 것이 좋으며, 길이와 폭이 4 : 3의 난원(卵圓)형이 좋다. 난각은 알맞은 두께로 되어 있어서 너무 얇거나 두껍지 않고 치밀하여 단단한 것이 운반 도중 파손될 염려가 적으며, 표면이 지나치게 매끄럽고 금이 간곳이 있으면 좋지 않다.

기실(氣室, air cell)은 산란 후 외기온도가 낮아서 수축할 때 난각의 수축보다 알 내부의 수축이 크기 때문에 내외의 난각막이 분리되어 생기는 것이며, 저장 중에는 수분이 증발하면 점차 커진다. 기실의 크기는 달걀의 품질검사의 척도가 된다.

난백에는 농후난백과 수양난백이 있는데, 점도가 높은 농후난백 주위에 수양난백이 좁게 흩어져야 하고 혈점(血點)이 없어야 한다.

난황은 완전한 원형으로 알의 바로 중앙에 있어야 하고 알을 깨트려 놓고 볼 때 난황이 퍼지지 않아서 높이가 큰 것, 즉 난황계수(yolk index, 난황의 높이/난황의 폭) 가 큰 것이 좋다. 신선한 것은 난황계수가 0.361~0.442이나 저장중에는 점차 감소하여 25℃에서 8일만에 0.30 이하로 저하되며, 일반적으로 0.25 이하인 것은 난황막이 찢어지기 쉽다. 달걀의 신선도는 다음과 같이 간단히 검사할 수 있다.

① 외관 : 신선한 것은 난각표면이 거칠고 선명한 반면, 광택이 있는 것은 대체로 부패란이다.
② 진음법(振音法) : 신선한 것은 그 내용이 치밀하므로 흔들어도 이동성이 없으므로 흔들었을 때 진동음이 느껴지는 것은 좋지 않다.
③ 설감법(舌感法) : 신선한 달걀은 내용물의 이동이 없고, 둔단부(鈍端部)에서만 기실이 있어서 혀 끝에 대면 따뜻한 감촉을 느끼며, 기실이 없은 예단부(銳端部)에서는 냉감을 느끼게 된다.
④ 비중법 : 달걀을 저장하게 되면 비중이 낮아지므로 식염수에 달걀을 띄워 보면 알 수 있다.
⑤ 투시법 : 난각은 광선을 투과하므로 암실 등에서 빛을 비추어 기실의 크기, 난백의 유동 상태, 난황의 위치 등을 알 수가 있다.

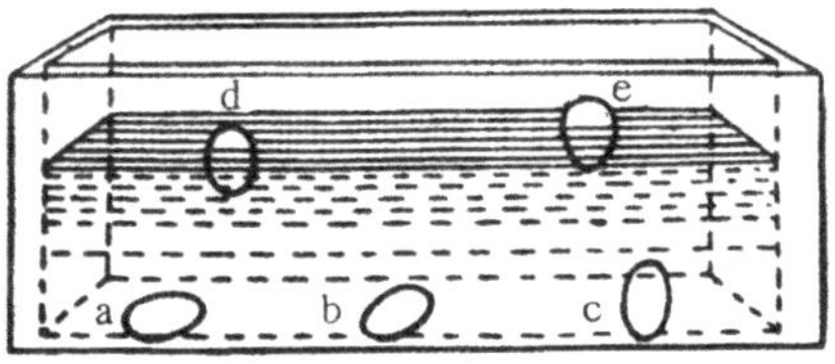

a. 산란 직후
b. 산란 1주 후
c. 보통 알
d. 상당히 오래된 알
e. 부패된 알

- 신선－11% 식염수(비중 1.08)에 가라 앉는 것
- 약간 신선 – 11% 식염수에 뜨고 10% 식염수(비중 1.073)에 가라 앉는 것
- 약간 오래된 것 – 10% 식염수에 뜨고 8% 식염수(비중 1.06)에 가라 앉는 것
- 부패된 것 – 8% 식염수에 뜨는 것

[그림 9-3] 비중에 의한 선별법

4) 달걀의 저장법

난각에 문제가 없다면 저온 건조한 곳에서 2~4개월 까지도 저장이 가능하다. 그러나 저장을 오래하면 달걀의 상품적 가치는 저하된다. 닭은 생리적 특성상 춘계에는 산란이 많고, 추계에는 산란이 감소되며 가격 차이가 크다. 따라서 소비는 오히려 가을에 많으므로 알을 대량 장기간 저장의 필요성이 있다.

알의 저장 목적은 선도 유지를 통하여 장기저장 및 부패 방지에 있고, 저장 원칙은 ① 알의 내부구조를 신선한 상태로 보존 하고, ② 외부의 미생물 침입을 방지하여 내부미생물 및 침입된 미생물의 활동을 억제한다. 알의 저장법으로는 ① 전란 저장 : 냉장법, 가스(gas) 저장법, 난각면 처리법, 침지법, 위생란 처리 냉장법 등, ② 활란 저장 : 액란으로 냉동법, 건조법 등이 있다.

(1) 냉장법

알의 냉장은 대량저장에 적당하고 경제적으로 취급이 용이하고, 온도, 습도의 조절이 맞으면 약 10개월까지도 저장이 가능하다. 냉장실의 온도는 0℃를 표준으로 하며 암모니아 직접 팽창식이 많이 이용된다. 예비 작업도 필요한데, 미생물 오염원인 난각표면의 오물을 제거하고 건조상태로 저온저장 할 때는 수분증발에 의한 난중 감량방지와 난백이 얇아지는 현상(thining) 방지조치가 필요하다. 냉장관리에서 장기저장 온도는 0~5℃, 습도 75~80%, 공기순환 1일 2~4회로 하며 공기순환이 불충분하면 달걀에 고취(old smell)가 난다.

(2) 가스냉장법(CA 냉장)

신선한 알에는 CO_2가 들어 있으나 저장 중에 차차 배출되어 알 내용물이 알칼리로 된다. 그래서 달걀의 CO_2량을 신선란과 같게 유지한다면 장기저장이 가능하다. 즉, 신선란의 저장상자를 보관고에 넣고 그 내부를 감압한 다음 CO_2와 N_2의 혼합 가스를 3~5% 되게 주입한다. 이어서 내부압력을 외부보다 30mmHg 높인 후 1℃에서 저장한다.

(3) 도말법(塗抹法, coating method)

난각표면에 기름, 파라핀 또는 콜로디온(collodion) 등을 칠하여 난각의 기공을 막고, 미생물의 침입 · 수분증발 · CO_2의 감소를 억제하는 방법이다.

(4) 침지법(浸漬法)

달걀을 물유리(냉암소 4~5개월), 석회수(상등액에 3~5개월), 식염수(포화용액에서 몇 개월 저장) 등에 침지하여 냉암소에 저장하는 방법이다.

(5) 방습법(防濕法)

매장법이라고도하며 왕겨 · 메밀껍질 · 톱밥 · 재 · 석회 · 소금 등으로 달걀을 매장하여 난각표면을 건조시켜 미생물의 침입을 방지하는 것으로 1~2개월의 단기간 저장에 적합하다.

5) 달걀의 가공품

대부분의 달걀은 신선한 상태로 소비되지만 다량생산의 경우 1차 가공품인 액란 · 동결란 · 건조란 등으로 분류하며, 다시 2차 가공품인 피단 · 마요네즈 · 과자 등의 원료로 이용된다.

(1) 식란 처리

식란(위생란, fresh egg, sanitary egg)처리의 경우, 신선란은 먼저 오염란과 기형란을 골라내고 온수와 소독수를 사용하는 자동세척기로 세척하고 고속송풍 급속건조시킨 후 투광검란 과정에서 혈반란 · 변질란 · 이상란 등을 가려내어 다시 무게에 따라서 컴퓨터 평량기로 선란한다.

(2) 액상란

액상란(liquid egg)에서 액상전란은 제과제빵의 원료 및 단체급식의 원료로 사용되고, 액상 난백은 제과용, 수산제품인 어묵붙이, 소세지용 및 음료제조 원료로 이용되고, 액상난황은 대부분 마요네즈(mayonnaise) 제조에 쓰이며 그 외 제과면류 또는 이유식 등에도 사용된다.

액상란은 변질이 빨라서 활란 후 20시간 이내에 사용해야하며 거의 위탁 생산하고 있다. 그 제조방법은 달걀접수 → 저온보관(10~15℃) → 검란(투시검사 또는 활란검사) → 세란(자동세란기에서 온수소독수) → 활란(자동활란기에서 무균저온실 15℃) → 여과 → (파편난각, 알끈, 난황막 등을 제거) → 살균(63℃, 3.5분) → 냉장(4~5℃) → 출하 순서로 한다.

(3) 동결란

동결란(frozen egg)은 동결전란, 동결난황 및 동결난백으로 구분한다. 주의 사항은 어떤 경우의 제품이라도 살균처리를 실행한 난액을 -20~-30℃에서 신속하게 동결시켜 조제한다. 단, 동결난황의 경우는 난황을 그대로 동결하면 점도가 이상하게 증가되어 겔(gel)화 하게 되어 식염, 설탕, 글리세린(glycerine) 등을 5~10% 전도 첨가시켜 동결한다. 제품을 보통 -18℃에서 저장한다. 동결란의 종류별 용도는 동결전란은 제과 · 제빵원료, 동결조제란(전란 + 난황 + 설탕 + 시럽)은 제과용으로, 동결난백은 케익류 등의 원료로 이용되고, 동결난황은 이유식 · 면류 · 마요네즈 등의 원료로 소비되고 있다. 동결가당 난황(10% 가당)은 각종 제과원료나 이유식 원료, 동결가염 난황(10% 가염)은 면류나 마요네즈 원료로 사용된다.

(4) 건조란

알의 내용물을 건조하면 저장성이 우수하고 수송이 편리하나 유해균의 오염, 지방의 산패 및 용해도 저하에 유의해야 한다. 건조란(dried egg poder)도 건조전란 · 건조난황·건조난백으로 구분한다. 난액을 그대로 건조하면 그 중에 함유된 탄수화물과 단백질 또는 인지질, 특히 세팔린(cepahalin)이 반응하여 제품의 갈변이 일어나고 용해도 저하가 병행된다. 이러한 반응을 예방하기 위하여 건조 과정 전에 탈당(脫糖) 처리나 산성화 처리를 해야 한다.

탈당 처리는 효모 · 유산균 · 호기성균(aerobactor) 등을 사용하여 난액을 발효시키거나 또는 난액 중의 유리당의 대부분이 포도당으로 되어 있어 글루코스 산화효소(glucose oxidase) 처리로 글루콘산(gluconic acid)으로 전환된다. 제당처리는 효소법과 효모법이 있다. 효소법은 난액(pH 7.0)에 0.02% 효소를 첨가하여 30~35℃, 5~6시간 글루콘산으로 분해시킨다. 효모법은 난액(pH 7.0)에 효모(0.1~0.5%)를 가하여 10~20시간 발효시킨다. 산성화 처리는 주로 건조전란 제조에 실시되며 염산 등으로 난액의 pH5.5로 조정하여 건조하는 것이다. 이것은 산성영역에 있어서는 당과 단백질 또는 인지질의 반응이 억제되는 현상을 이용하는 것이다.

효소법 : $\underset{\text{(glucose)}}{C_6H_{12}O_6} + O_2 + H_2O \xrightarrow{\text{glucose oxidase}} C_6H_{12}O_7 + H_2O_2$

$2H_2O \xrightarrow{\text{catalase}} 2H_2O + O_2$

효모법 : $\underset{\text{(glucose)}}{2C_6H_{12}O_6} + O_2 \xrightarrow{\text{enzyme system}} 2C_6H_{12}O_7$

건조는 분무건조기로 140~150℃ 정도에서 건조시키며 제품은 수분이 5% 이하로 하여 그대로 또는 가스충진하여 밀봉·저장한다. 이용성은 제과원료·제면원료 등이다.

(5) 피단

피단(皮蛋)은 중국에서 만든 난가공품으로 송화단(松花蛋) 또는 채단(彩蛋)이라고도 하며 본래 오리알을 사용하였으나 지금은 달걀로 만들고 있다.

달걀을 껍질채로 식염을 함유한 강한 알칼리성 반죽으로 덮어 알 내용물에 서서히 알칼리를 침입시켜 난단백을 응고시킨 것으로 보통 몇 개월이 소요된다.

제조법은 여러 가지 방법이 있으나 NaOH 5%, 식염 20% 정도의 수용액에 담그거나 또는 소석회 20, 초목회 30, 탄산소오다 5, 소금 5, 물 40의 비율로 혼합하여 이것을 1cm 두께로 난각표면에 도포하여 알칼리와 염분을 알 내용물에 침투시켜 알칼리에 의한 난단백질을 응고시키고 이것을 진흙으로 난각표면에 쌓아 밀폐하여 숙성시킨다. 숙성에 의하여 알내에 알칼리와 염분이 균등하게 분포되고 단백질과 지방 등, 응고된 알 내용물을 분해하여 피단의 독특한 풍미를 창출하고 난백을 갈색, 난황을 암록색으로 중심부는 황색 또는 흑색으로 된다. 약 15℃에서 5~6개월 숙성하면 온화한 풍미를 내는 양질의 것이 된다.

피단제조 중의 성분변화로는 알칼리 작용에 의해 단백질과 지질이 분해되고 비타민 B는 완전 파괴되나, 비타민 A · D는 변화가 없다. 단백분해로 생긴 NH_3는 특수한 풍미를 주고 소화기관을 적당히 자극하여 식욕을 증진시키며 위산(胃酸)의 중화에 효과적이다.

(6) 훈제란

훈제란(燻製卵, smoked egg)은 알을 삶아서 난각을 제거하고 조미액에 담가서 맛이든 다음 훈연시키는 것으로 저장성이 우수하고 풍미가 양호한 제품이다.

염지액은 달걀 10개 당 소금 200g, 물 1L 중에 24시간 담그고 조미액으로 물 1L, 주정 50g, 설탕 30g, 후추 4g, 생강분 4g, 계피분 4g을 혼합하여 한번 끓인 후 냉각시켜 24~28시간 담그고 대바구니에 담가서 30℃에서 4일간 냉훈(冷燻)을 실시한다.

CHAPTER

10 어패류

1. 어패류의 특성

어패류에는 바닷물 또는 민물에 서식하는 어패류, 패류 및 포유류인 고래류가 있다. 우리나라는 삼면이 바다이므로 수산업의 입지적 조건이 유리하다.

어패류는 생산되는 장소와 시기가 일정하지 않다. 즉, 수심 200m 이내의 대륙붕을 그 대상수역이라고 볼 때 그 넓이는 전 해양의 8.4%에 불과하며, 이 대륙붕도 모든 곳이 언제나 어장으로 성립되는 것은 아니다.

또한 어패류는 생산량의 변동이 심하고 어획된 것은 변패되기 쉬운 것이 특징이다. 농산물은 인위적인 재배관리를 통하여 생산물을 조절할 수 있으나 수산물은 일부 양식을 제외하고는 계획생산이 매우 어렵다. 어패류는 축육에 비하여 조직이 연하고 상하기 쉬우며 세균의 오염도 받기 쉬워서 내장이 있는 그대로 유통되면 자가소화에 의한 변질이 일어나기 쉽다.

어패류는 그 종류가 많은 것도 특색으로 우리가 식용하는 것만 해도 500종이 넘고, 같은 어종이라도 어획법 · 취급방법 · 연령 · 성별 · 계절에 따라 화학적 조성, 특히 지방질 함량이 다르다. 수산물 중 동물에 속하는 것은 포유류, 파충류, 어류, 연체동물, 갑각류, 극피동물, 강장(腔腸)동물, 해면동물 등이 있으며, 대부분 바다에서 서식한다.

이와 같은 해산물은 종류가 많을 뿐 아니라 형태나 생활양식에 따라서도 변화한다. 수산동물은 대부분 변온동물(變溫動物)로서, 온도변화에 비교적 잘 견디는 것을 광온성(廣溫性)동물, 민감한 것을 협온성(狹溫性) 동물이라 한다. 수온은 위도 · 깊이 · 기후 · 풍향 등에 따라 차이가 있으며, 계절변화에 따라 영향을 받는다.

수중에는 30종 이상의 무기질이 있으며 이들이 수산동물의 먹이가 되고 있다. 그 중에서도 특히 중요한 것은 인산염 · 질산염 · 규산염 등으로 대부분 심층에 풍부한데, 바다 밑 굴곡이 있는 곳 중 물이 섞이는 곳에 플랑크톤이 잘 번식하게 되고 그것을 섭취하는 동물이 많이 모이는 곳이 좋은 어장이 된다.

수중에 용존하는 가스는 산소(O_2) · 질소(N_2) · 탄산가스(CO_2)의 3종으로 물의 밑바닥에는 황화수소(H_2S)가스가 들어있는 경우도 있으나 이는 특수한 경우로, 이들 중 산소와 탄산가스는 수산생물의 생활과 밀접한 관계가 있다.

어류는 서식하는 장소에 따라 담수어, 해산어로 구분되는데, 같은 담수어라 할지라도 서식하는 장소는 여러 곳이다. 예를 들면, 고들매기는 산골짜기 시냇물에 자라고, 잉어나 붕어는 강 하류나 연못에 살지만 황어는 개울 전체에 살고 있다. 뱀장어처럼 강물에 따라서 심해에 산란 후 다시 강으로 올라오는 것이 있는가 하면 은어처럼 어릴 때 바다에서 살다가 강으로 올라오는 것도 있다.

해산어 중에서 농어 · 숭어는 연안에서 자라지만 일시적으로 강에 올라가고, 전어 · 뱅어·보리멸 등은 연안에서 자라며, 성대 · 가자미 등은 넓은 바다의 깊은 곳, 금눈동, 아지 등은 깊은 바다의 해저에 산다. 연어 · 송어 · 철갑상어 등은 바다에 살고 산란 시 강으로 올라온다.

1) 어패류의 성상

물고기는 머리 · 몸통 · 꼬리의 세 부분으로 체형은 방추형이 대부분이지만 때로는 좌우 또는 상하로 편평하거나 가늘고 긴 것도 있다.

고기의 형태는 수중에서의 생활이나 호흡을 하고 헤엄쳐 돌아다니면서 먹이를 구하기 쉽게 되어 있다. 대부분의 고기형태는 [그림 10-1]과 같지만 뱀장어처럼 배지느러미를 가지지 않고 꼬리 자체로 헤엄쳐 다니는 것도 있다.

가식부는 주로 등뼈의 양쪽에 붙어 있는 근육이며, 등쪽의 고기는 두꺼우나 배쪽은 얇아서 내장을 둘러싸고 있어 횡단면은 머리에서부터 꼬리쪽으로 감에 따라 형태가 변화한다(그림 10-2). 여기서 등쪽 고기와 배쪽 고기의 경계부위에 있는 어두운 적색부를 혈합육(血合肉, dark meat, red meat)이라 한다.

고기의 바깥쪽은 피부(skin)로 덮여 있는데, 피부는 몇 층의 표피세포로 된 표피와 몇 층의 결체조직으로 된 진피(眞皮)로 되어 있고, 표피에는 점액을 분비하는 점액선이 분포되어 있으며, 진피로부터는 석회질이 침적하여 된 비늘이 형성되어 있다.

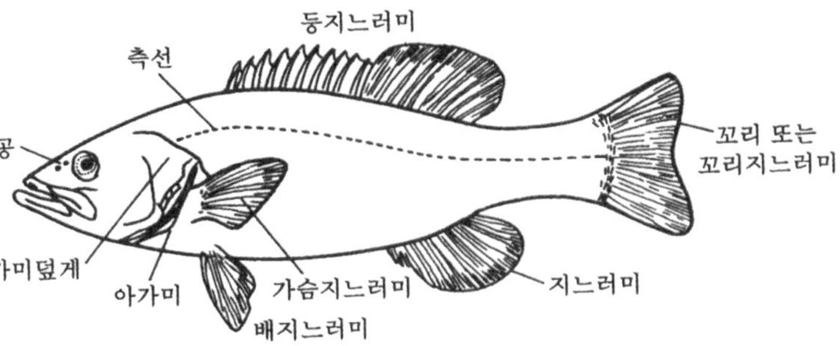

[그림 10-1] 어체의 구조

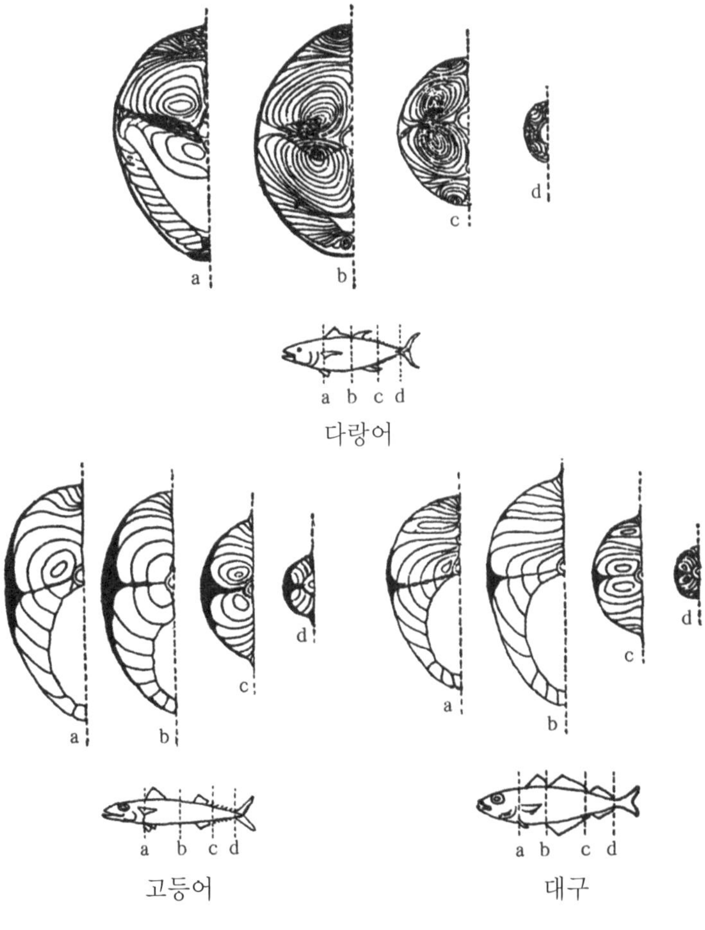

[그림 10-2] 어육의 단면도

표피와 진피 사이에는 색소세포가 배열되고, 진피와 그 내부의 근육 층간에는 색소 과립세포가 존재한다. 물고기의 색은 주로 이들 색소세포 중에 들어있는 색소립과 비늘에 의해서 결정되나 다시 표피 및 진피를 통과하는 빛의 굴절에 의해서 광채를 낸다.

근육은 여러 근절로 세분된 몇 다발의 근속으로 나누어지며, 근속은 다시 가느다란 근섬유가 여러 개 모여서 다발이 된 근의로 싸여 있고, 근의는 모여서 건을 형성한다.

생선 가식부의 근육은 횡문근으로 되어 있는데, 오징어와 같은 연체동물의 근육은 주로 평활근으로 구성되고, 오징어의 근섬유는 체축에 직각 방향으로 되어 있다.

전체 어육 중 혈합육의 비율은 정어리 약 31.3%, 꽁치 약 23.3%, 고등어 약 19.1%, 방어 약 16.4%, 칠성상어 약 6.9%, 삼치 약 4.5%이다.

어패류의 가식부는 주로 근육 부분으로 대략 전체의 50%를 차지하고, 나머지는 내장과 기타 조직으로 되어 있다. 각 부위별 비율은 어종·어획시기·성별·영양상태·연령 등에 따라 다르다. 예를 들면, 꽁치는 육부 약 71~73%, 내장부 약 6.5~7%, 기타 약 20~23% 이지만, 대구는 육부 약 37.5%, 내장부 약 15%, 기타 약 48.5%이고, 연체동물인 살꼴뚜기는 육부 약 83.2%, 내장부 약 17.5%, 기타 약 0.14%, 바지락은 패각 약 30%, 육·내장부 약 70%, 갑각류 중에서 대하는 육부 약 40~43%, 각시새우는 육부 약 54~56%이다. 이들을 평균하면 물고기의 가식부는 대략 50%가 된다.

2) 어패류의 화학적 조성

각종 어패류의 가식부에 해당되는 근육의 일반 화학조성은 연령 · 시기 · 성별 · 영양상태·먹이 및 부위에 따라서 차이가 나지만 대략 수분 약 70~85%, 단백질 약 15~22%, 지방질 약 0.5~25%, 당질 약 1% 이하, 회분 약 1~2%로 육상동물과 비슷하다.

단백질의 주성분은 식육류와 마찬가지로 미오신(myosin)과 미오겐(myogen)으로 되어 있고, 그의 아미노산 조성은 어패류의 종류에 따라서 다르지만 대부분의 필수아미노산을 함유하고 있으며, 비단백태 질소로서 크레아틴(creatine) · 퓨린(purine) · 콜린(choline) · 염기(base) · 이노신산(inosinic acid) 등이 들어있다. 어육이 끓인 국물이 투명한 젤리상(狀)으로 굳는 것은 어육 중에 들어 있는 콜라겐이 젤라틴으로 변화된 것으로, 콜라겐은 어피의 주성분이다. 이는 묽은 산 · 염기에 잘 녹지 않고 단백질 분해효소에 대해서도 저항성이 있다. 엘라스틴은 트립신에 의해서 분해되지만 콜라겐은 분해되지 않는다. 식육류에 비해서 어육류에는 결체조직이 적게 들어 있는데, 그 함량은 [표 10-1]과 같다.

즉 결체조직 중 콜라겐과 엘라스틴의 함량비는 4~5 : 1 정도로 콜라겐이 많으며, 이는 물과 같이 가열하면 60℃ 부근에서 나선구조를 유지하고 있는 사슬간의 가교결합이 절단되기 때문에 원래 길이의 1/3~1/4로 수축하는 성질이 있다.

어육 콜라겐의 열수축 온도는 사슬간의 수소결합에 관여할 수 있는 히드록시프롤린의 함량이 식육에 비하여 적기 때문에 축육의 60~70℃보다 낮은 35~50℃ 정도이다. 이보다 높은 온도로 가열하면 콜라겐이 소화되기 쉬운 젤라틴으로 된다.

[표 10-1] 어육의 결체조직 함량 [단위:%]

어 종	결체조직	콜라겐/엘라스틴
다랑어	0.25	4.92
가다랑어	0.32	4.29
꽁 치	0.37	5.35
농 어	0.60	4.22
도 미	0.38	4.69
노루시볼락	0.32	2.40
명 태	0.27	1.33
넙 치	0.78	4.79
문치가재미	0.71	2.90

어육 중 지방질의 함량은 대략 1~6%의 범위로 지방질이 적은 것은 담백한 반면, 지방질이 많은 것은 진한 맛이 난다. 지방질이 1% 이하인 고기에는 대구, 날치, 복어 등이 있고, 비교적 지방질이 많은 것으로는 꽁치 · 뱀장어 등이 있다.

지방은 피하지방조직이나 복강 내 조직에 함유된 축적지방과 세포 내에 함유된 조직지방이 있다. 축적지방은 트리글리세리드(triglyceride)이고 조직지방은 인지질인데, 일반적으로 어류의 지방은 축적지방이다. 어유의 지방산 조성은 대략 포화지방산 20%, 불포화지방산 80%로 어육의 지방은 상온에서 액체이며, 주된 포화지방산은 팔미트산(palmitic acid)이고, 불포화지방산은 올레산(oleic acid)이다.

특히 물고기에는 육상의 동 · 식물성 유지에는 거의 들어 있지 않은 EPA(eicosapentaenoic acid, C20 : 5), DHA(docosahexaenoic acid, C22 : 6)와 같은 오메가(ω)계의 고도 불포화지방산을 함유하는데, 이들은 심장병 · 동맥경화 등의 순환기 계통의 질환의 예방과 치료에 효과가 있다는 보고가 있다. 이런 고도 불포화 지방산들은 정어리, 청어 등의 간유성분으로 다량 들어 있다. 어유 중에 함유된 고도 불포화지방산은 콜레스테롤 함량을 저하시키는 작용이 있다.

왁스는 향유 · 돌고래 등의 뇌유에 많이 들어있고, 소화가 안 되므로 많이 먹으면 설사를 일으킨다. 지방질 함량은 산란시기나 계절에 따라 달라지는데, 대체로 그 함량이 높을 때 고기 맛이 좋으나 불포화도가 높기 때문에 산화되기 쉽다.

고기를 잡을 때에는 근육 중에 글리코겐이 0.2~1% 들어있으나 시판 중에는 거의 없는 반면, 굴에는 글리코겐이 많이 들어 있다.

회분은 어육 1~2%, 뼈째 먹는 고기에는 0.5% 이상 들어 있으며, 회분 중에도 Na· K · Mg · P이 많고, 기타 Ca · Al · Fe · Mn · Cu · Co · Ni · I · Cl · S 등이 들어있다. 물고기는 해조나 작은 고기를 먹어 무기질이 많으며, 특히 굴에는 상당히 많은 요오드가 함유되어 있다.

대구의 간장에는 비타민 A가 많이 들어 있어서 간유 제조에 쓰인다. 카로틴은 붉은 빛깔의 연어나 지방함량이 높은 고기에 함유되어 있고, 비타민 C는 참치류에 함유되어 있으며, 비타민 B_1·B_2를 함유한 고기는 비교적 적으나 어류의 간장과 심장에 많다.

3) 어패류의 맛

어육 중 가용성 성분에는 유리아미노산, 유기산, 저분자의 질소화합물, 저분자의 탄수화물 등이 있는데, 모두 근육세포의 대사에 관여하는 성분으로서 생리적으로 중요할 뿐 아니라 식품의 맛이나 변질에도 관여한다.

어류에는 이러한 가용성 물질이 약 1~5%, 연체류에는 약 4~8%, 갑각류에는 약 6~10%가 들어 있으며, 이 중 2/3~3/4이 유기 성분이고 나머지가 무기 성분이다. 일반적으로 척추동물이 무척추동물보다 가용성 성분이 적다.

비단백태질소 함량은 상어와 가오리류에 많은데, 이는 이들 연골어가 삼투조절을 위하여 체내에 다량의 요소(urea)와 트리메틸아민옥시드(trimethylamine oxide, TMAO)를 함유하기 때문이며, 이러한 상어와 가오리류를 제외하면 비단백태질소 함량은 갑각류 〉 연체류 〉 어류의 순이며, 붉은살 어류가 흰살 어류보다 많고 연골어가 경골어에 비하여 많다. 가다랑어나 고등어와 같이 회유력이 큰 것은 가자미, 넙치와 같은 저서어에 비하여 많다.

가용성 물질 중 아미노산은 맛에 중요하며 붉은살 어류가 흰살 어류보다 많고 붉은살 어류 중에서도 혈합육에 많다. 아미노산 중에는 글리신(glycine), 알라닌(alanine), 글루탐산(glutamic acid), 발린(valine) 등의 아미노산이 많이 들어 있고, 염기성 아미노산인 히스티딘(histidine)은 운동이 활발한 붉은살 어류에 많으며 보통육이 혈합육에 비하여 함량이 높다. 그밖에도 흔하지 않은 타우린(taurine)이나 β-알라닌(β-alanine)도 들어있다.

타우린은 단백질 구성에 관여하지 않는 함황 아미노산으로 어류 중에서는 대구에 100~450mg%, 오징어 · 문어 · 굴 · 전복 · 바지락 · 담치 · 멍게 등의 무척추동물에는 일반적으로 많이 함유되어 3~4%에 달할 때도 있다.

TMAO는 해산동물, 특히 상어 · 가오리류 등 연골어류에 많다. 이는 단맛이 있고 완충능이 있으며, 세균이나 글리코겐에 의하여 쉽게 환원되어 트리메틸아민(trimethylamine, TMA)을 형성하며 비린내를 낸다.

베타인(betaine)은 무척추동물, 특히 오징어 · 문어 · 새우 등의 근육에 많아서 가용성 물질 중 5~11%를 차지한다. 상쾌한 단맛을 가지고 있어서 글리코겐과 더불어 단맛을 낸다.

생체 내 대사산물의 하나인 암모니아는 독성이 강하므로 배설되거나 요소로 전환되어 삼투압조절제로서 이용된다. 연골어류는 어획 후 선도가 떨어지기 시작하며 심한 암모니아 냄새를 내는데, 이것은 요소와 TMAO가 분해되어 TMA와 암모니아를 발생하기 때문이다.

지미성분 중 가장 중요한 것으로는 핵산 분해물인 뉴클레오티드(nucleotide)를 들 수 있다. 그중에서도 이노신산은 맛에 가장 중요한데 각종 어류의 이노신산 함량은 [표 10-2]와 같다.

어패류의 맛이 가장 좋은 계절이 있는데 이 시기의 고기를 생으로 먹거나, 굽거나 삶아서 먹는 것이 좋다. 어패류는 살이 가장 많을 때가 맛이 좋고 기름 함량의 증가에 따라 풍미가 좋아진다. 어패류의 맛은 산란환경 · 연령 · 성별 · 어장 · 부위 · 선도 · 먹이 등에 따라서 다르며 일반적으로 산란기 전에 맛이 좋은 고기가 많다. 방어, 삼치, 전어, 옥새송어, 뱅어, 메기, 병어, 조기, 돔다랑어, 넙치, 가자미, 모래무지, 오징어, 문어, 물조개, 새고막, 정어리 등이 이에 속한다. 이들은 늦은 가을 또는 한겨울부터 이른 봄에 걸쳐 기름이 올라 맛이 좋다. 날치, 성대 등처럼 여름에 산란하는 것은 그 해의 봄에 맛이 좋으며, 은어, 농어, 돔, 취노래미, 전복 등처럼 가을에 산란하는 것은 그 해의 여름에 맛이 좋다.

[표 10-2] 어패류 근육 중의 이노신산 함량

[건어물 중 mg%]

어종	함량	어종	함량
고등어	1,300(사후 3시간)	연어	104
멸 치	863	건조새우	99
아 지	853(빙장)	다랑어소시지	56
가다랑어	822(동결)	오징어	23
(우육)	443(4일냉장)	성게알	17
고 태	385		

이들 고기는 산란기가 되면 맛이 급속하게 떨어지는데, 일반적으로 다랑어, 방어, 고등어, 복어 등이다. 한편, 산란기에 맛이 좋은 것도 있는데, 이런 고기들은 대개 여름에 산란을 한다. 그 예로 미꾸라지, 갯장어, 보리멸, 꼬치고기, 자리아지, 가다랑어, 새치다래, 전복 등이 있다.

어린 고기는 일반적으로 육질이 부드럽고 지방이 적으나 성장함에 따라서 육질이 단단해지고 지방이 증가한다. 그러나 가용성 성분은 큰 차이가 없다. 연령에 따라서 맛이 다른 것도 있는데, 예를 들어 전어, 방어는 겨울에 맛이 있으며, 다랑어도 겨울에 맛이 있고 여름에는 맛이 떨어지나 어린 것은 연중 변화가 없다.

어류의 선도에 따라 맛이 변화하는 것은 당연한데, 축육류는 도살 직후는 맛이 없고 일정 기간 숙성시켜야 맛이 나는 반면, 어류는 이런 점에서 다르다. 예를 들면, 고등어 등 붉은살 어류는 일반적으로 자기소화가 빠르고 육질이 연화되기 쉬우나 어느 정도 선도가 떨어졌을 때 지미가 증가하며, 어획 직후보다 수일간 저온저장한 편이 맛이 좋아진다. 한편, 흰살 어류는 오래 될수록 맛이 나빠지므로 신선한 것일수록 좋다.

이와 같은 선도와 관계되는 것으로 어획방법이 있다. 저인망어업은 선도의 저하속도가 빠르나 낚시로 즉시 낚아서 머리를 두들겨 죽이면 선도가 떨어지지 않는데, 이것은 근육운동을 하는 연수의 후단부를 절단하면 근육층의 ATP의 감소를 방해하여 선도가 유지되기 때문이다.

연수의 크기나 위치는 다소 다르지만 대략 눈의 후방 아가미덮개 윗부분의 뇌수 부근을 기준으로 몸 밖으로부터 자살한다.

어체의 부위에 따라서도 맛이 달라지는데, 다랑어 배쪽의 고기는 근육이 적고 맛에 관여하는 가용성 물질이 많아 초밥용으로 애용된다. 뱀장어는 후반부가 맛이 있고, 넙치 · 가자미는 활동근육의 수축이 잘되기 때문에 가장자리 부분이 맛이 좋다.

고기의 지미의 성분은 정확한 물질이라기보다는 여러 가지 성분이 혼합된 것으로 봐

야하는데, 생리적 · 물리적 · 화학적 · 미각이 조화되어 나오는 것으로, 화학적으로 말하면 혀에 맛 성분이 닿았을 때 녹는 것이 아니면 안 된다. 그중에서도 가장 중요한 것은 이노신산으로 여기에 각종 아미노산이 가해지면 다시 맛이 증진되는 것으로 알려져 있다. 또한, 글루탐산이 중요한 역할을 한다.

연체류와 갑각류에는 베타인이 많은 편인데, 오징어와 새우의 경우에는 베타인이 호박산과 관련된다.

맛과 밀접한 관계를 가지는 냄새는 어패류의 선도가 저하함에 따라서 TMA가 많아져 맛에 나쁜 영향을 미친다. 이것은 일반의 해산 어패류에 함유되어 있는 TMAO가 분해되어 나오는 것으로 일반적으로 흰살 어류에 많다. 물고기나 축육의 냄새를 없애는 데는 감귤류의 과즙이 좋은데, 이는 TMA나 암모니아와 같은 염기성 물질을 중화하는 역할을 하기 때문이다.

연어의 향미는 피페리딘(piperidine)과 아세트알데히드(acetaldehyde)에 의한다. 일반적으로 담수어 냄새는 뻘 중의 먹이에 의하는 냄새가 강하고 메르캅탄 · 저급지방산 · 황화수소 · 인돌 · 스카톨 · 메탄 등의 혼합된 냄새 성분들이 관여된다.

그밖에 지방의 분해에 의한 냄새도 있는데, 예를 들어 정어리산은 고기의 생취의 하나이지만 이 분해물인 알데히드 · 케톤 · 유기산 등으로 인해 냄새가 강해지며, 돌고래의 지방은 저급의 이소발레산(isovaleric acid)에 의해, 향어로 알려진 은어의 냄새 성분은 먹이인 규조류의 정유 성분에 의한 것으로 추정된다.

4) 어패류의 빛깔

어류는 온혈동물에 비해서 근육 중에 모세혈관의 분포가 적기 때문에 헤모글로빈에 의한 정색이 적어 일반적으로 살색은 담색이다. 근육의 색소는 보통 단백질과 결합하는 수용성 색소단백질과 유지에 녹는 카로티노이드 색소로 구분 되는데, 어류의 체색은 이 색소단백질과 카로티노이드 이외에 형광물질에 의해서 나타나는 것으로 어류의 피부는 각질의 비늘, 표피 색소포, 잡색체 이외에 결체조직이 끼어 있어 상하로 광채포가 분포되고, 그 밑에는 근육이 이어져 있다. 광채물질은 상하층의 광채포에 함유되어 있고, 바깥층은 홍색, 안층은 은백색을 띤다. 색소포는 표피 밑에 색소단백질이 들어 있고 외부의 자극에 의해서 수축 또는 확산한다.

척추동물의 고기 빛깔은 헤모글로빈이 주로서, 해산어류 중 삼치, 고등어와 같은 활동성인 것에 많고, 가자미·새우와 같은 비활동성의 어류는 회색으로 잘 변하며, 붉은살 어류는 대부분 가열하면 미오글로빈이 산화되어 메트미오글로빈(metmyoglobin)으로 변화되기 때문에 살색이 회갈색으로 변한다. 헤모시아닌(hemocyanin)은 구리를 함유하는 혈색소이며 산화되면 청색으로 변한다. 이는 하등동물의 호흡작용에 관여하고, 패류·복족류·두족류·갑각류에 들어 있다. 게 통조림의 청변육은 이와 같은 변화에 의한 것이다.

근육의 색을 나타내는 물질은 근육 헤모글로빈(hemoglobin), 미오글로빈(myoglobin), 시토크롬(cytochrome), 플라빈(flavin) 등이 있고, 그밖에 지용성의 카로티노이드 색소가 있다. 미오글로빈은 일반적으로 혈합육에 현저히 많고, 특히 다랑어, 삼치 등에 많다. 시토크롬은 적색의 호흡색소로 헤모글로빈과 함께 중요 요소로 동물의 심장근육에 많다.

연어육의 붉은색은 아스타신(astacin)으로 일종의 카로티노이드로서 단백질과 결합하여 청흑색의 아스타크산틴(astaxanthin)으로 존재하나, 가열하거나 알코올을 넣으면 단백질로부터 분리 · 산화되어 붉은 아스타신으로 변화한다. 예를 들어, 새우, 게 등을 삶거나 초절임하면 빨갛게 되는 것은 이 때문이다. 표피색소로서는 아스타신, 카로틴, 크산토필(xanthophyll), 푸코크산틴(fucoxanthin) 등의 카로티노이드가 존재한다.

오징어 · 문어의 먹물은 멜라닌(melanin)이고, 조개류의 색소는 황화철이 패각의 구성성분에 결합하여 불용성 침전물이 생기는 것이 보통이다.

5) 어패류의 사후 품질 변화

(1) 사후경직

어패류가 죽은 후 일정시간이 지나면 근육이 굳어지는 것을 소위 사후경직이라고 하는데, 이는 어종 · 온도 · 어획법 등에 따라서 다르게 나타난다. 우리가 구입하는 시판의 고기는 사후경직 후의 것이 많으며, 사후경직 중의 고기는 선도가 매우 좋은 것으로 귀중하게 취급된다. 신선한 고기에 냉수를 부으면 고기가 수축하는데, 이러한 특성은 잉어를 씻는 등의 요리나 고기의 선도를 측정하는 방법으로 옛날부터 이용되어 온 반면, 선도가 나쁜 고기는 세척하더라도 수축되지 않는다.

사후경직이나 세척에 의한 수축은 고기의 근육 중에 들어 있는 ATP와 관계가 있어서 ATP가 분해되어 버린 고기에서는 세척에 의한 수축현상이 일어나지 않는다. 활동성이 많은 고기, 따뜻한 곳에 방치한 고기 등이 사후경직이 빨리 일어나는 것은 이와 관련된다.

(2) 자기소화

사후경직이 끝나면 자기소화(autolysis)라 하며 사후에는 각종 효소의 작용 때문에 어육은 산화 분해된다. 자기소화는 pH·온도·염류 등에 영향을 받는다. 예를 들면, 가다랭이나 꽁치 같은 적신어는 도미나 넙치 같은 백신어보다 빠르고 활동력이 큰 물고기일수록 빠르다. 또 pH 4.5 근처에서 가장 자기소화가 크며 고등어나 상어 등의 해수어는 40~45℃에서 잉어나 붕어 등의 담수어는 23~27℃에서 자기소화가 진행된 어패류는 조직이 연약해지고 풍미도 떨어져서 생식에는 적합하지 못하고, 그러나 자기소화가 진행되면 미생물의 활동이 촉진되어 선도가 떨어지고 부패에 이르는 과정에서 근육·내장·소화기관 내에 존재하는 단백질은 카뎁신(cathepsin)과 세균효소에 의해 분해되어 아미노산이 되며, 일부는 단백질로 그냥 남아 있게 된다.

(3) 부패

자기소화가 끝나면 pH도 중성에 가까워져서 부패세균이 번식하기에 적합한 상태가 되며 이들 세균의 번식에 의하여 어육 단백질이 분해되어 여러 가지 부패 생성물이 생기고 악취가 난다. 부패 생성물로는 TMA와 히스타민(histamine)이 대표적이다.

TMA는 담수어에는 함유되어 있지 않으나 해수어 특히 상어류에 많이 함유 되어 있는 TMAO가 세균의 작용으로 환원되어 생긴다. 이물질은 부패하기 시작한 어취의 원인이 되며 부패 초기의 지표가 된다. 히스타민 정미성분의 하나로서 고등어, 참다랭이, 꽁치같이 등이 푸르고 혈합육이 많은 어류에 많이 함유되어 있는 히스티딘(histidine)이 모르간 부패균(morgan's bacilli)에 의하여 탈 아미노화해서 생긴 유독 물질이다. 이 물질은 특유한 맛이나 냄새가 없고 70~100mg을 섭취하면 히스타민 성 알레르기 증(症) 중독을 일으킨다.

다만 상어, 오리류는 신선한 근육 자체에 100mg %의 암모니아태 질소를 함유하고 있는데 이것은 근육 중에 요소가 많기 때문이다. 보통 고기에 암모니아태 질소가 30~40mg % 정도 함유하고 있으면 초기부패로 간주한다.

6) 선도 감별법

어패류의 선도 판정법은 (1) 관능적 판정법, (2) 물리적 판정법, (3) 화학적 판정법, (4)

세균학적 판정법 등으로 대변할 수 있다.

(1) 관능적 판정법

신속하고 예민한 판정이지만 숙련이 필요하며 후각·시각·촉각·미각·청각 등의 오감에 의존하여 판정하므로 객관성이 적고 각 개인에 따라서 상당한 차가 생길 위험성이 있는 것이 결점이다. 판정은 변질이 빨리 일어나기 쉬운 아가미나 비늘·눈·내장에 가까운 부위를 특히 주의 관찰이 필요하다.

① 사후경직 : 사후경직 중인 것은 선도가 극히 좋다.
② 안구 : 눈은 맑고 뚜렷하며 정상 위치에 있다.
③ 아가미 : 아가미는 담적색 또는 암적색으로 조직은 단단하며 악취가 없다.
④ 표피 : 빛깔이 윤이 나며 비늘은 단단히 붙어 있다.
⑤ 복부 : 복부는 손끝으로 누르면 내장이 단단하고 긴장감이 있다.
⑥ 냄새 : 죽은 지 얼마 안 되는 신선한 것은 바닷물 냄새 즉 바닷가의 갯내음이 난다.

(2) 물리적 판정법

어육의 경도, 전기저항, 수소이온농도(pH), 어채 착즙의 점도 등을 측정하는 방법이 있는데 여러 가지 인자의 영향으로 오차가 큰 것이 결점이다.

pH의 측정을 간단하게 하려면 생선 표면에 유리 전극을 접촉시켜 측정하거나 pH 시험지를 이용한다. 또는 어육의 5~10배의 침출액을 만들어서 유리 전극 pH 측정 장치로 측정한다. 일반적으로 어패류의 근육이 살아 있을 때에는 pH 7.0 근처이지만, 사후에는 자기소화에 의하여 차차 산성으로 기울어져서 pH 5.5~6.0 정도까지 내려간다. 그 다음에 부패하기 시작하면 pH는 다시 올라가기 시작하면 pH 8.0까지 이르러 알칼리성이 된다. 따라서 pH가 한번 내려갔다 다시 올라가서 pH 6.0~6.2가 되면 초기 부패로 본다. 그러나 어패류의 종류나 부위에 따라 상당히 다르므로 주의해야 한다.

(3) 화학적 판정법

어패류의 비린 맛 성분인 TMAO가 25mg %까지는 신선한 것이나 50mg % 이상은 부패로 판정한다. TMAO는 어류 표면에 존재하며 삼투압을 조절해 준다. 생선이 죽으면 TMAO가 TMA로 되어 생선 비린내가 난다.

어패류의 근육은 사후 변화에 따라 여러 가지 화학물질이 축적되므로, 이들 화학물질을 정량 분석하여 그 분석치로부터 선도를 판정하는 것이다.

분석하는 대상물질로는 가용성질소, TMA, 휘발성 유기산, 휘발성 환원성 물질, 휘발성 염기태 질소(volatile basic nitrogen, VBN) 등이 있다.

(4) 세균학적 판정법

세균수가 어육 1g 중에 세균수가 105 이하이면 신선한 것이며, 107 이상이면 부패로 판정한다.

7) 어패류의 유통, 가공 및 저장

(1) 유통

어패류는 신선식품 중에서도 가장 부패되기 쉬우므로 신속하고 원활한 유통이 요구된다. 바다에서 잡은 고기는 산지 어시장에서 중개인·통조림업자·가공업자 등에 의해서 제때에 입찰하여 가격이 결정되기도 한다.

낙찰된 어패류는 소금이나 얼음을 넣고 통 상자 등에 넣어서 각 소비지의 중앙도매시장으로 옮겨가고, 여기서 다시 중매인에 의해서 소매상으로 넘어간다. 그밖에 창고비축업자, 냉장가공업자 등이 여기에 관여해서 생산지나 소비시장에 이와 같이 체계적으로 계통 출하되는 양이 전체의 70%이고, 나머지 30%는 개별적으로 출하, 유통되고 있다.

(2) 가공저장

어패류는 변질되기 쉽고 어획시기와 어획량이 일정하지 않아서 일시에 냉동저장하거나 가공해야 하는데, 냉동저장은 비록 조직의 파괴가 수반되기는 하지만 신선도를 어느 정도 유지하므로 유리한 가공 저장법이다.

어패류 가공품에는 어패류 냉동품 이외에도 선도 저하를 방지하기 위하여 처리하였거나 또는 새로운 맛을 내게 하기 위하여 가공한 여러 가지 제품이 있다.

1. 건조품 : 식품을 건조시켜서 자기소화효소의 작용과 부패세균의 활동에 필요한 수분을 제거하고 식품 중의 염분이나 엑기스분이 농축되게 하여 제품의 수분활성

을 저하시키므로 식품의 저장성을 갖게 한 제품이다. 다음과 같은 것이 있다.

- 소건품 : 어패류를 그대로 건조시킨 것으로 마른 오징어, 마른 가자미, 마른 대구, 북어포 등이 있다.
- 염건품 : 어패류를 한번 소금에 절인 다음 건조시킨 것으로 굴비, 대구, 등이 있다.
- 자건품 : 어패류를 그대로 또는 소금에 절인 것을 익혀서 건조시킨 것으로 가열에 의해서 어패류 중의 효소는 파괴되고 단백질이 응고하여 보수성이 저하되므로 건조 중의 변질이 적다.
- 소건품(燒乾品) : 어패류를 불에 쬐어서 말린 것이다.
- 훈제품 : 한번 소금에 절인 어패류를 훈연 속에서 건조시킨 것이다.
- 조미건조 : 어패류를 조리하여 맛을 붙여서 말린 것으로 조미 오징어가 대표적이고 그외에 각종 조미 어포, 조미 패류 등이 있다.
- 동건품 : 어류를 동결, 융해를 되풀이 하여 건조한 것으로 북어가 대표적이다.

2 염장품 : 식품을 염장하여 삼투압을 높임으로써 결과적으로 수분활성을 낮추어 미생물이 식품 중의 수분을 이용할 수 없게 할 뿐만 아니라 소금의 해리로 생긴 염소이온의 살균작용을 이용하여 식품의 저장성을 갖게 한 것이다.

3 통조림 : 식품을 조리하여 주석 관에 담고 탈기 밀봉하여 가열살균 후 급랭한 것으로 가장 안전한 저장한 가공품이라고 할 수 있다. 그 가공 방법에 따라 다음과 같은 것이 있다.

- 수자 통조림 : 원료를 그대로 또는 수자(水煮)한 후 관에 담고 맹물 또는 이에 소금이나 설탕을 조금 첨가한 것을 부은 것이다. 꽁치, 바지락, 게, 굴, 영어, 참다랭이, 고등어, 새우 등.
- 조미 통조림 : 간장이나 된장으로 조미되어 있는 것이다. 연어, 송어, 참다랭이, 가다랭이, 정어리, 꽁치, 고등어, 전갱이, 청어, 바지락, 백합, 피조개, 전북 , 소라, 오징어 등이다.
- 유지 통조림 : 수자한 원료를 조제한 다음 다시 면실유나 올리브 등으로 부은 것이다. 정어리, 꽁치, 고등어, 참다랭이 등
- 토마토침지 통조림 : 토마토 퓨레나, 토마토 페이스트 등을 부어서 조미한 것이다. 참치, 정어리, 꽁치, 청어, 전갱이 등

④ 연제품 : 어육에 소금을 가하고 마쇄하여 조미료나 그 외의 부원료를 섞은 다음 증자 또는 다른 방법으로 가열 응고시킨 수산가공품이다. 어묵, 어단(fish ball), 어육 소시지, 부들어묵(chikuwa) 등의 제품이 있다.

2. 생선류

1) 다랑어류와 가다랑어류

(1) 다랑어류

참다랑어(참치, bluefin tuna)는 몸통이 방추형이고 비만하며 머리는 원추형, 꼬리 자루가 가늘다. 등쪽은 청색을 띤 흑색, 배쪽은 백색이고, 길이 150~250cm, 무게 150kg이지만 때로는 400kg에 달하는 것도 있다. 우리나라 · 일본 · 중국 근해 · 하와이 · 남양군도에 분포된 외양성 어류도 1,000마일 수역을 회유할 때도 있다. 비교적 한랭한 해역에도 분포하며, 회유 구역이 넓고 연중 회유한다. 초여름에는 북으로 올라가고 늦은 가을이 되면 다시 남하하는데, 여름철이 성어기이다.

황다랑어(yellowfin tuna)는 다른 다랑어류에 비하여 지느러미가 짧고 황색인 것이 특징으로 전체의 길이가 3m, 무게가 200kg에 달한다. 우리나라 남부 연해 및 제주도 연해에 분포하고 동해에는 아주 적으며, 일본의 북해도 이남 · 오끼나와 · 대만 · 하와이 연해에 분포한다. 외양어로서 여름에는 연안 가까이로 회유해 온다. 생육 적온은 15~25℃로 여름에 산란하고, 먹이는 날치무리의 작은 어류와 갑각류이다.

눈다랑어(bigeye tuna)는 눈이 큰 것이 특징이며 전체 길이 2m, 체중이 86kg이다. 북위 36° 가 한계로 남해 · 제주도 연해에 분포하며, 동해에는 희귀하다. 일본 남부 · 오끼나와 · 대만 · 하와이 근해 등에 분포되어 있다. 수온 13~25℃의 20~120m 깊이에 살기 좋아한다. 먹이로는 정어리 · 멸치 · 고등어 · 물치다래 등의 어류 및 갑각류를 좋아한다.

날다랑어(albacore, long finned tuna)는 다랑어와 유사하며 몸높이가 낮고 가슴지느러미가 아주 길며, 전체길이 1m, 체중 25kg이다. 우리나라 동해 및 일본의 태평양 연안, 중국, 하와이, 캘리포니아 근해 등 온대 및 열대에 분포 되어 있으며, 수온 10~25℃, 수심 800m 되는 곳에 서식한다.

다랑어류의 색은 종류에 따라 다른데, 참다랑어는 다소 색소를 띤 농적색, 눈다랑어 및 황다랑어는 핑크색, 날다랑어는 백색에 가까운 담홍색을 띤다. 참다랑어살은 단단하고 날다랑어 살은 부드럽다. 붉은색은 주로 미오글로빈에 의한다. 가장 비싼 것은 참다랑어로서 지방육이 값이 더 비싸다. 눈다랑어와 황다랑어는 참다랑어의 대용으로, 날다랑어는 생선으로 이용된다. 참다랑어 이외의 다랑어는 통조림용으로 쓰이는데, 특히 날다랑어 통조림은 바다치킨(sea chicken)이라고 하여 귀중하게 이용된다.

통조림원료용 다랑어류는 냉동되어 수출되는데, 장기간 냉동하면 고기 빛깔이 변하고 품질이 떨어진다. 그러나 -30℃ 정도의 극히 낮은 온도에서는 변색이 억제되어 최근에는 참다랑어를 이와 같은 온도에서 상당량 보관하고 있다.

(2) 가다랑어류

가다랑어(bonito 또는 skipzack)는 몸이 방추형, 등쪽은 암청자색, 복부는 은백색으로 옆구리에 4~10줄의 흑색 띠가 있고, 주둥이는 뾰족하며 꼬리자루는 가늘고 강하다. 전체 길이는 1m, 체중 25kg이다. 우리나라 남부해와 제주도 연해 및 남양군도에서부터 일본 홋카이도에 걸쳐 서식하며 수영 능력이 강하여 시속 25마일로 회유구역이 넓다. 생육 적온은 16~30℃이고, 산란기는 6~7월이며, 정어리 · 멸치 · 전갱어 등 작은 고기와 오징어와 작은갑각류 등을 먹고 산다.

점다랑어(마다래, 배어기, yaito)는 가다랑어와 비슷하나 몸 등쪽에 흑청색의 띠가 비스듬히 많이 그어져 있고, 가슴지느러미 밑에 1~7개의 흑점이 있다. 제주도 연해에 많고 동해에는 거의 없으며 일본 · 대만 · 하와이 · 태평양제도 근해에 분포한다.

몽치다래(maru-mejika)는 방추형이고 등쪽이 남청색 또는 은청색, 길이 30cm로, 남부 해와 제주도 연해, 일본 홋카이도 이남 · 대만 · 필리핀 · 동인도제도 근해에 분포한다.

물치다래(frigate mackerel)는 몽치다래와 유사하다 일반적으로 수산동물이 축육류에 비해 수분이 많은 반면, 가다랑어류만은 70~72%로서 축육과 거의 비슷하다. 그 이유 중 하나는 수분이 적고 단백질이 많으며 육질이 단단하기 때문이다. 피하지방층이 발달하여 여기에는 지방질이 많지만 육질부에는 거의 없다. 한편, 복강부의 지방분포 상태가 다양하며, 기름이 많은 것은 맛이 좋으나 어포의 원료로 쓸 수 없다. 다랑어류의 지미는 주로 이노신산과 아미노산의 상승작용에 의한 것이다.

2) 새치류

분류학상 참치에 속하는 것도 있으나 대부분은 붉은살 어류라기보다는 중간색이라고 하는 편이 타당하며, 일반적으로 살색은 담홍색이다.

새치류는 일반적으로 대형으로 3.5~4m에 달하는 것도 있지만 돛새치는 소형이다. 등은 흑청색, 배는 은백색인 것이 많으며 청새치 · 돛새치는 몸 옆구리에 청색의 무늬가 있다.

열대 해역을 중심으로 한 남부의 따뜻한 바다에 분포되어 있는데, 태평양이 청새치의 중요 어장으로 인도양 · 대서양의 따뜻한 바다에도 분포되어 있으며, 대서양에서는 녹새치가 많이 잡힌다.

청새치(striped marlin, Pacific marlin)는 몸이 길고, 청흑색을 띠며 옆에 약 17줄의 연한 청색 가로띠가 있다. 우리나라 남부해 · 일본 · 대만 · 하와이 근해에 서식한다. 외양성 어류로서 보통 2~3마리씩 나란히 바다 표층을 다니는데, 꼬리를 물 위로 내보내며 갑자기 바다 위로 튀어 오르기도 한다. 먹이는 표층을 다니는 멸치 · 정어리 · 고등어 · 꽁치 · 날치 · 전갱이 · 오징어 등이며, 산란기는 여름에서 가을이다.

녹새치(blue marlin)는 청새치와 비슷하나 빛깔은 등쪽이 암록색, 배는 연한 빛깔이다. 우리나라 남부 제주도 외해, 혼슈 중부 이남, 대만, 필리핀, 하와이 근해에 서식한다.

전에는 어육햄이나 소시지의 원료로 이용되었으나, 현재는 구이 · 생선초밥용 · 스테이크 · 프라이 등에 신선한 것을 이용하고 있다.

황새치(sword fish)는 청새치와 비슷하나 배지느러미가 없는 것이 특징이며 다갈색이다. 전체 길이 3.6m, 무게 18kg까지 달한다. 우리나라에서는 남부와 제주도 외해에 분포한다. 산란기는 8~9월, 바다 밑에 있는 생선을 먹고산다.

지방을 많이 함유하고 있어서 각국에서 스테이크, 와인이나 허브, 올리브 오일 등에 마리네드 하여 볶아서(marinated saute) 즐기며, 훈제로도 이용된다. 또 생선회·구이 등으로 이용된다.

돛새치(sail fish)는 빛깔이 청새치와 비슷하며 길이 2m, 체중 60kg으로 서식처는 우리나라 중남부와 제주도 근해 및 일본 동부 이남에서 유럽 근해까지이며, 대만 근해에도 분포하고 있다. 돛새치의 살은 농홍색이나 기타의 새치류는 색이 연하여 청새치는 도색, 황새치 · 녹새치는 오히려 백색에 가깝다. 청새치 · 녹새치는 냉동어로서 유럽과 미국 등지에 수출된다. 어묵 원료로 이용되고, 현재는 신선한 것으로 생선회 · 생선초밥용 · 구이 등으로 이용된다.

3) 고등어류

고등어류(chub mackerel) · 망치고등어(spotted chub mackerel) · 인디안 고등어(indian mackerel) · 대서양 고등어(ariantic mackerel) 등이 있다.

몸이 방추형으로 횡단면은 타원형이다. 등쪽이 녹색, 배쪽이 은백색이며 전체의 길이가 40cm이다. 최적 수온이 16~18℃로 제주도, 남부 및 일본 서남부에 산란하고, 우리나라 동서남 전 연해와 일본, 대만, 중국, 만주 연해에 분포하고 있다.

고등어류는 옆구리 밑부분이 다른 부위의 고기보다 색이 진한 암갈색을 띠며, 혈합육이 18% 정도로 많이 들어 있다. 이러한 혈합육은 미오글로빈, 지방 등이 담색인 보통 고기보다 많고 특유의 냄새를 가지고 있다.

11월경 일본 근해를 남하해 오는 고등어류는 가을 고등어로서 맛이 좋으며 절임 · 구이· 통조림 등으로 이용된다. 현재는 선어 또는 신선한 것으로 고등어회, 식초에 절인 고등어 초밥이 유명하며, 통조림 · 조림 · 찜 · 고갈비 · 자반 · 찜 · 녹차조림 · 콩나물조림 · 고추장구이 등으로 이용된다.

4) 멸치

멸치(anchovy)는 몸이 길고 원통형이며, 등쪽은 암청색, 배는 은백색으로 전체 길이가 13cm이다. 우리나라는 통영연안과 서해에서는 평안북도까지, 동해안은 강원도 통천까지 많이 서식하고, 일본의 시코쿠 · 규슈 · 홋카이도, 중국 등에 분포되어 있다. 멸치는 우리나라의 중요한 수산물의 하나로 건 멸치를 만들어 일본, 중국, 홍콩 및 남양군도에 수출하고 있다.

그 밖에도 멸치젓의 원료, 다랑어의 먹이로 활용된다. 젓갈은 추자도산이 가장 좋고, 건 멸치는 전남 여수 및 추자도산이 좋다. 우리나라 수산검사법에 의하면 건조품 중 전체 길이 77mm이상을 대멸이라 하고, 76~46mm을 중멸, 45~31mm를 소멸, 0~16mm 이하를 새멸이라고 한다.

일반적으로 지방 함량은 몸의 크기에 비례하며, 계절에 따라 1~3월에 2% 이하, 10~11월에 20%에 달한다. 이용성은 멸치젓 · 생멸치전 · 생멸치방풍찜 · 생멸치국 · 생멸치조림 · 생멸치회 등으로 이용된다.

5) 꽁치

꽁치(Pacific saury)는 몸이 가늘고 길며 등쪽이 검은 청색, 배쪽이 흰색, 길이 30mm 냉수성 어류로서 우리나라 동서남부 연해와 쿠릴열도에 분포하고, 산란기는 5~8월경이며 최적 수온은 17.5℃이다.

붉은살 어육의 대표적인 것으로 고기가 진한 적색이며 혈합육의 비율도 높다. 소형의 꽁치는 남영꽁치라고 하여 지방질이 적지만 대형의 것은 다량의 지방질을 함유하고 있다.

붉은살 고기는 흰살 고기보다 훨씬 산성(pH 5.5~6.0)이고, 연제품의 탄력의 근원이 되는 섬유상 단백질(actomyosin)이 사후에 탄력을 빨리 읽기 때문에 탄력있는 제품을 만들 수 없다. 꽁치는 구이로서 주로 이용되고, 가공품으로는 냉동어가 40% 정도로 어획량이 많을 때에는 어분용으로 사용한 적도 있었다.

지방이 적기 때문에 담백하다. 생선회 · 초절임 · 소금구이 · 조림 · 꽁치국 · 된장구이 · 깻잎조림 · 과메기초무침 · 통조림 · 기타 가공품으로 쓰이며, 냉동꽁치는 참치 잡이의 먹이로 쓰인다.

6) 방어

방어(yellow tail, kingfish)는 긴 방추형으로 등쪽은 철색을 띤 청색, 복부는 은백색이며, 몸길이가 1m 정도이다. 동해 · 남해의 전 연안에 많고 일본, 대만에도 널리 분포되어 있다.

이 어류 떼들은 5월 초순에서 한여름까지 북으로 갔다가 늦은 여름부터 겨울, 봄에 이르는 동안에 남으로 내려온다. 산란기는 남쪽이 3~4월경이고 북쪽은 6~7월경에서 시작되며, 먹이는 주로 정어리 · 고등어 · 전갱이 · 숭어 · 꽁치 등의 어류와 오징어류이다.

최근 시장에서 볼 수 있는 것의 80% 이상이 양식어가 차지하고 있지만, 천연물에 비해 맛이 떨어지는 것은 부인할 수 없다. 방어는 생선 횟감으로 널리 쓰이는데, 특히 겨울에 맛이 좋다. 회 · 소금구이 · 버터구이 · 방어백숙 · 방어된장구이 · 소금에 절인 소금방어 등으로 이용된다.

7) 청어

청어(herring, pacific herring)의 몸은 한쪽이 편평하고 담흑색의 푸른 빛을 띠고 있으며, 배쪽은 은백색이고, 길이가 35cm이다. 경북 이북의 동해안, 특히 포항 영일만이 산란장으로, 일본 북해도 방면에서 많이 나며 중국 북부·북양·북아메리카의 태평양 연안쪽에 분포한다. 우리나라의 중요한 수산물이었으나 최근에 와서는 어획고가 줄어들었는데, 서해와 동해의 청어는 동해에서 남하하는 한류 세력의 크기에 좌우된다.

회·청어소금구이·양념구이·조림·청어죽·청어찜·청어젓·초절임·훈제품·건제품 등으로 가공이용 된다.

8) 연어, 송어류

연어·송어류(salmon, chum salmon, dog salmon)·킹 연어(king salmon)·대서양연어(Atlantic salmon, back salmon)·곱사송어(pink salmon hump backed salmon)·석조송어(rainbow trout) 등이 있다.

연어와 송어류는 연어과에 속하는 한대성 회유성 어류로서 북태평양에 널리 분포하는데 어느 것이나 담수 중에 산란하고 해양에서 성장하며 산란기가 되면 대개 자기가 태어난 하천을 거슬러 올라가서 산란한다. 소하의 기구는 아직 완전하게 해명되어 있지 않으나 자기가 태어난 하천의 냄새를 기억하고 있는 것 같다.

연어는 원통형으로 송어와 비슷하나 체폭이 좁다. 등 쪽은 남회색, 배 쪽은 은백색으로 전체 길이가 약 70cm이다. 우리나라는 동해안 연해에 서식하며, 특히 함남고원, 적벽상, 오십천에 흔하다. 가을이 되면 9월부터 다음해 1월 사이에 경상북도와 강원도 이북의 동해에 흐르는 하천에 산란을 목적으로 올라온다.

연어 근육의 색깔은 분홍색이 많은데, 특히 핑크 연어(pink salmon)은 진한 분홍색이다. 이 근육색소는 가다랑어나 멸치와 달리 지용성 카로티노이드의 일종인 아스타크산틴(astxanthin)이다.

생육의 육질은 종류에 따라서 다소 차이가 있으며, 그 용도는 구이·튀김용 등으로 쓰인다.

9) 도미류

돔류(sea breams)는 많은 종류가 있으나 중요한 것으로는 참돔·흑돔·붉돔·황돔 등이 있다.

참돔(common sea breams)은 적색에 녹색 광택을 띠며, 등쪽에는 청록색의 반점이 있고 전체 길이가 90cm이다. 우리나라 전 연해 및 일본 · 동남중국해 · 대만 · 하와이 부근의 연해에 많이 분포하고, 먹이로는 연체동물 · 갑각류 · 극피동물 등이 있다. 참돔은 체색 · 체형 등 외관이 좋고 식미가 좋다.

감성돔(black sea bream, black porgy)은 몸이 타원형으로 등쪽 외각이 올라와 있으며, 빛깔은 회흑색, 길이가 40cm이다. 서식처는 우리나라 중부이남 및 일본 홋카이도 남부이남, 류큐, 동남 중국해 및 대만 근해이다. 주로 유충류, 극피동물 및 패류가 감성돔의 먹이가 된다.

붉돔(crismon sea bream)은 겉모양이 참돔과 비슷하나 머리꼭대기는 경사가 급하다. 빛깔은 적색으로 복부는 연한 빛이며, 전체 길이는 40cm이다. 우리나라 동해 · 남해 · 서해 연안 · 일본 · 동중국해 · 대만 및 필리핀 연해에 분포하고 있으며, 산란기는 9~11월이다. 참돔과 같이 얕은 곳을 다니지 않는다.

황돔(yellow sea bream)은 겉모양이 달걀형으로 황적색이며, 주둥이는 황색, 전체 길이가 35cm이다. 우리나라 중남부, 일본 중부이남, 중국해 동부 및 대만 북부에 분포되어 있으며, 먹이는 주로 갑각류, 극피동물, 연체동물이다.

그 밖의 새눈치(yellow fin bream) · 청돔(silver bream) · 돌돔(rock bream) · 녹줄돔(crismon sea bream) 등이다.

돔류는 횟감 · 초밥 · 소금구이 · 조림 · 와인소스 찜 · 버터구이 등으로 이용된다.

10) 조기류

보구치(white croaker, white corvenia)는 가공 방법에 따라 굴비·등태기·뱃태기 등으로 구분되며, 몸이 참조기와 비슷하나 빛깔이 백색이고 꼬리지느러미가 참빗 모양이며, 전체 길이가 30cm이다. 우리나라 경북 이남의 동남서 연해 및 동남 중국 연해, 대만, 말레이군도, 인도, 아프리카 연해 등에 분포한다.

흑조기 (black croaker)는 돔이나 민어와 비슷하나 입 속의 장간 막이 흑색이다. 입을 다문 양쪽 턱의 앞 끝은 동일 수직선 위에 있거나 아래턱이 약간 돌출되어 있으며, 길이는 38cm이다. 우리나라 남부 다도해, 일본 남부해, 대만 및 중국해에 걸쳐 분포한다.

참조기(small yellow croaker)는 빛깔은 회색을 띤 황금색으로 입술이 홍색이며, 전체 길이가 30cm이다. 우리나라 서남해 일대, 황해도 연평도에서 잡히며, 우리나라산 물고기 중 최고 생산고를 가졌던 주요 어족으로서 생선, 굴비 및 젓잘 등으로 소비되고 있다. 굴비 중에는 초봄, 전남 영광군 법성포산 오가재비 굴비가 제일 굵고 맛이 좋다.

조기류는 조기 찜 · 조기구이 · 젓갈 등으로 이용된다.

11) 갈치

갈치(hair tail, cutlass fish)는 세계의 난해 연안에 산다. 바닥 속에서는 머리를 위로, 몸을 수직으로 하고 서서 헤엄치고 있다. 특히 맛이 좋은 때는 가을인데, 일년 중 거의 맛이 변화가 없다고 보아도 좋다.

갈치는 몸이 아주 길어서 130cm에 달하고 꼬리 쪽은 띠 모양으로 꼬리 끝이 긴 끈과 같다. 비늘이 없으며 은백색이다.

우리나라 동남서 연해 중 특히 서남 해에 많이 나는 주요 어종으로서 일본, 중국, 대만, 필리핀, 동인도제도, 오스트레일리아, 인도양, 홍해와 아프리카 동쪽 연안인 대서양의 해역에 널리 분포한다. 비교적 원해성이나 8~9월경에 산란기가 되면 다소 얕은 곳으로 이동해 온다. 체 표면의 은색 구아닌은 모조 진주의 원료로 쓰인다.

갈치는 최근에는 횟감, 초밥 등으로 사용되며, 소금구이 · 양념구이 · 갈치찜 · 튀김 · 고급 어묵 제품으로도 사용된다.

12) 숭어

(1) 숭어

숭어(gray mullet, mullet, striped mullet)는 등쪽의 회청색, 복부는 은백색이며, 길이는 70cm이다. 태평양, 대서양의 온대와 열대지방 등 세계적으로 널리 분포하고 있다. 우리나라는 전 연해와 하구 부근에 분포하나, 특히 전남 영산강 · 평북 청천강 하구 부근과 대만 연해에 분포한다. 4월에 바다의 얕은 곳으로 헤엄쳐 오고 1월에는 하천에 들어와서 지내며, 7~8월은 강에서 지내게 되나 여울과 깊은 곳을 피하고 모래밭 넓은 곳에 몸을 담그고 있다. 쉽게 놀라며 수면 위에 뛰어오르기도 한다. 진흙 속의 유기물이나 그 밖의 각종 조류를 먹는다, 숭어알젓은 좋은 술안주가 된다.

(2) 가숭어

가숭어(red lip mullet) 근연종인 숭어와 유사하다. 머리가 숭어보다 평평한 점, 눈과 입의 주변이 빨간 점, 다물었을 때 위턱 후단이 밖에서 보이는 점이 특징이며 성장함에 따라서 호칭이 변한다.

중국, 한반도, 일본규슈, 이북에서 아무르강에 걸친 연안 기수 역에 분포한다. 체장 약 1m. 진흙과 함께 조류 등을 먹는다. 숭어보다 혼탁하고 차가운 물에 잘 견딘다. 산란기는 봄, 여름이 제철로 알은 알젓을 만든다. 숭어류는 횟감 · 구이 · 조림 · 알젓 등으로 이용된다.

13) 복어

자지복(tiger puffer)은 복어류 중 최고급품으로서 취급되고 있다. 최장은 70cm정도이다. 시장에는 산지에서 처리된 살도 출하되고 있다. 살, 껍질, 정소에는 독이 없지만, 간장, 난소, 혈액 중에는 맹독성 독성인 테트로도톡신(tetrodotoxin)이 함유되어 있어서 가열하여도 분해되지 않고 독이 강하다. 겨울이 제철이고 최근에는 양식 물도 나온다. 우리나라 전 연해와 일본 남부, 북해도 이남에 분포한다. 복어독은 운동말초 신경의 마비를 일으키는 이외에 연수에 있는 혈관운동 중추, 호흡 중추, 미주신경 중추 등에 마비를 일으킨다. 중독이 되면 구토를 시작으로 입술 · 혀 · 팔 · 다리 등의 지각신경이 마비되어 전신의 맥이 풀린다. 말도 못하고 호흡이 급해지다 약해지며, 더 지연되면 팔다리의 말단과 얼굴에 자색의 반점이 나타나고 맥박이 점점 약해져 호흡도 고르지 못하게 된다. 의식이 끝까지 뚜렷해도 결국은 호흡마비를 일으켜 죽게 된다. 따라서 급히 토하는 약을 먹여 위장 안을 씻어내고, 인공호흡 · 강심제 · 아드레날린 등의 흥분제를 주어서 중독 작용에 대처한다. 복어는 10월 초순부터 다음해 3월까지가 안전기간이고 채화가 날 때에는 복어를 먹는 것을 피하도록 한다. 조리시 외피를 소금으로 문질러 씻은 후 배를 갈라서 상하지 않게 내장을 꺼낸 후 뼈의 관절이나 살 양 끝에 칼질을 하여 혈액을 완전히 빼낸 다음 잘 씻어서 사용한다. 이밖에 초 · 무채 · 고추 등을 넣어 요리한다.

검복(globe fish, purle puffer)은 몸 등 쪽은 암갈색 바탕에 겉모양은 자지복과 비슷하고 등쪽이 흑갈색, 복부가 백색이며, 전체 길이가 40cm이다. 우리나라 중남부 및 일본 북해도에 서식하며, 난소 · 간장에 맹독이 있고, 장과 피부에도 맹독이 함유되어 있다.

졸복(panther puffer, swell fish, puffer) 봄에 연안에 근접한 무리가 어획 된다.몸의 표면에 사마귀상의 돌기가 산재한다. 동지나해, 황해에 분포한다. 살은 무독, 약독의 것 등 개체차가 있어서 주의가 필요하다. 그 밖의 내장은 맹독이며 식용으로서 별로 적합하지 않다. 체장 약 30cm이다.

그 외에도 메리복(vermiculated puffer) · 까치복(yellow finpuffer) · 밀복(blow fish)·눈불개복(redeye puffer) 등이 있다.

복어류는 횟감 · 지리 · 매운탕 · 튀김 · 구이 · 조림 · 등지느러미 구어말린 것을 정종에 넣으면 독특한 향미가 있어 인기가 있다.

14) 농어

농어(common sea bass, sea perch)는 몸이 가늘고 길며 측편 되어 있다. 등 쪽이 회청록색, 복부가 은백색이며, 전체 길이가 1m이다. 작은 고기를 포농어, 껄떠기보다 작은 것은 보껄떠기, 30cm 전후의 것을 가세기라고 한다.

근해어로서 우리나라 · 중국 · 일본의 연안에 널리 분포한다. 가을이나 겨울철에 민물과 바닷물이 섞이는 하구에 와서 산란하고, 유어는 봄과 여름에 담수계로 거슬러 올라가서 생활하다가 가을과 겨울에 다시 바다로 내려간다.

대부분의 연안어가 여름철에 맛이 없는데 비해 농어는 여름에 맛이 좋은 생선으로 회 · 구이 등의 요리로 쓰인다.

돔, 농어 등 흰살 물고기는 선도가 좋은 것이 맛이 있어서 활어나 극히 신선한 것은 고급요리로 쓰인다.

횟감 · 구이 · 조림 · 튀김 · 버터구이(뫼니에르) · 와인 찜 등으로 이용된다.

15) 전갱이류

전갱이(yellowfin horse mackerel) · 갈고등어(brown striped mackerel scad, horse scad mackerel) · 가라지(slender mackerel scad, mackerel scad) · 줄전갱이 · 유전갱이 · 청전갱이 · 실전갱이 등이 있다.

몸이 방추형이며 머리 길이는 몸높이보다 길다. 등쪽이 암흑색, 하복부는 백색으로 전체 길이가 40cm이다. 우리나라 전 연안에 많고 일본 중부이남에 분포한다. 전갱이는 흰살 물고기 중 많이 잡히는 것으로 신선한 것은 맛이 좋으나 선도가 저하되면 맛이 급속히 떨어진다. 어육의 지미성분은 각종 아미노산 · 이노신산 등이다. 즉, 맛있는 성분이 고등어·가다랑어와 비슷하게 들어 있다. 그러나 말린 것은 이노신산이 생육의 1/40 정도 밖에 들어 있지 않은데, 이것은 선육의 건조 시에 고기 중의 효소에 의해서 분해되기 때문이다. 대중적인 생선으로 일반가정의 요리로 애용되고, 말려서 가공하거나, 최근에는 연제품 원료로서 다량 쓰이고 있다.

횟감 · 초밥 · 소금구이 · 말림 · 튀김 · 조림 · 통조림 등으로 이용된다.

16) 가자미류와 넙치류

참가자미(flounder, brown sole) · 문치가자미(marbled sole) · 돌가자미(stone flounder) · 도다리(flog flounder) · 노랑가자미(barfin flounder) · 갈가자미(willowy flounder) · 범가자미(spotted halibut) · 찰가자미(slime flounder) · 용가자미(sohachi flounder) · 홍가자미(flathead flounder) · 줄가자미(clidoderma asperrimum) · 물가자미 · 기름가자미 등이 있다.

가자미류는 일반적으로 편평하고 넙치와, 가자미의 모양은 비슷하나 눈의 위치가 달라 눈이 왼쪽에 있는 것이 넙치이고, 오른쪽에 있는 것은 가자미이다. 또 눈은 한쪽 몸쪽에 있으며, 눈이 없는 쪽은 백색, 눈이 있는 쪽은 갈색계통의 색을 띤다.

참가자미 · 돌가자미 · 도다리 · 찰가자미 · 범가자미는 우리나라의 전 연해에 분포하고, 갈가자미는 우리나라 남부와 제주도 연해, 용가자미는 청진 · 원산 · 진남포 연해, 문치가 자미와 홍가자미는 우리나라 동해연안(원산), 노랑가자미는 부산 · 진남포 · 일본 · 중국 · 쿠릴 등에도 분포한다.

몸길이는 갈가자미는 20cm, 문가자미, 도다리는 30cm, 참가자미, 돌가자미, 범가자미, 홍가자미, 찰가자미는 40cm 전후, 노랑가자미는 70cm에 달한다.

가자미류는 맛이 좋기는 하나 육질은 그렇게 좋지 않다. 가을부터 겨울에 걸쳐서 참가자미가 맛이 가장 좋으며, 그 밖에도 문치가자미 · 돌가자미 · 갈가자미 등이 좋은 편이다. 주로 어분제조에 쓰이는데, 참가자미는 회 · 구이 · 찜 등으로 쓰이고, 돌가자미는 특히 맛이 좋아 횟감으로 쓰인다. 갈가자미는 말린 것이 맛이 좋다.

넙치(lance flounder)는 몸이 긴 타원형으로 눈이 좌측에 있다. 눈쪽 편이 갈색 바탕에 유백색인 반점이 산재해 있고, 눈이 없는 쪽은 백색이며, 몸길이는 60cm 정도이다.

겨울에는 깊은바다로 이동하여 살고 2~6월경에 20m 전후의 해저에서 산란한다. 횟감으로 쓰이고 겨울에 특히 즐겨 먹으며, 횟감 · 구이 · 조림 · 튀김 · 와인찜 · 넙치아욱국 등에 이용된다.

17) 도루묵

도루묵(sand fish, sailfin)의 몸길이는 약간 길며 매우 측편되어 있다. 등쪽이 황갈색, 옆과 배쪽은 은백색, 전체 길이가 26cm이다. 우리나라 동해연안과 일본 홋카이도 동부지방, 쿠릴 등에 분포하고, 평상시에는 140~150m의 모래 · 진흙 밑에 살고 있으나 알을 낳을 시기에는 물 깊이 1m 내외의 해초가 무성한 연안에 모여와서 알을 낳은 후 외양으로 다시 나간다. 살은 하얗고 단단하며 맛이 담백하나 기름이 있을 때가 맛이 좋다. 조림·튀김·도루메기식해(북한) · 도루묵매운탕 등으로 이용된다.

18) 임연수어

임연수어(atoka mackerel)는 연한 황색종과 연한회황색종이 있으며, 최장이 60cm에 이른다. 우리나라 동해 및 일본 북부해에 분포한다. 제철은 가을부터 겨울인데, 봄에도 지방이 많아서 맛이 좋다.

생선회 · 튀김 · 양념구이 · 졸임 · 이면수국(북한) · 어묵재료 등으로 이용한다.

19) 대구와 명태

대구(pacific cod, gray cod)의 몸은 측편하고 몸의 앞쪽이 둥글다. 몸빛은 담회갈색, 배쪽은 담색, 등지느러미와 옆구리에는 모양이 고르지 않은 많은 반점과 유상선이 있다. 주둥이는 둔하고 입이 크며, 전체 길이가 40~110cm 정도이다.

우리나라 동해·서해와 일본 이북, 오호츠크해, 베링해에서 미국의 오리건주 근해에까지 분포한다. 북방의 한랭한 심해에 살며 수심 45~450m, 특히 150m 내외에 많이 서식하고 있다. 생육 적온은 5~12℃로 겨울철의 산란기가 되면 연안의 천해로 회유하며, 북쪽으로 향할수록 서식하는 깊이가 얕아진다. 대구 중에는 회유하는 종류와 회유하지 않는 종류가 있다.

우리나라의 대구는 몸의 생김새에 따라 동해계와 서해계의 두 형으로 구분되는데, 서해계 대구는 동해계에 비하여 작고, 전체 길이는 41.5cm가 최대이며 보통은 38cm 내외이다.

이들은 겨울에 맛이 좋으나 선도가 떨어지면 맛도 떨어지며, 탕 · 찜 등으로 쓰이고, 건제품 · 염장품·대구 아가미젓은 좋은 부식이 된다. 간유는 비타민 A · D를 많이 함유하므로 약용으로 쓰고, 아주 신선한 것은 생선묵 원료로도 쓰인다. 특히 대구아가미젓 · 대구 내장 젓 · 뽈찜 · 대구포 · 대구포무침 · 알봉찌개 · 어묵제품 등으로도 이용된다.

명태(alaska pollack)는 대구과 대구와 비슷하나 가늘고 길며, 아래턱이 위턱보다 길고 등쪽이 갈색, 배쪽은 백색, 옆구리에 두줄의 흑갈색 띠가 있으며, 8년생 길이는 60cm로 수명은 8년이다. 우리나라의 함경도·강원도·경북 등 동해안, 연해·베링해·북해도·오호츠크해·북아메리카 등지에 많이 분포하고 최적 수온은 2~4℃이며, 지역에 따라 수심 40~450m에 서식한다. 산란기는 강원도의 11월부터 함경북도의 2~3월이며, 수정 후 10일만에 부화하고 부화 후 6개월까지 7cm에 달한다. 내만에서 성장하다가 그 후 2년간에 길이 25cm에 달하면 200m의 깊은 물에서 서식한다. 먹이는 소형의 갑각류, 정어리, 멸치, 오징어 새끼 등이다.

명태는 살보다 알이 유명하다. 생선 알은 소금에 절이고 엷은 홍색으로 착색된 것을 말리고 있는데, 최근에는 무착색의 것도 나오고 있고, 대부분 건조하거나 냉동하고 어육연 제품의 원료로 이용된다.

그 밖에 동태김치매운탕 · 동태전 · 동태미역쌈찜 · 동태구이 · 동태찜 · 코다리조림 · 코다리양념구이 · 코다리찜 · 코다리식해 · 명태섭산적 · 명태김치 · 북어찜 · 북어구이 · 북어회 · 북어식해 · 북어강정 · 북어자반 · 명란찜 · 알탕찌개 · 어육연제 등으로 이용한다.

20) 상어류

가래상어(guitar fish) · 돌묵상어(bone shark, basking shark) · 별상어(dog shark) · 백상아리(white shark) · 톱상어(saw shark) · 귀상어(hammer head shark) · 곱상어(dogfish shark) · 청새리상어(blue shark) · 괭이상어(bullhead shark) · 불범상어(blackspotted dogfish) · 표범상어(graceful cat shark) · 까치상어(incense bunner) · 꼬리기름상어(seven gilled shark) · 모조리상어(shortnose dogfish) · 가래상어(yellow guitar fish) 등이 있고, 그 밖에도 갓장이상어 · 고래상어 · 악상어 · 돌묵상어 · 개상어 · 돔발상어 · 칠성상어 · 수염상어 · 얼룩상어 · 낭남상어 · 환도상어 · 복상어 · 흉상어 · 아구상어 등이 있다.

긴 방추형으로 몸길이는 보통 2~3m이며, 등쪽은 회색 내지 암청색, 복부는 백색으로 우리나라 남부해, 일본 근해에 분포한다.

악상어, 별상어 등은 맛이 좋아 가정요리에 쓰이며 꼬리기름상어는 주로 부들어묵의 원료로, 톱상어는 수분이 많아 중국요리에 쓰이며, 간은 제약원료로 쓰인다. 이들은 요소가 2%나 들어 있어 선도가 떨어지면 쉽게 암모니아로 전환되므로, 이 냄새만으로 부패했다고는 할 수 없다.

상어류는 상어숙회 · 상어돔배기 · 상어불고기 · 상어찜 · 상어산적 · 상어포구이 등으로 이용된다.

◉ 철갑상어와 알 캐비아

철갑상어 알을 소금에 절인 식품, 러시아산의 것이 유명하여 세계의 진미로 알려져 있으며 유럽 여러 나라에 수출된다. 철갑상어 이외에 연어, 대구, 잉어 등의 생선알을 이용하여 같은 방법으로 미국 · 독일 · 이탈리아 등지에서 만든 대용품도 캐비아라 하는 경우가 있다.

제법에는 2가지가 있는데, 신선한 생선에서 알을 꺼내어 채로 알 입자와 다른 부착물을 나누고 여름에는 10%, 가을에는 8% 정도의 건조소금을 넣고 휘저어 소쿠리에 담아 흘러나오는 소금물을 제거하고 도자기나 깡통에 담아 저온에서 숙성시킨다. 이것을 알갱이 캐비아라 하고, 적당히 숙성되면 좋은 풍미를 내지만 보존성이 약하므로 5℃ 이하에서 저장한다. 또는 알 입자를 포함된 소금물에 담가 으깨어 연하게 된 것을 통에 담근다. 이것은 짠맛이 나지만 보존성이 좋으므로 수출용에 사용된다.

21) 가오리류

가오리류에는(ocellate spot skate, skate ray) 노랑가오리, 홍어, 메가오리, 쥐가오리 등이 있다. 전체 모양이 거의 오각형에 가까우며 몸빛은 녹갈색, 배쪽은 담황색, 가장자리는 짙은 황색으로 길이가 1m에 달한다.

우리나라 서남부해, 남일본, 중국연해, 인도양에 분포되어 있고, 여름에 비교적 맛이 좋아 삶아서 먹는다. 오리찜 · 가오리양념찜 · 가오리회무침 · 가오리회국수 · 홍어어채 · 홍어찜 · 홍어건작찜 · 홍어회 · 홍어구이 · 홍어스테이크 · 튀김 등으로 이용된다.

22) 아귀

아귀(angler fish, goose fish,)는 아귀과에 속하며 황아귀와 아귀가 있는데 우리나라의 서남 및 동해남부 연안(부산, 제주도), 일본의 홋카이도 이남의 각지 연안, 중국, 아프리카, 멕시코 등의 연안에 분포하며 비교적 깊은 수심 200m 전후의 바다 밑에 산다.

황아귀는 아귀보다 맛이 있다고 하지만 보통은 구별하지 않고 모두 아귀로 취급하고 있다. 이귀가 가장 맛이 좋을 때는 겨울이다. 살 · 아가미 · 내장 · 난소 · 꼬리지느러미 · 껍질 등을 모두 먹을 수 있으며, 살 · 간장 · 껍질 · 난소는 아귀탕으로 한다. 최근에는 아귀의 간장으로 통조림을 만들고 있다.

아귀탕 · 아귀찜 · 아귀간장 · 간장 통조림 등으로 이용된다.

23) 전어

전어(gizzard shard)는 청어과에 속하는 연안성 어류로 우리나라 서해 남부와 동해 남부 연안에 많다. 몸길이는 25m에 달한다. 잔가시가 많은 것이 흠이지만 맛이 좋아서 우리나라의 주요 수산어종의 하나이다. 전어와 비슷한 것으로 대전어가 있는데 이것은 우리나라의 서남부 해에 많다. 전어에 비하면 배 쪽의 은백색이 더 강하며 입은 전어보다 배 쪽으로 처져 붙어 있고 주둥이는 아래턱보다 튀어나와 있어서 전어와 구별되지만 보통은 전어와 마찬가지로 다루고 있다.

전어회 · 전어회무침 · 전어초밥 · 전어양념구이 · 전어소금구이 · 전어밤젓 등으로 이용된다.

24) 쥐치류

쥐치(file fish, fool fish, porky) · 말쥐치(scraper) · 객주리(unicorn fish, trigger fish) 등이 있다.

이들은 쥐치과에 속하며 쥐치는 우리나라 서남부해 (부산 · 제주도), 일본 중부이남, 동지나해에 분포하고, 산란기는 6월 하순~8월이며, 전체 길이가 8~18cm이다. 50mm까지의 고기는 해조 사이를 유영하면서 주로 작은 갑각류나 해조를 먹는다. 5cm 이상의 고기는 8~30m의 깊은 바다로 이동하나 수영 능력이 떨어진다. 체형은 능형, 측편되어 있고, 청색~적색을 띠기도 한다.

말쥐치는 우리나라 중남부해, 전 일본 연해에 분포하며 크기는 대략 쥐치와 비슷하다. 몸은 긴 타원형이고 몸 빛깔은 연한 청회색이다.

객주리는 우리나라 남부해(부산)에 분포하고 몸길이는 쥐치의 약 2배 정도에 이른다. 생선탕 · 횟감 · 쥐치전 · 쥐치포볶음 · 건조하거나 기타 가공원료로 사용된다.

25) 주요 담수어

잉어(carp)는 큰 것은 1m에 달하고 암회색이며, 주둥이 주변에 4개의 큰 수염이 있다. 중앙아시아 원산으로 호수에 서식하는 대표적인 담수어이다.

고기는 잉어탕(잉어곰), 잉어조림, 용봉탕, 잉어된장국, 잉어찜 등으로 이용된다.

붕어는 잉어 과의 민물고기로 우리나라의 호수나 하천, 농수로 등에 널리 분포되어 있다. 붕어는 잉어와 모양이 비슷하나 잉어에 있는 콧수염이 없다. 몸길이는 20cm 정도인 것이 보통이나 43cm에 달하는 것도 있다. 붕어의 성분을 보면 단백질 · 지방 · 탄수화물 · 회분 · 칼슘 등은 물론이고 더 중요한 것은 아미노산이 들어있고, 지방산으로서 팔미티산 · 팔미토올레산 · 리놀산 등이 들어있다.

붕어조림 · 붕어튀김 · 붕어찜 · 붕어곰 등으로 이용된다.

뱀장어(eel, common eel)의 몸은 가늘고 길며 머리쪽은 둥글고 꼬리쪽은 납작하다. 등지느러미는 꼬리지느러미로 연결되어 있고, 길이 1m에 달한다. 강의 상류로부터 하구에 걸쳐서 널리 분포하며, 큰 것은 가을철이 되면 바다로 나간다.

살코기는 지방이 많아 구이를 하면 맛이 좋고 횟감으로 이용하며, 비타민 A가 특히 많다. 뱀장어양념구이 · 뱀장어국 · 장어조림 · 장어죽 등으로 이용된다.

미꾸리(미꾸라지)(loach oriental weather fish)는 우리나라 서남부에 흐르는 하천수계와 그 유역을 비롯하여 거의 전국적으로 분포되어 있다.

몸집이 가늘고 길며 몸길이가 약 20cm에 달하고 피부 전체에서 뱀장어와 같은 점액이 분비한다. 진흙탕 속에서 동면하고 여름에 알을 배게 되므로 여름에서 가을에 맛이 가 장 좋다.

추어탕 · 추어탕국수 · 미꾸라지구이 · 미꾸라지튀김 · 미꾸라지전 · 추어숙회 · 미꾸라지보쌈 등으로 이용된다.

메기(cat fish, sheat fish)는 잉어목 메기과의 담수어로 유아기에는 아래턱에 또 1쌍의 수염이 있는 것이 특징이다. 진흙 냄새가 많이 나므로 12시간~1일 정도 맑은 물에 넣고 진흙 냄새를 빼는 것이 좋다.

단백질과 철분의 함유량이 높고, 지방분이 낮아 보혈간장 및 보양식품에 으뜸으로 손꼽히고 있으며, 다량의 DNA를 함유하고 있어 두뇌활동과 뇌세포의 활성화에 효과가 있다. 메기매운탕 · 메기찜 · 메기구이 등으로 이용된다.

은어(銀魚, sweet fish sweet smelt)는 경골어류 바다빙어목 바다빙어과에 속하며, 은구어(銀口魚), 은조어(銀條魚)라고도 하며, 그 생김새가 아름다워서 '민물고기의 여왕'

이라고 불린다. 서유구의 《난호어묵지》와 《전어지》에 "은구어는 비늘이 잘고 등이 검고 배는 희다. 주둥이는 턱뼈가 은처럼 하얗기 때문에 은구어라고 부른다."라는 구절이 있다. 1년생으로 우리나라를 비롯하여 일본, 대만, 중국 만주에 분포한다. 우리나라에서의 주요한 산지는 평안북도 청천강과 경상남도 밀양강, 전라남도 섬진강 등에서 은어 산지로 유명하다.

몸길이는 어릴 때는 6~7cm이나 성어는 30~40cm에 이른다. 은어가 가장 맛있는 시기는 초여름이고, 특유의 향미를 갖고 있어서 여름을 대표하는 천어의 왕으로 불리고 있다. 횟감 · 은어초밥 · 은어구이 · 은어튀김 · 은어조림 등으로 이용된다.

26) 새우와 게류

(1) 새우류

새우류(shrimps)의 몸은 두흉부와 복부로 구분되고 각각 여러 마디로 나누어지며 각 마디마다 부속된 다리를 가지고 있다. 표면은 키틴질로 덮여 있고, 두흉부는 두흉갑이라고 하는 단단한 갑으로 둘러싸여 있으며, 전단 부근에 하나의 눈과 2개의 촉각이 있다. 담수 · 해수를 가리지 않고 열대 · 한대에 널리 분포하며, 군서하는 습성이 있고, 보호색 · 의태가 발달되어 있다. 심해산은 일반적으로 단색으로 적홍이나 적등색이다.

닭새우(spiny lobster)는 남태평양 · 동지나해에 분포하고 바위가 많은 곳에 회유하며, 밤에 나와 작은 고기를 먹는다. 장수를 기원하는 의미에서 귀하게 취급된다. 삶으면 선홍색을 띠는데 이것은 색소단백질이 분해하여 적색의 아스타신으로 되기 때문이다. 횟감 · 초무침 등으로 쓰인다.

보리새우(brawn tiger, prawn)는 중형의 새우로 몸길이가 20cm정도이며, 튀김 · 찜 등으로 이용된다. 그 밖에도 대하, 중하 등과 젓갈용의 소형 새우가 생산된다.

크릴(krill)은 곤쟁이류 중 대표적인 것으로 새우류와는 달리 아가미가 외부에 노출되어 있으나 외관이나 맛은 새우와 유사하다. 바다표면 또는 수심 200m 되는 곳에서 부유 생활을 하고 식물성 부유생물을 먹이로 한다. 남극해에 대량 분포되어 있고, 2년생은 4~5cm이며, 수명은 2~3년으로 추정된다. 수분 80%, 조단백질 10~14%, 지방질 2~5%, 당질 1~2%, 키틴질 1.5~2%, 회분 3%이며, 전질소(全窒素) 중 가용성 질소가 40%로 어류에 비하여 많다. 크릴은 대량을 어획할 수 있으나 65%나 되는 껍질을 가지며, 강한 효소활성 때문에 변질되기 쉬워서 가공상 주의해야 한다.

중하전 · 새우전 · 새우파전 · 대하찜 · 새우찜 · 새우잣집무침 · 새우냉채 · 새우쇠고찜 · 새우완자탕 · 새우죽 · 생새우무조림 · 젓새우무침 · 보리새우볶음 · 새우젓무침 · 새우포 등으로 이용된다.

(2) 게류

게류(crab, snow crab)는 종류가 많고 분류상 주로 갑각류 십각목·단미아목에 속하고 전 지구상에 널리 분포하며, 바닷물에 서식하는 것과 민물에 사는 것이 있다. 몸은 머리, 가슴, 배와 다리, 껍질로 구분되나 머리는 배쪽 전방에 위치하고 자루가 있는 복안 · 촉각 · 턱 · 턱받침 등을 가지며, 배는 근육, 기타 기관이 퇴화하여 편평하며, 수컷이 좁고 암컷이 넓게 되어 있다. 배와 가슴부위에 5개의 다리가 있는데, 첫번째 다리는 집게다리이고, 제 2~5번째 다리들은 종류에 따라 다르지만 끝 쪽이 뾰족하여 걷는데 쓰이거나 헤엄치는데 좋도록 되어 있다. 껍질은 등 전체에 덮여 있고 형태는 종류에 따라 다르다. 게살의 화학성분을 보면 수분 약 80%, 전질소 약 2.7%, 단백태질소 약 1.73%, 수용성 물질 약 9.68%, 이노신산 약 56mg%이며, 맛성분은 감미아미노산인 글리신 · 알라닌 · 베타인 등이다. 이노신산은 다른 어육에 비해서 적은 편이다. 색소성분은 헤모시아닌이고 가공육중의 빛깔은 일부 카로티노이드에 의한다. 게살은 가열처리 시 함황성분에 의한 흑변이나 헤모시아닌에 의한 청변을 일으킨다.

왕게(king crab)는 대형의 게로 갑의 폭은 25cm 정도이나 발을 벌리면 양단까지의 길이가 135cm인 것도 있다. 배갑 및 각의 윗면은 암갈색이며 배쪽은 담청색이다. 주로 홋카이도 이북의 깊은 바다의 수온 0~12℃, 수심 100~300m인 곳에서만 서식하며, 산란기에는 20~30m의 옅은 바다의 해조 등에 산란하고 약 4년 성장한다. 몸 전체에 많은 수의 가시가 있고, 숫게는 커서 껍질길이 20cm, 폭 25cm로 거의 삼각형을 이루고 옆으로 길어서 다리를 포함하여 1.5~3m에 달하며, 암컷은 위로 길다. 대부분 통조림용으로 가공되며, 가열시 갑과 살이 홍색으로 된다.

닭게(red frag crab, spanner crab)는 베링해에서부터 알래스카, 북아메리카 서안의 수심 200m 정도의 해저에 널리 분포하며, 껍질길이 15cm, 폭 13cm로 왕게보다 소형이고 흑갈색 또는 황회색의 갑을 삶으면 담홍색으로 된다. 다리가 길고 살이 많으며, 어획기는 11월부터 3월경까지로서 저인망으로 잡는다. 겨울에 맛이 있고 삶거나 통조림한다.

털게(horse hair crab)는 알래스카 · 베링해 · 홋카이도 · 우리나라 동해안까지 분포하고, 껍질길이 10cm, 폭 9cm 의 둥그런 사각형으로 위의 게들보다 소형으로 다리도 짧다. 다갈색의 갑 표면에는 다수의 과립이 있고, 황갈색의 단모가 나 있다. 맛이 위의 게들보다 못하며 통조림용으로 쓰인다.

꽃게(swimming crab, blue crab)는 유럽 · 오키나와 · 대만에 이르는 연안, 특히 내륙의 하구에 가까운 모래땅의 20~40m의 옅은 바다에 널리 분포하고 집단으로 이동한다. 체색은 붉은 빛이 나는 녹색 또는 암록색으로 백색 반점을 가지며, 껍질길이 7cm, 폭 15cm의 마름모 모양으로 겨울철 야간에 잡는다.

그 밖에도 대게 · 동남참게 · 상하이꽃게 등이 있다.

게류는 꽃게탕· 게낙찜· 게잡채 · 털게찜 · 게전 · 간장게장 · 게알비빔밥 · 꽃게무침 · 게강정 · 꽃게미역국 · 꽃게된장국 · 꽃게찜 · 게살전 · 게살죽 · 게살탕 · 대게냉국 · 방게무침 · 방게조림 · 참게장 · 참게젓 · 참게딱지영양밥 · 게내장무침 등으로 이용된다.

27) 조개류, 문어류, 오징어류

연체동물(mollusca)은 종류가 매우 많으나 식품으로서 중요한 것은 조개류, 문어, 오징어류 등이다.

기본형은 좌우대칭이고 몸에 마디가 없으나, 좌우양측의 성장이 같지 않아서 대칭이 아닌 것이 많다. 몸이 부드럽고 체강은 체내에 간충직이 발달하여 충실하며, 심장을 포위하는 부분과 생식샘의 강소만 남고, 다른 조직 간의 혈체강으로서 원시 강이 남아 있다.

몸은 일반적으로 머리 · 다리 · 몸통 · 외투(mantle)로 구성되어 있는데, 외투는 몸통의 등쪽으로부터 피부의 일부가 주름잡힌 막상부로 몸의 양측에 늘어져 있거나 좌우가 합해져 있다. 이 표면으로부터 패각이 분비되어 형성된다. 몸통과 외투 사이의 빈 곳을 외투강(mantle cavity)이라 한다. 연체동물은 종류가 매우 많고 서식범위도 넓다.

(1) 조개류

식용하는 조개류(shellfishes)는 수십 종에 달하지만 산업적으로 중요한 것은 10여 종이다. 종류에 따라 서식장소가 달라서 얕은 바다에 자라는 것과 암초지대에 자라는 것이 있다. 대부분 봄부터 가을에 걸쳐서 알을 낳고, 바다에 방출된 알은 수정 후 일정시기에 달하면, 몸에 융모가 생기고 수중을 자유롭게 헤엄쳐 다니다가 껍질이 형성되면서 수중에 가라앉은 후, 바닥의 모래나 펄 중에서 성장하거나 돌이나 나무 등에 부착하여 자란다.

어릴 때는 물의 흐름에 따라 움직이지만 마지막에는 일정한 장소에 밀집하여 성장하는데, 그 장소가 좋지 못하면 죽고, 좋더라도 너무 밀집하면 성장이 좋이 못하여 죽게 된다.

조개류는 외투 표면의 피층에서 분비되어 형성된 콘치올린(conchiolin)이라는 유기물에 의해 각질층을 형성하고, 중간의 백색부분은 탄산석회의 결정주로 된 능주층을 이룬다. 각종 조개류의 아름다운 빛깔은 주로 여기에 함유된 색소에 의한다. 다시 각의 안층은 여러 개의 엷은 층으로 광택이 있는데 이는 석회질과 콘치올린질로 되어 있다.

바지락(baby clam, short necked clam)은 달걀형으로 길이 4cm, 높이 3cm이고 북해도에서 유럽까지 널리 분포하며, 모래펄 속 5cm 정도에 묻혀 서식한다. 산란기는 20℃의 수온에서 봄철과 가을철에 2회 산란한다. 껍질 길이 1.5cm 전후에서 성숙하고 수명은 8~9년이다. 통조림 · 탕류로 이용되고, 숙신산, 글루탐산 등의 정미 성분이 있다.

바지락근대된장국 · 토장아욱국 · 조개젓 · 바지락숙회 · 김조개살무침 · 바지락주부조림 · 바지락솥밥 등으로 이용된다.

백합(hard clam)은 이매패, 거의 삼각형, 각의 8.5cm, 높이 6.5cm 폭 4cm에 달하기도 하며, 각의 색깔은 변화하는 것이 만혹 표면이 매끈하다. 담수의 낮은 해저에서 서식하고 양식도 다소 하고 있다.

백합구이 · 대합찜 · 대합조개만두 · 백합젓갈 · 백합탕 · 백합조개국 · 백합조개볶음 · 백합조개냉채 · 백합조개죽 · 백합전 · 백합전골 · 백합숙회 · 조갯살회 등으로 이용한다.

굴류(oyster, Crassostrea gigas)는 이매패의 일종으로 열대로부터 한대에 걸쳐서 널리 분포되어 있다. 굴의 종류는 100~120종이 있으나 참굴이 주종을 이룬다.

참굴의 각형은 비교적 불규칙하여 정형이 없으며, 초절임·튀김·통조림 등으로 쓰인다 패류의 가식부는 일반적으로 지방이 적고 글리코겐을 비교적 다량 함유하는데, 이들 물질은 지미성분의 역할을 하기도 한다.

굴류는 패류 중에서 지방이 5~10%로 비교적 많은 편이다. 유럽과 미국 등지에서는 5~8월에 굴을 먹지 않는데, 이 시기에는 굴의 가식부에 수분이 많아지고 글리코겐과 지방이 적어져서 맛이 없어진다. 어육은 선도가 떨어지면 근육의 pH가 7 부근에서 점차 떨어졌다가 부패되려고 하면 다시 pH가 올라가나, 패류는 부패되어도 pH가 알칼리로의 변화가 없고 산성에 가까워지는데, 이는 다량의 글리코겐이 존재하고, 부패시 다량의 유기산을 생성하기 때문이다.

어리굴젓 · 굴미역강회 · 굴강회 · 생굴회 · 생굴무침 · 굴깍두기 · 김치굴전 · 굴산적 · 굴냉국 · 굴죽 · 굴젓국찌개 · 굴파전 · 굴푸라이 · 굴그라탕 등으로 이용된다.

피조개(ark shell)는 수심 10~20m의 모래펄 중에 서식하며, 길이 10~12cm, 높이 5~8cm, 외부는 밤색이고, 42~43줄의 방사상 골이 있고, 살 · 아가미는 혈액 중의 헤모글로빈에 의해 적자색~등적색을 띤다. 한여름에 알을 낳고 3~4년에 성숙한다. 살은 맛이 좋다. 횟감 · 초밥 · 탕 · 초무침 · 건제품 등으로 이용된다.

전복류(abalone)는 9종이 있으나 산업적으로 중요한 것은 4종이며, 모두 권패의 일종이지만 껍질은 편평하게 신장하고 둥그런 귀모양을 하고 있다. 껍질 길이 10~15cm, 높이 5~6cm, 폭 8~10cm, 껍질은 황갈색에 백·흑·적 등의 반점무늬가 있고, 내면은 진주와 같은 광택을 낸다. 껍질 등쪽에 흡수공을 3~5개 가지고 있다.

해조, 특히 미역 등의 갈조류를 야간에 먹고 해조류와 함께 분포한다. 10~12월에 산란하여 어릴 때는 권패이지만 성장함에 따라서 편평해진다. 4~5년에 성숙하고 7~10월에 맛이 가장 좋다. 단백질은 어육보다 많고 내장을 원료로 한 젓갈은 비타민 A가 1,800IU로 많으며, 정미성분으로는 로이신 · 아르기닌 · 글루탐산 등이 있다. 대부분 직접 채집하기도 하나, 양식도 하고 있다.

전북회 · 전북죽 · 전북숙회 · 전북김치 · 전북찜 · 전북장과 · 전북곰 · 전북양념구이 · 전북꼬치구이 · 전북장아찌 · 전북젓 · 전북탕 · 오분자기찜 · 오분자기돌솥밥 · 오분자기된장찌개 · 전북스테이크 · 건조전복 · 통조림 등으로 이용된다.

소라(top shell)는 권패로 각질이 두껍고 단단하며, 6층의 나선상 층을 나타내고 그 주변에 권상돌기를 가지고 있다. 지름 8cm, 높이 9cm의 난해성으로서 수심 2~10m의 암초에서 해조를 먹고 서식한다. 겨울부터 봄철에 맛이 있고 초무침·구이·통조림 등으로 이용된다. 어육보다 결합조직을 다량 함유하여 가열시 상태가 달라지며, 단백질의 아미노산 조성도 다르다. 전복처럼 글리신이 많은 반면, 트립토판(tryptophan)이 적은 편이다.

횟감 · 소라초 · 소라죽 · 소라무침 · 소라강회 · 소라물회 · 소라구이 · 소라꼬치구이 · 소라젓 · 소라찜 · 소라국 · 고등국 · 소라냉채 · 소라조림 등으로 이용된다.

새조개(egg cockle)는 우리나라의 마산만 · 통영만 · 고흥만 · 아산만 등 내만에서 서식하며, 껍질은 둥글며 7cm 정도로 잘 팽창하며 수심 5~30cm의 모래 바닥에 산다. 흑자색의 발은 단맛이 나서 맛이 있다. 제철은 겨울에서 봄이다. 초밥 · 새조개숙회 · 새조개미역국 · 새조개탕 등으로 이용된다.

홍합(ark shell, hardshell mussel)은 전국 연안의 암초에서 일반적으로 볼 수 있다. 강인한 다리로 바위나 암벽 등에 무리를 져서 산다. 살은 황색~홍색으로 입에 검은 털이 있다. 길이 약 15cm이며, 껍질은 두껍고 검은색으로 광택이 있다. 제철은 산란철인 겨울부터 봄이다.

홍합초 · 홍합산적 · 홍합전 · 홍합꼬치구이 · 홍합부추전 · 마른홍합미역국 · 섭조개밥 · 홍합밥 · 돌담치미역국 · 홍합탕 · 홍합죽 · 홍합통조림 · 생건 등으로 이용된다.

가리비(scallop)는 주로 식용으로 이용되며, 노성한 것은 길이 약 20cm인데, 보통 그 이하인 것이 많다. 양식은 치패를 방류해서 자연 상태로 육성하는 방식과 바구니에 넣어서 바다에 매달아 성숙할 때까지 관리하는 수하 방식이 있다. 시장에서는 전자를 천연조개, 후자를 양식조개로 구별하고 있다. 제철은 산란기전인 4~5이다.

가리비구이 · 가리비스테이크 · 가리비그라탱 · 가리비조개회 · 가리비미역국 등으로 이용된다.

키조개(pen shell)는 키조개과에 속하며 앞이 뾰족한 장삼각형의 대형조개로 껍질 길이 약 30cm이상이 된다. 동남아시아에서 인도양의 온 · 열대 해역에 널리 분포하며, 모래바닥에 산다. 껍질은 푸른 빛을 띤 갈색으로 얇아서 부서지기 쉽다. 대소 두 개의 패주 폐곡근이 있으며, 큰 쪽을 식용한다. 어기는 늦가을에서 겨울이다.

키조개회 · 키조개미역국 · 키조개구이 · 키조개산적 · 키조개푸라이 · 키조개버터구이 등으로 이용된다.

(2) 문어류

문어류(chestnut octopus)는 낙지과 두족류에 속하며, 다음의 세 종류가 중요하다.

낙지(common octopus)는 얕은 바다의 암초에 서식하고, 길이는 50~60cm로 초여름에 산란하고 겨울에 맛이 좋다.

꼴뚜기(webfoot octopus)는 얕은 바다의 암초나 모래바닥에서 서식하고, 몸길이는 20~30cm이며 초여름에 산란한다.

문어(chestnut octopus)는 수심 100~500m의 해양에 서식하고, 대형으로서 몸길이가 2~3m에 달하며, 육질이 부드러우나 지미가 없다. 단백질이 많고 베타인 등에 의해 특유한 고소한 맛을 낸다. 베타인은 묽은 식염수에 추출된다.

낙지볶음 · 낙지전골 · 낙지매운탕 · 낙지꾸리 · 산낙지회 · 초무침 · 초밥 · 낙지산적 · 낙지강회 · 낙지젓 · 낙지연포탕 · 낙지찜 · 쭈구미양념무침 · 쭈꾸미볶음 · 쭈꾸미구이 · 문어조림 · 문어초무침 · 문어무침 · 두룹문어회 · 문어미역무침 · 피문어죽 · 문어오림 · 문어발 무침 · 문어조림 · 건조문어포 · 훈연문어 등으로 이용된다.

(3) 오징어류

오징어(squid)는 두족류 십각목에 속하고 연체동물 중 체제가 가장 분화된 것으로 머리 · 몸통 · 다리의 세 부분으로 구분되며, 빨판을 가진 다리는 입의 주위에 10개가 있고, 길이가 긴 2개는 촉수의 역할을 한다. 일반적으로 등쪽에 엷으며, 투명하거나 두껍고 석회질을 함유한 껍질이 있으며 물주머니를 가진다. 자웅이체로서, 100종에 달하며 각각 분포지역이 다르다.

오징어(squid)는 울릉도 지역 등 동해안 근해의 수온 14~16℃의 난류에 분포하고, 겨울부터 봄에 걸쳐 회유하며, 낮에는 수심 100~150m에, 밤에는 부상하여 30~50m를 유영한다. 몸통길이 20~30cm, 체중 200~250g으로 가늘고 길며 끝쪽에 지느러미를 가진다. 빨판을 가진 다리의 길이는 15cm, 촉수다리는 20cm로 그리 길지는 않다. 빨판은 4줄로 배열되고 등선을 따라 폭이 넓은 짙은 자색의 띠가 있다. 어획량은 367,295톤(2006년)으로 오징어류 중 가장 많이 잡힌다. 오징어의 몸통을 길게 잘라 내장을 버리고 말린 것이 마른 오징어이며, 그밖에 훈제품, 기타 젓갈 제조용 등으로 쓰인다. 일반적으로 어류는 가식부가 전체의 50% 내외이지만 오징어는 80%이상이나 된다. 마른 오징어는 세로로는 찢기 어려우나 가로로는 쉽게 찢어지는데, 이것은 근섬유가 가로로 배열되어 있기 때문이다.

살의 표면에는 4층의 다른 조직으로 되어 있고, 제1~3층은 거의 같은 망상조직이지만 제4층은 세로로 배열된 섬유로 되어 있다. 오징어를 가열시 세로로 감기는 것은 제4층의 섬유가 열수축하기 때문이다. 제1층과 제2층 사이에 흑갈색의 색소세포가 존재하여 수축하거나 팽창 시 표피색의 농담을 나타낸다. 한편 다리의 조직은 몸통보다 근섬유가 복잡하게 얽혀 있다. 오징어의 화학적 조성은 수분 76~80%, 단백질이 17~21%, 지방질 0.4~1.1%, 회분 1.2~1.7%이며, 일반적으로 붉은살 어류에 많은 엑기스분이 오징어에 많아서 수용성 질소가 700~900mg %나 들어 있으며, 주성분은 아미노산 · 베타인 · 트리메틸아민옥시드 · 타우린 등이다. 오징어살은 소화도 나쁘고 영양이 낮은 것으로 생각되나 단백질의 아미노산 조성이 다른 어류와 별 차이가 없다. 오징어는 엑기스 성분이 많아서 세균이 번식하기 쉬운데, 어획 후 방치하면 급격히 선도가 저하되고 세균에 의해서 아미노산, 트리메틸아민옥시드가 분해하여 휘발성 염기를 생성하고 악취를 발생하며, 표피희색소세포가 용해되어 적갈색을 띤다. 여름 오징어는 가을의 것에 비해서 부패하기 쉽다.

갑오징어(cuttle fish)는 대서양 등지에서 잡히며 몸통 길이가 15~20cm에 달하고, 뒤쪽에 가시가 있으며 등쪽에는 석회질의 두껍고 단단한 배 모양의 갑이 있다. 11월부터 5월에 걸쳐 어획된다.

오징어회 · 오징어숙회 · 오징어채소볶음 · 오징어젓 · 오징어순대 · 오징어불고기 · 오징어무조림 · 오징어말음조림 · 오징어전·오징어무침 · 오징어국 · 오징어튀김 · 징어구이 · 오징어포무침 · 징어채볶음 · 마른오징어장조림 · 갑오징어강회 · 한치양념회 · 한치젓 등으로 이용된다.

28) 극피동물과 고래류

(1) 극피동물

극피동물은 전부 바다에 서식하며, 식용되는 것으로는 성게와 해삼이 있다. 방사대칭으로 석회질의 내부골격과 관족계라고 하는 특별한 운동기관을 가지며, 골격은 피하의 조직 내에 생기는 적은 골격으로 되어 있지만 그 형태는 종류에 따라 다르다.

어릴 때는 떠다니지만 성체는 저서생활을 하며, 운동이 아주 느리고 식성은 육식성과 조식성이 있다. 성게류(sea urchin)의 체형은 반구상이 대부분으로 편평한 것, 심장형인 것 등이 있다. 표면에 가시가 있으며, 껍질·가시는 자색으로 가시가 잘 발달되어 있다. 껍질의 지름은 6cm정도, 난소는 생채로 초 또는 고추냉이 간장에 찍어 먹으면 맛이 있고 구워 먹기도 하며 염장품으로도 가공된다. 이용성은 성게회, 성게초밥, 성게미역국, 성게밥, 성게알찜 등으로 이용된다.

해삼(sea cucumber)은 길이 20~30cm, 폭 5~8cm 전후로 오이와 비슷하며, 한쪽 끝이 입이고 다른쪽 끝이 항문이다. 동해안에서 많이 잡히며, 수분이 약 92%이며, 단백질은 2% 정도에 불과하다. 생으로 초에 찍어 먹고 말린 것은 중국요리에 쓰이며, 내장으로 고급 젓갈을 담는다.

멍게(sea squirt, ascidian)는 측성해초목 멍게과로 우렁쉥이라고도 한다. 몸은 타원형으로 10~15cm, 원추형의 돌기가 많이 나있다. 그 형태에 따라서 '바다의 파인애플' 이라고 하는 수가 있다. 몸의 한 끝에 바위를 부착시켜 위쪽에 있는 두 개 입의 한쪽에서 해수에 배출물을 배설한다. 외피를 벗기고 안쪽의 오렌지색의 근막을 잘라서 먹으며, 초여름에서 여름이 제철이다.

멍게회 · 멍게숙회 · 멍게밥 · 멍게젓 · 멍게미나리무침 · 멍게조림 · 멍게구이 · 멍게회덮밥 · 멍게전 · 멍게찜 등으로 이용된다.

(2) 고래류

고래(whale)는 바다에 사는 포유류로, 폐로 숨을 쉬는 온혈동물이며, 새끼는 자궁내에서 자라고 출생 후 일정기간은 모유를 먹고 자라는 포유류이다. 몸길이 30m의 고래에서부터 1m의 돌고래까지 80종류가 있다. 보통 길이 4m 이상을 고래라 하고, 그 이하는 돌고래라 하지만 엄밀한 것은 못 된다. 크게 수염을 가진 수염고래와 이를 가진 고래류로 구분되며 각각 그 육질 성분이 다르다. 붉은살은 등지느러미에서 머리까지의 등쪽 살로 전체 고래 고기의 30~40%를 차지한다. 꼬리고기는 등지느러미에서 꼬리까지의 고기로서 상강 육으로 쇠고기나 돼지고기에 필적한다. 꼬리의 지방육은 지방질과 콜라겐이 주성분을 이루는데, 절단하여 열탕에 담그고 물에 씻어 이용하며 콜라겐이 주성분을 이루는데 콜라겐이 젤라틴 화하면 부드러워져 먹기 좋다.

고래 고기는 영양 면에서 소고기와 비슷하나 종류와 부위에 따라 다르다는 생식·어육소시지·햄 등으로 가공하고, 기타 부산물로는 기름 · 피 · 간유 · 젤라틴 등이 있다.

CHAPTER 11

해조류

1. 서론

대부분의 조류(藻類, algas, sea weeds)는 수중에 생육하고 엽록소 등을 가지며 독립적으로 영양을 합성하는 하등 은화식물로서 엽상체를 가지고 있으나 진정한 뿌리 · 줄기 · 잎의 구분이 없다.

우리나라의 동 · 남 · 서해안은 각각 지리적 특색을 가지고 있어서 해조의 식생에도 차이가 있다. 즉 동해안은 한류의 영향을 받고 있어서 북방계 해조가 많고, 서해안은 수온상으로는 동해안과 별로 차이가 없으나 이곳에 영향을 미치는 한류가 없어 북방계 해조가 많지 않다. 울릉도는 동해안에 있기는 하지만 남해안이나 일본에 가깝고, 제주도에는 남방계의 해조가 가장 많다.

해조류 분류는 [표 11-1]과 같이 분류할 수 있다.

[표 11-1] 우리나라 해조류의 생산량 [단위 : 1000톤]

연도 \ 해조류	다시마	미역	김(생중량)	톳	한천	파래
1975	4.0	132	45	16	6	2
1985	13	263	200	15	4	12
1995	28	391	140	42	6	8
2006	202	326	218	24	3	1

우리나라 해조류는 클로렐라나 식물성 부유생물 같은 미세한 조류를 제외하더라도 현재까지 약 400종 이상이 알려져 있지만 식용하는 것은 50여 종에 불과하다. 해조류가 살고 있는 환경은 유동하고 있는 물이기 때문에 큰 식물들은 어떤 기질에 부착할 수 있는 부착기가 대단히 중요하다. 그러나 그 형태는 모래 · 펄 · 바위 등에 따라 그 형태가

각양각색이다. 부착기와 엽상체의 중간에는 줄기가 있는데 이는 파도에 잘 적응할 수 있도록 유연성과 탄력성을 가지며, 때로는 길게 자라서 엽상부가 광선에 대해서 적당한 위치에 놓이도록 한다. 엽상체는 넓은 활엽수 형태가 있는가 하면 사상체를 이루기도 하는데 엽상체 전체에 엽록소가 들어 있고, 광합성 효율이 잘 되도록 분화되어 있다.

해조류에는 적색 · 황색 · 녹색 등의 색소가 있는데 이들이 혼합되어 각각 특이한 빛깔을 지니며, 이러한 빛깔과 형태 사이에는 사오간 관계가 있다. 이들 색소는 크게 엽록소(chlorophyll)계, 카로티노이드(carotenoid)계, 피코빌린(phycobilin)계로 구분되는데, 이는 해조류의 종류에 따라 달라서 홍조식물에는 피코빌린계 색소인 피코에리츠로빈(γ-phycoerythrobin)과 산토필(xanthophyll)계인 루테인(rutein)이 있으나 갈조류에는 들어 있지 않다. 이러한 색소들은 해조류가 광선을 가장 효과적으로 흡수하도록 적응되어 있다.

해안에 서식하는 해조류들은 간조 시에 노출되는 동안 큰 온도 변화와 높은 삼투압에 견디고 중성 또는 약한 알칼리성에서도 잘 자란다.

대부분의 식용하는 조류는 남조류 · 갈조류 · 홍조류 · 녹조류에 속한다. 이들 조류의 식품학적 특성을 보면 상채로나 가열한 건조품으로 가정에서 저장이 잘되며, 종류나 빛깔이 다양해서 조리가공 시 여러 가지 식품으로 사용할 수 있다. 또 요오드가 많이 함유되어 갑상선 부종을 방지하고 모발을 아름답게 해 준다. 소화율은 그렇게 좋지 않고 열량도 낮지만 정장작용을 한다. 그 밖에 알긴산(alginic acid) · 한천(agar) · 카라기난(carrageenan) 등은 기능적 특성으로 식품첨가물로서 널리 이용되고 있다.

식용으로 이용되는 엽상체 부분의 성분을 보면 [표 11-2]와 같다. 즉 김 종류는 단백질이 30% 이상으로 품질이 좋으며, 지방은 1% 이하, 탄수화물은 건조제품 중 약 50%를 함유한다.

주로 알긴산과 푸코이딘(fucoidin) 등의 점질 다당류가 더 분해되면 포도당·과당·우론산(uronic acid) · 갈락토오스(galoctose) · 만노오스(mannose) · 크실로오스(xylose) 등이 생성된다. 또 남조류는 남조전분, 녹조류는 전분, 갈조류는 만니톨, 홍조류는 홍조전분 등이 함유되어 있는데 이들은 식물성 전분과는 다르다.

중국에서는 오래전부터 해조류를 식용하였고, 아메리카 인디언들도 오랫동안 감속을 염분 섭취 급원으로 이용하였다. 일본인들은 김을, 하와이인들도 해조류를 식용한 반면, 유럽에서는 대부분 사료로 이용하다가 식용하게 된 것은 근래의 일이다. 이상의 해조류는 생체로 이용하거나 건조제품을 만들어서 이용한다.

한편 최근에 식품의 물성 개량제로서 카라기난 · 알긴산 · 한천 등이 각광받고 있으며, 이들은 가열 · 추출 · 정제하여 식품첨가제로 값비싸게 이용되고 있다. 그 밖에도 사료용 · 의약용 · 비료용으로 널리 쓰이고 있다.

[표 11-2] 해조류의 일반 성분 [가식부 100g 중]

식품명	총열량	수분	단백질	지방	탄수화물		무기질				비타민					가식부
	cal	g	g	g	당분 g	섬유 g	회분 g	CaO mg	Pe_2O_5 mg	Fe_2O_3 mg	A IU	B_1 mg	B_2 mg	니아신 mg	C mg	%
김	22	91.4	3.5	0.1	1.6	0.4	3.0	0	0	0	–	–	–	–	–	100.0
중급품	305	11.1	34.2	0.7	40.5	4.8	8.7	587	568	95.8	0	0.21	1.00	3.0	20	100.0
긴다시마	–	15.8	6.9	1.3	38.0	10.8	27.2	–	–	–	0	0.08	0.40	1.8	–	100.0
다 시 마	247	14.7	7.3	1.1	51.9	3.0	22.0	999	229	0	0.08	0.32	1.8	11	–	100.0
돌 김	283	19.3	23.4	0.6	45.9	2.5	8.3	275	269	45.7	25	0.07	1.36	0.5	10	100.0
물미역	–	16.3	6.0	0.3	41.5	6.7	29.2	1,499	418	28.6	0	0.07	0.19	3.5	–	100.0
미 역	256	16.0	12.7	1.5	47.8	3.6	18.4	1,624	389	37.2	0	0.11	0.14	10.0	15	100.0
참파래	299	10.0	14.4	0.2	59.8	4.8	10.8	–	–	–	–	–	–	–	0	100.0
청 각	–	0	13.8	0.3	43.5	9.8	32.6	–	–	–	–	–	–	–	–	–
청 태	332	3.7	20.7	0.3	61.5	7.2	6.6	749	329	457.4	–	0.06	0.30	8.0	10	100.0
톳	149	16.8	5.6	0.8	29.8	13.0	34.0	1.749	84	82.9	0	0.01	0.20	4.0	0	100.0
파 래	268	15.2	23.8	0.6	42.1	4.6	13.7	912	344	24.7	0	0.4	0.52	10.0	10	100.0
한 천	309	20.1	2.3	0.1	74.6	2.9	0	500	12	14.3	0	0	0	0	0	100.0

2. 녹조류

녹조류는 바다보다도 지상 및 담수에 우세하며, 열대 · 아열대 · 온대의 조용한 호수에 가장 많이 발생한다. 육상 녹조류는 단핵세포이지만 바다의 녹조류는 여러 핵을 가지고 있다.

대부분의 녹조류는 초록색에 의해서 구별되는데, 그것은 꽃식물과 같은 엽록소 a와 b, 크산토필계 색소 및 카로틴계 색소가 복합되어 있기 때문이며 이 엽록소에 의해서 전분이 합성된다.

1) 클로렐라

녹조류에 속하는 단세포 조류로서 길이가 2~8mm이며, 고등식물처럼 광합성을 한다. 이는 단백질 함량이 많기 때문에 새로운 식량자원으로 각광을 받아 관심을 끌기 시작하여 현재는 젖산균의 증식 촉진제로서 공업적으로 이용되고 있다. 클로렐라에는 여러 종류(*Cholrella vulgaris, C. pyrenoidosa, C. ellipsoideae*)가 있으며, 이들은 세포가 충분히 자라면 4~8개의 낭세포가 무성적으로 생겨 세포막을 뚫고 외부로 나와 자라게 된다. 온도·빛·영양만 적합하면 낭세포에서 성숙하여 분열하기까지 20~30시간 걸린다.

클로렐라는 단백질 약 40~50%, 조지방 약 10~30%, 탄수화물 약 10~25%의 고단백 식품으로 연못 1에이커당 건량으로 1년에 20톤을 수확할 수 있어 콩의 10~15배, 옥수수의 20~50배의 가소화성 단백질을 얻을 수 있다. 따라서 세계 각국에서는 클로렐라를 대량 배양해서 식량난을 해결하고자 하는 의도로 대형화하고 있으며, 최근에는 식이섬유 무기질이란 기능성분에 함유된 기능식품 소재로 각광을 받고 있다. 또한 클로렐라는 폐수 처리할 때 부산물로도 얻을 수 있다. 이와 유사한 기능성을 가진 조류로 스피루리나가 수입되어 판매되고 있다.

2) 파래

해산 녹조류의 대표적인 것으로 갈파래속과 파래속이 있으며, 우리나라에 서식하는 파래(sea lettuce) 품종은 아래와 같다.

① 갈파래속 : 구멍갈파래, 모란갈파래, 갈파래 등
② 파래속 : 잎파래, 창자파래, 납작파래, 가시파래, 격자파래 등
③ 애기파래속 : 애기파래 등
④ 매생이속 : 단맛이 있어 특히 전남지방에서 즐겨 식용한다.

이들 파래류는 선명한 녹색을 띠며 바다에 다량으로 서식한다. 파래속의 엽상체는 속이 빈 막질구조로 되어 있고, 관상의 엽상체는 단층세포로 되어 있다. 클로로필의 색소가 있어서 녹색을 띤다. 주로 남부지방에서 식용을 하며, 건조물의 성분으로는 조단백질이 4.6~6.6%, 조지방 1.1~1.4%, 조섬유 2.5~4.2%, 회분 28.6~49.2%, 가용성 무질

소물이 40.9~60.9%이고, 소화율을 고려한 열량가는 59%이다. 비타민 A와 메칠메치오닌(methylmethionine)이 많은데, 비타민 A는 니코틴으로 손상된 폐점막을 재생하고 보호하여 폐암을 예방하며, 메칠메치오닌은 니코틴을 제거하는 기능성이 있다. 비타민 U는 양배추의 약 70배 이상 들어 있어 위궤양에 효과가 있다. 다른 식품에 비하여 Ca이 많이 함유되어 있는데, 이는 골다공증과 조혈작용에 효과가 크다.

이용성은 파래무침 · 파래전 · 볶음밥 · 자반 등이며, 그밖에 갈파래과 중 청각 등이 김장김치에 부재료로 사용된다.

3) 매생이

매생이(seaweed fulvescens)는 파래와 비슷하나 파래보다 가늘고 부드러운 녹조류이다. 지형적으로 조류가 완만하고, 물이 잘 드나드는 오염되지 않은 깨끗한 지역에서 잘 자란다. 우리나라에서는 완도, 장흥, 고흥, 진도, 해남, 부산 등 남해안 지역에 주로 서식한다. 채취는 주로 12월~이듬해 2월까지 이루어진다.

필수아미노산과 단백질이 풍부하고, 다른 해조류에 비하여 비타민 A · C가 풍부하고 무기질로는 Ca · Fe · Se이 많다. 저칼로리, 저지방, 고식이섬유 식품으로 다이어트에 효과적이다. 알카리성 식품으로 콜레스테롤 수치를 낮추고, 당뇨 등의 성인병 예방에 좋다. 광택이 있고 선명한 녹색을 띤 어린잎을 고른다. 넉넉한 물에 담가서 풀어지면 조금씩 집어 흔들어가며 씻어서 건져낸다.

이용성은 매생이국 · 무침 · 전 · 칼국수 · 튀김으로 요리하여 먹는다.

4) 청각

청각목 청각과의 바닷말로 사슴의 뿔처럼 생겨서 붙은 이름이다. 온 · 난대 및 아열대 해역에 흔하다. 높이 10~30cm, 굵기는 1.5~3mm이고, 아래쪽이 좀 더 굵은 편이다. 가지는 사슴 뿔 모양으로 갈라져 곧게 자라며, 모두 같은 높이에 달하여 부채꼴 모양을 이룬다. 표면은 융처럼 부드럽다

다이어트에 효과적인 식품인데, 비타민은 C, 무기질은 Ca · P · Fe이 풍부하여 어린이의 성장 및 뼈 발육에 좋은 효과를 나타내며, 철분이 많아 여성들의 빈혈 예방에도 좋다. 또한 대장의 연동운동을 돕는 식이섬유가 많아 배변을 용이하게 해준다. 구충 성분이 함유하고 있어 예전에는 회충약으로 쓰이기도 하였으며, 수용성 추출물은 세균에 대

한 강한 항생작용을 가지고 있다고 알려져 있다.

통통하고 짙은 색을 띠며, 윤기가 있는 것이 좋다. 흐르는 물에 씻은 후, 찬물에 20~30분 불려 모래와 잡티를 모두 없앤 후 이용한다. .

날로 먹고, 끓는 물에 데쳐 초고추장에 찍어먹거나 무쳐 먹는다. 국을 끓이기도 하고, 미역처럼 갖은 양념을 해서 볶아먹기도 한다. 김치를 담글 때 넣으면 젓갈이나 생선의 비린내, 마늘 냄새를 중화시켜 뒷맛을 개운하게 한다.

3. 갈조류

갈조식물(phaeophyta)은 대부분이 해산식물로 온대북부지방 대서양 연안의 바위에 많이 서식한다. 유럽에서는 해조류라 하면 흔히 갈조류(brown algae)를 일컫는다. 생장력이 강하여 몇 개의 세포로 된 것으로부터 고등식물의 뿌리·줄기·잎에 해당하는 부착기, 경상부(莖狀部), 엽상부(葉狀部)로 이루어진 대형도 있다.

갈조류에는 만니트(manait), 라미나린(laminarin), 알긴산 등이 함유되어 있으며, 식용하는 것에는 다시마, 미역, 톳 등이 있다.

1) 다시마

다시마(kelp)는 잎이 밋밋하거나 물집 모양으로 부푼 주름이 있고, 작은 것으로부터 8m에 달하는 파를로다시마 등 여러 종류가 있다. 북미 연안에 많고, 우리나라 동해안의 원산 이북에 분포되어 있는데, 최근에는 인공양식으로 남해안에서도 생산된다.

주요 성분은 탄수화물과 식이섬유이고, 기타는 알긴산과 라미나린 등의 다당류이다. 무기질로는 K · Na · Ca · Mg · I 등이고, 비타민은 A와 B_2를 다량 함유하고 있다. 색소류는 카로틴류, 크산토필, 클로로필 등의 색소와 감칠맛을 내는 글루탐산이 풍부하다. 기능성은 다시마는 항산화력이 있고, 혈압강하, 항종양, 면역력 증강, 체내 중금속 방출, 유해 세균의 증식 억제 등이 있고, 다시마의 라미나린(laminarin)은 혈압을 낮추는 역할을 한다. 식이섬유인 알긴산이 많아서 정장효과가 있다. 이들은 건조제품이나 튀김용으로 이용하며, 근래에는 다시마차의 원료로 사용된다. 글루탐산소다가 감칠맛 성분이라는 것을 알게 된 것은 다시마로부터 검출된 것이 최초이며, 일본에서 즐겨 이용하고 있다.

2) 미역

북아메리카에서 멕시코까지 분포하는 갈조류 중 한국·일본의 주변 수역에 분포하는 대표적인 품종으로 우리나라 전체 연안에 분포하나 넓미역은 제주도 부근에만 서식한다. 미역의 엽상부는 중간에 뚜렷한 줄기가 있고 전체의 윤곽은 원형이며, 성숙하면 양 가장자리에 주름이 크게 잡힌 포자엽이 생기는데 여기서 유쥬자가 형성된다. 부착기는 나뭇가지 모양이며, 기타 줄기의 형태는 산지와 서식처에 따라 많은 차이가 있다. 미역의 내부구조는 표층 · 피층 · 속의 세 부분으로 구분되어 있는데, 표층은 작은 세포가 치밀하게 배열되어 있고, 피층은 큰 세포로 된 유조직이며, 속은 사상세포로 되어 있다. 피층에는 점액선이 있는 것이 특징이다. 채소류보다 무기질과 비타민이 많아 해채(海菜), 즉 바다의 채소라고도 한다.

미역은 칼로리가 낮고, 탄수화물과 식이섬유를 다량 함유하고 있다. 신진대사를 좋게 하며, 철분과 칼슘이 풍부해서 산후조리에 좋고, 비만 예방 및 변비 등에 효과가 크다. 미역의 미끈한 점액상은 수용성 알긴산으로 체내에서 소화되지 않는다. 이는 혈액 중 콜레스테롤을 저하시키고, 나트륨 배설을 촉진시키고 고혈압과 동맥경화의 예방 효과가 있다. 또한 중금속 배설에 효과적이며 암세포의 증식 억제에도 효과적이라는 보고가 있다.

미역에는 단백질 12.7%, 당질 47.8%, 회분 18.4%가 들어있고, 특히 요오드 함량이 높다. 대부분 건조된 것을 시판하고 있으나 일부는 말리지 않은 생미역으로도 출하되며, 무침이나 국의 재료로 사용하고 있다. 최근에는 미역을 분쇄 · 성형하여 만든 미역김이 제조되기도 한다.

3) 톳

부착기는 포 부근이고, 적립하는 줄기는 원추상이며, 잎과 작은 가지가 호생한다. 작은 가지는 긴 방추형 또는 방망이 모양이다. 거제 · 마산 · 창원에서는 '톳나물', 고창에서는 '따시래기', '뚝배기', 제주지역에서는 '톨'이라고 한다.

늦은 여름~초가을에 발아한 것은 가을~겨울에는 천천히 성장하나, 봄에는 성장이 빨라진다. 봄 · 초여름에 무성하고 작은 가지의 기부에 쌀알 크기의 생식기 가지가 생긴다.

성분으로는 탄수화물로는 식이섬유가 풍부하고, 무기질로는 Ca · Mg · K · I · Fe 등이 있으며, 각종의 비타민도 풍부하다. 특히 철분이 많아서 빈혈에 좋으며, 칼슘과 칼륨도 많아서 성장기 어린이, 임산부, 고혈압 환자, 과도한 스트레스 환자에 좋고, 혈관경화 예방과 상용하면 치아가 건강해진다고 한다. 해안지방의 구황식품 재료로서 일부 무침을 하여 먹는다. 그밖에 모자반 · 뜸부기 등이 일부 식용되고 있다.

4) 감태

감태(ecklonia cava)는 '단 이끼' 라는 뜻으로 '실파래', '가시파래' 라고도 불린다. 오염 되지 않은 갯벌에서만 자라며, 우리나라 남해안과 제주도, 일본 등지에 분포한다. 김과 비슷하나 홍조류인 김보다 얇고 더 달다. 11~2월에 주로 채취한다.

성분 중 무기질은 K · I · Fe 등과 비타민 A · B_1 · B_2 · C 등을 다량 함유하여 어린이의 성장 발육을 촉진한다. 노화방지 성분인 시놀(seanol)과 식이섬유가 풍부하여 혈류세포를 활성화 하고, 콜레스테롤 저하, 고지혈증 예방, 고혈압을 낮추고, 변비 예방, 관절염 치료, 근육통 완화 등에도 효과가 있다.

밝은 초록색으로 매생이 보다 올이 굵고 향이 좋은 것을 선택한다. 흐르는 물에 씻어 이용한다. 보관할 때는 먹기 좋게 나눠서 용기에 담고, 냉동보관하거나 건조하여 사용한다. 쌉쌀하면서도 단맛이 있는 감태는 감태 김, 감태 무침, 감태 김치 등으로 이용한다.

알긴산의 원료와 요오드와 칼륨을 추출하는데 이용되며, 전복과 소라 등의 먹이로도 사용된다.

5) 곰피

곰피(seaweed gom pi)는 다년생 해조류로 한국 동해안의 특산물이다. 방언으로는 '곰비' 라고도 한다. 길이 30cm~1m, 나비 5~30cm이다. 잎처럼 생긴 부분은 갈라지지 않고 잎면에는 주름이 있으며, 가장자리에 톱니가 있다. 11월~다음해 가을까지 걸쳐 자란다. 동해, 남부해안 특산물로서 영남지방 근해에 분포하였으나 서식지가 점점 북상하여 현재는 남해안, 포항 근처까지 분포한다.

무기질을 풍부하게 함유하고 있으며, 끈적끈적한 성분인 알긴산은 배변의 양을 늘리고, 통과속도를 증가시켜 변비에 좋다. 최근에는 노화억제 물질, 항혈액응고성 억제인자, 항산화 효과 등이 보고되고 있다. 잎이 도톰하고 크며, 줄기가 싱싱한 것을 고른다.

이용성은 물에 데쳐 쌈이나 무쳐 먹는다. 여름철이 제철이다. 적당히 부드러우면서도 씹는 질감을 느낄 수 있으며, 약간 떫은맛이 있다.

4. 홍조류

홍조류(紅藻類, red algae)에는 약 4,000종의 많은 종류가 있으며, 바다의 깊이나 장소에 관계없이 널리 분포되어 있다. 사상(私狀)의 작은 착생식물로서 바다 위를 엷게 덮고 있는 막으로 때로는 수 미터에 달하는 다육질(多肉質) 또는 막상체(膜狀體)로 바위나 다른 조류에 붙어 서식한다.

홍조류의 붉은 빛깔은 홍색의 피코에리트린(phycoerythrin)에 의해서지만 엽록소·카로티노이드 등에 의해 녹색이나 기타 빛깔을 띠는 경우도 있다. 글리코겐과 비슷한 홍조전분을 함유하고, 그밖에 D-갈락토오스를 주체로 한 다당류로서 겔을 형성하는 점성의 한천질과, 점성은 같지만 겔을 형성하지 않는 카라기난 등을 함유된다. 홍조류 중에서 식품재료로 이용되는 중요한 것으로는 김과 우뭇가사리 등이 있다.

1) 김

인류가 이용한 해조류 중 가장 오래된 것 중의 하나로, 알래스카 만에서 캘리포니아 주까지 북동부에 서식하고 있다. 우리나라에서는 조선시대 인조(1650년경) 김여익이 전남 광양에서 양식에 성공하였다고 한다. 자연번식으로는 수요를 충당하지 못하여 대량 생산체제로 양식을 하고 있다. 김의 엽상체는 1층 또는 2층의 세포로 된 엷은 막으로, 모양이 다양하며 길이 14~25cm, 폭 5~12cm이고, 색깔은 홍자색·흑자색 등 여러 가지가 있다.

김에는 탄수화물 약 29%, 단백질 약 40%가 들어 있어 영양이 좋고 맛이 좋아 동양에서는 즐겨 이용하는데, 특히 무기질이 풍부한 알칼리성 식품으로 필수아미노산이 많이 함유되어 있는 건강식품이다. 비타민으로는 A · B · C · E · K이 풍부하다. 김에는 식이섬유와 타우린이 다량 들어 있으며 동맥경화 예방, 콜레스테롤 저하, 당뇨병 개선효과가 있다.

이용성은 국 · 무침 · 구이 · 자반 · 튀각으로도 이용하고 있다. 또한 마른 김이나 조미를 한 맛김, 물김 등으로도 이용된다.

2) 우뭇가사리

한천(agar)의 원료이며, 10~15cm의 크기가 다른 여러 종류가 전 세계적으로 분포되어 있고, 다년생으로 연골질이며 원주상이다. 우리나라에서는 지역별 명칭이 다양한데, 강원도, 울릉도, 목포 해안 지역에서는 '천초', 울산에서는 '까사리', 제주에서는 '우미', 동해, 양양과 경남 고성에서는 '한천' 이라고 한다.

포자에서 발아하여 1년만에 성숙해서 가지의 상부에 작은 가지가 나고, 이 부분에서 포자가 형성된다. 세포 내의 물질로서 한천이 존재하는데, 이 우뭇가사리를 끓여서 나오는 즙을 분리하여 응고 · 동결 · 융해 등의 조직으로 탈수 · 정제하여 한천을 만든다.

우뭇가사리의 주성분은 갈락탄(galactan)으로 영양적 가치는 거의 없으나 정장작용으로 변통을 좋게한다.

이는 겔상의 식품첨가물로 양갱제조 등에 많이 이용되며, 소화가 안되는 성질로 인하여 변비치료에도 쓰인다. 미생물이 이용하지 못하기 때문에 미생물 시험용 배지로도 널리 쓰이고 있다.

CHAPTER

12 맛과 향 및 빛깔을 내는 재료

1. 단맛을 내는 재료

식품을 조리할 때 가장 중요한 것은 맛이 있어야 한다는 것이다. 사람들은 여러 가지 맛 중에서 단맛을 가장 좋아한다. 단맛을 내는 재료로 옛날에는 꿀을 사용하거나 쌀 등 전분질 재료에 엿기름을 작용시켜 조청을 만들어 이용하였다. 그러나 사탕수수나 사탕무로부터 추출한 설탕은 단맛이 강할 뿐만 아니라 사용하기 편리하여 세계적으로 가장 널리 사용하고 있다.

설탕의 원료인 사탕무(sugar beet)는 2천 년 전에 이미 지중해 연안에서 식용 목적으로 재배되었고 18세기 초에 설탕원료로 이용되었다.

사탕무는 세척, 절단, 분쇄, 당침출, 탄산처리, 여과, 농축, 결정화 공정을 거쳐서 원당(crude sugar)을 얻고 이것을 정제하여 우리가 이용하는 정백당을 얻는다.

또 하나의 원료인 사탕수수(sugar cane)는 인도가 원산이며 기원전 300년경에 지중해연안에 전파되었다. 사탕수수는 화본과에 속하는 식물로 열대에서는 숙근성의 다년생 초본이지만 온대에서는 1년생이다. 사탕수수는 당분 함량이 10~20%이고 제조 방법은 사탕무의 경우와 비슷하다.

그 밖에 미국, 캐나다에서는 단풍당(maple)이라 하여 높이 23m, 이 둘레 6m에 달하는 거대한 나무의 수액을 졸여서 조청을 얻는데 특유한 향을 내어 캔디, 도넛, 제과 등에 이용되지만 생산량이 적다.

감초(甘草)는 기원전 300년경 희랍에서 약용으로, 18세기경 영국에서는 과자 제조용으로, 150년 전부터 미국에서는 담배에, 벨기에에서는 맥주 제조에 사용하고 있다. 감초에는 글리시리찐(glyrcyrrihizin)이 6~14%, 자당 5%, 전분 20~30%이 들어 있는데 글리시리찐은 담황색 또는 백색 결정으로 독특한 단맛으로 설탕이나 사카린의 단맛과 다르며 너무 진하면 쓴맛이 난다. 코코아, 제과, 제빵에 이용하고 마요네즈, 아이스크림, 샐러드드레싱 등의 유화작용을 좋게 한다.

스테비아(stevia)는 국화과에 속하는 다년생 숙근성 초본으로 잎중에는 스테비오시드(stevioside)가 6~7% 들어 있는데, 단맛이 설탕의 100~300배나 강하고 가공적성이 좋고 저열량이므로 새로운 감미료로 주목되고 있다.

이상과 같은 천연감미료 이외에 합성 감미료로 허용되어 있는 사카린(saccharin)은 단맛이 설탕의 약 500~700배이고 0.02~0.03% 이상의 농도에서는 쓴맛을 내며 다른 감미료와 함께 사용하면 단맛이 강해지고 쓴맛이 감소되므로 솔비틀, 포도당, 설탕 등과 함께 사용한다.

아스파탐(aspartame)은 L-페닐알라닌이 L-아스파르트산과 메틸에스테르 결합을 한 디펩티드로서 단맛이 설탕의 180~220배에 달하고 설탕과 잘 부합된다. 빵류, 건과류 등에는 0.5% 이하로 사용하되 기타 식품에는 제한이 없다.

소르비톨(D-sorbitol)은 포도당의 환원체로서 생물계 특히 해조류에 많이 들어 있다. 부드럽고 시원한 단맛을 가지며 습윤제로도 사용된다.

그 밖에 전분을 분해한 포도당, 말토스시럽, 이성화당 등이 특성에 따라 쓰이고 단맛은 떨어지지만 기능성을 부여하는 올리고당들이 이용되고 있다.

2. 신맛을 내는 재료

신맛은 미각신경을 자극해서 산뜻한 맛을 부여하여 식욕을 돋구는 작용을 하고 단맛과 어우러지면 상쾌한 맛을 준다. 과실의 맛은 당과 산의 비율이 적당히 조합을 이루어져 형성되는 것이다.

식초(vinegar)는 아세트산을 주성분으로 한 산미료인데 여기에는 아세트산 이외에도 만드는 원료에 따라 다른 유기산류, 아미노산류, 당류 기타 향미 성분이 들어 있다. 곡류나 과일류를 원료로 하는 경우 우선 당으로부터 알코올로 만든 다음 식초산균인 아세토박터 아세티(*acetobacter accti*) 등을 접종하여 아세트산 발효를 거쳐서 식초를 만든다. 이때 발효되지 않는 다른 성분들이 함께 식초의 향미성분으로 역할을 한다. 번거로움을 피하기 위해서 알콜을 직접 초산 발효하여 아세트산을 만들고 여기에 술지게미를 넣어 숙성시킨 다음 걸러내어 향미를 부여하는 방법도 있다. 또한 화학적으로 합성한 아세트산을 희석하여 사용하기도 하지만 맛이 강하고 단순하기 때문에 대부분 양조식초를 사용한다.

식초 이외에 많이 사용하는 것은 구연산(citric acid)이며 그 밖에도 호박산(succinic acid), 사과산(malic acid), 주석산(tartaric acid) 등의 유기산을 혼합해서 사용하여 맛의 조화를 이룬다. 이들은 신맛을 내며 식품의 산도를 조절해주고 미생물의 번식을 억제해주며 생선의 조직감을 개선해주기도 한다. 또한 산화, 변패 억제 작용을 하기도 한다.

3. 짠맛을 내는 재료

우리가 만드는 음식은 무엇보다도 간이 맞아야 한다. 이것은 우리 인체에서 요구되는 염 농도를 조절하기 위한 생리적인 욕구에 의한 것이다.

짠맛을 내는 대표적인 것이 소금이다. 바닷물에는 소금이 녹아 있기 때문에 바닷물을 증발시켜 소금을 얻는 방법이 옛날부터 개발되어 이용되었고 또 지역에 따라서는 암염이라하여 땅속에 묻혀 있는 것을 이용하기도 한다. 소금은 간을 맞추는 이외에도 보존료로서 매우 중요하게 이용되었다. 소금 중 천일염에는 바다의 개펄 중의 여러 가지 미네랄이 많이 들어 있어 이것이 식품과 인체에 유리한 영향을 준다고 하여 김치의 절임이나 그 밖의 용도로 특별히 사용하고 있고, 순도를 높이기 위해서 천일염을 다시 녹여 정제하거나 전기분해법을 사용한 제품들이 생산되고 있으며 나트륨 대신에 염화칼륨 등 대체 소금도 개발되어 이용되고 있다.

짠맛을 조절하는데 때로는 된장, 간장, 액젓 등을 사용하기도 하는데 여기에는 모두 소금이 들어 있는 것들이다. 다만 이것들은 짠맛 이외에도 감칠맛 등이 가미되므로 식품의 종류에 따라 취사선택할 문제이다.

4. 감칠맛을 내는 재료

한국인은 쌀밥을 주식으로 하기 때문에 담백한 맛에 매운맛과 구수한 맛이 조화를 이루고 있는 음식이 많다. 매운맛 재료에 대해서는 향신료에서 별도로 다루기 때문에 여기서는 구수한맛 또는 감칠맛 재료에 대해서 살펴보자.

글루탐산나트륨(monosodium glutamate, MSG)은 단백질 중에 가장 많이 들어 있는 아미노산인 글루탐산에 나트륨을 부가한 것으로써 처음에는 밀단백질을 분해하여 만들었으나 지금은 당밀 등을 원료로 발효에 의해서 만들고 있다. MSG 자체는 특별한 맛이 없으나 다른 맛들을 조화시키고 감칠맛을 내는 역할을 한다. 곡류 음식과 같이 담백한 식사에는 아주 잘 맞는 조미료이다. 그러나 이것을 너무 많이 사용하면 천연재료의 맛이 손상되고 그 맛이 단순하기 때문에 핵산조미료나 다른 것들을 혼합한 복합조미료가 개발되어 이용된다. 즉 MSG의 조미효과는 핵산 조미료를 소량 첨가하므로써 현저하게 강화된다. 핵산 조미료는 세포핵성분을 가수분해하면 생성되는 IMP(5-inosinic acid)와 GMP(5-guanylic acid)가 대표적이다. 이들도 미생물을 이용하여 발효와 화학처리 방법으로 만들고 있다. 숙신산은 유기산이지만 감칠맛을 내는데 이용된다. 또 옛날부터 멸치나 다시마를 끓여 추출한 국물로 맛을 내거나 된장, 간장, 멸치액젓도 감칠맛을 내는데 이용된다.

5. 향미를 내는 재료

식품의 향은 맛을 보기 이전에 우리가 느낄 수 있는 것이며 맛과 함께 중요한 것이다. 천연재료들은 독특한 향을 가지고 있으나 그 향기 성분이 적거나 가공조리하는 동안에 휘발되어 버리기 때문에 첨가해야 할 필요가 있다. 또한 향이 없는 캔디나 아이스크림에 특별한 향기 물질을 첨가하기도 한다. 이러한 향기물질은 천연재료로부터 추출하여 농축한 것을 별도로 제품으로 만든 것을 사용하는 것이 좋겠지만 분해되기 쉽고 비싸기 때문에 화학적으로 합성된 것을 사용한다. 이런 것들은 매우 많기 때문에 부류별로 지정되어 있고 식용 이외에는 사용해서는 안 된다.

[표 12-1] 중요한 향료들

계피알데히드	초산에틸	에테르류	지방족고급탄산수소류
바닐린	고급케톤류	이소티오시아네이트류	티오알코올류
에틸바닐린	락톤류	인돌 및 그 유도체	티오에테르류
벤조알데히드	방향족알데히드류	지방산류	테르펜계탄화수소류
벤질알코올	방향족에스테르류	고급알데히드류	페놀류
시트랄		지방족고급알코올류	홀후랄 및 그 유도체
dl-mentol	l-mentol	페놀에테르류	

CHAPTER 13

착색, 물성개량, 품질보존에 사용되는 첨가물

1. 빛깔을 내는 재료

음식의 빛깔은 천연재료의 신선도를 가늠할 수 있고 구미를 당기게 하는데 제일 먼저 품질 요인을 가늠할 수 있는 척도이다. 향료와 마찬가지로 천연재료의 빛깔은 가공저장하는데 분해되어 변색되므로 때로는 인공색소를 써서 보강해 주거나 빛깔이 없는 것에 특별한 색소로 착색하기도 한다. 또 어떤 경우에는 변색되지 않게 색소를 고정하는 방

[표 13-1] 식용색소의 사용 기준

종류	첨가물의 종류	사용 기준
착색료	식용색소 녹색 3호, 적색 3호, 청색 2호, 적색 40호, 황색 4호, 적색 2호, 청색 1호, 이들색소의 알루미늄 레이크	면류, 겨자류, 다류(분말 청량음료는 제외), 단무지(다만, 황색 4호는 사용할 수 있다.), 생과일 주스, 묵류, 젓갈류, 천연식품(식육·어패류, 채소, 과일 등과 같은 것), 벌꿀, 장류, 식초, 소스, 케첩, 잼, 고춧가루, 후춧가루, 카레, 식육제품(소시지는 제외), 어육연제품, 식용유, 버터 및 마가린에는 사용하지 못한다.
	이산화철, 수용성아나토, 철클로로필린 나트륨, β-카로틴	보존기준 : 차광, 밀봉용기에 넣어 공기를 질소가로 바꾸어 보존
	동클로로필린나트륨	야채류 또는 과일류의 저장품 0.1g/kg, 다시마(무수물)·검(gum) 0.15kg, 완두통조림 중의 한턴 0.0004g/kg
	황산동	야채류 또는 과일류의 저장품 0.1g/kg 다시마(무수물) 0.15g/kg
발색제	아질산나트륨	식육·경육제품, 아질산염으로서의 최대잔존량 0.07g/kg, 어육소시지·어육햄 0.005g/kg
	질산나트륨, 질산칼륨, 황산제일철(무수)	
	황산제일철 결정	

법도 있다. 이들 착색료의 종류와 사용기준은 [표 13-1]와 같다.

2. 식품의 물리적 특성을 개선해 주는 재료

식품은 모양이나 맛도 중요하지만 입에 씹히는 물리적 특성도 매우 중요하다. 또 적은 양의 부재료를 고루 섞는 것도 쉬운 일이 아니라 이럴 때는 이런 물리적 특성을 개선해 주는 여러 가지 재료들을 첨가한다.

1) 호료(糊料, gums)

[표 13-2] 호료의 종류

천 연 껌	변 형 껌	합 성 껌
• 수액 및 추출물 Arabic Tragacanth Karaya Larch Ghatti • 종자·뿌리 Locust bean Guar Psyllium seed Quince seed • 해조추출물 Agar Algin Carrageenan Furcellaran • 기타 Pectin Gelatin Starch	• 섬유소 유도체 Carboxymethylecllulose Methylcellulose Hydroxypropylmethylcellulose Hydroxylcellulose Hydroxyethylcellulose Ethylhydroxyethylellulose Microcrystalline Cellulose • 전분유도제 Caboxymethyl starch Hydroxyethyl starch Hydroxypropyl starch • 발효껌 Dextran Xanthan gum • 기타 Low methoxyl pectin Propylene glycol alginate Triethanolamine alginate Carboxymethyl locust bean gum Carboxymethyl guar gum	• 비닐중합물 Polyvinyl pyrrolidone Polyvinyl alcohol Carboxyvinyl polymer • 아크릴중합물 Polyacrylic acid Polyacryl amide Ethylene oxide

스프는 적당한 점성을 가져야 하고 아이스크림은 조직이 안정되고 다소 텁텁한 촉감을 느낄 수 있어야 한다. 이럴 때 사용되는 것들은 여러 가지가 있는데 이것들을 호료라고 한다. 이런 물질에는 분자량이 커서 물을 많이 흡수하는 능력이 큰 것들로서 식물의 종자, 수액, 뿌리 등에서 추출한 것이거나 천연섬유나 전분 등을 변형시켜서 만들고 있는데 그 종류와 용도는 [표 13-3]과 같다.

[표 13-3] 가공식품 중 호료의 이용

성 질	용 도	예
접착제	제빵	한 천
결착제	소시지	locust bean gum
부형제	저열량액	bum arabic
결정방지제	아이스크림, 시럽	sodium alginate, CMC
청징제	맥주, 포도	한천
혼탁안정제	과일주스	gum arabic
도포제	제과	gum arabic
유화제	샐러드 드레싱	propylene glycol alginate
피복제	고정분말향료	gum arabic
피막형성제	소시지 포장, 보호막	sodium alginate
Flocculating agent	포도주	sodium alginate
기포안정제	맥주, whipped toppings	propylene glycol alginate
겔화제	푸딩, 디저트	해조추출물
이형제	gum · drops · 젤리 · 캔디	gum arabic
보호교질	향료유화제	gum arabic
안정제	맥주, 마요네즈	CMC
분산제	초코 밀크	carrageenan
팽윤제	가공육류	guar
Syneresis 억제	치즈, 냉동식품	guar

2) 유화제(emulsifier)

계면활성제(surfactant)라고도 하는데 기름 특성을 가진 물질을 물에 분산시킬 때 사용하는 물질이다. 마요네즈는 기름과 달걀이 고루 분산된 상태를 유지해야 하는데 오래 두면 분리되어 버린다. 그런데 달걀에는 레시틴이라는 유화제가 천연으로 들어 있어 유화안정성을 부여한다. 대부분의 향이나 기름에 녹는 것들을 물에 분산시킬 때는 별도의 유화제를 사용한다. 또한 빵반죽을 할 때는 용기나 기계장치에 반죽이 달라붙는 것을 방지해 주기도 한다.

이러한 물질로는 글리세린 지방산 에스테르, 대두인지질, 소르비탄 지방산에 스테르, 슈크로스 지방산에스테르 등 많은 종류가 있다.

3) 팽창제(leavening agent)

흔히 베이킹파우더라고 하여 빵반죽이 부풀게 하는 역할을 하는 재료이다. 발효 빵의 경우에는 빵효모를 사용하여 탄산가스를 발생시키지만 비스킷류는 제조 과정상 효모가 자랄 수 있는 발효 조건이 안 되므로 화학물질에 의해서 탄산가스나 암모니아 가스를 발생시켜 부풀게 한다.

이러한 팽창제로 가장 많이 사용되는 것이 중탄산나트륨, 글루코노델타 락톤, 명반, 그 밖에 여러 가지가 사용된다.

3. 식품의 산화 방지 및 보존을 위해 사용되는 재료

대부분의 식품재료나 조리 가공된 식품은 광선이나 산소에 의해서 산화되어 맛과 향에 손상을 준다. 이러한 산화를 억제하는 재료를 산화방지제(antioxidant)라고 하며 비타민 C등의 천연 산화방지제나 상승조제와 합성재료가 사용되고 어느 한 가지만을 사용하지 않고 다른 것과 혼합해서 사용하는 경우가 많다.

[표 13-4] 항산화제 및 사용 기준

항산화제	첨가 대상식품	사용기준	비고
디부틸히드록시톨루엔	유지, 버터, 어패건 제품, 어패염장품	0.2kg/g	
	어패냉동품 및 고래 냉동품의 침지액	1g/kg	
	검(gum)	0.7g/kg	
부틸히드록시아니졸	유지, 버터, 어패건제품, 어패염장품	0.2kg/g	
	어패냉동품 및 고래냉동품의 침지액	1g/kg	
몰식자산프로필	유지, 버터	0.1kg/g	
에리소르브산 및 나트륨염			산화방지의 목적으로만 사용

한편 식품재료나 식품을 오래 저장할 때는 미생물의 번식을 억제할 필요가 있다. 이들을 억제하는 재료를 보존료라 하는데 몇 가지 보존료의 종류와 사용기준은 [표 13-5]와 같다.

[표 13-5] 보존료 및 사용기준

보존료	첨가대상식품	사용기준
디하이드로초산(DHA) 및 나트륨 염	치즈, 버터, 마가린	디하드로초산으로서 0.5g/kg
소르브산(sorbic acid) 및 나트륨염	식육제품, 경육제품, 성게젓, 피넛, 버터가공품 잼, 케첩 유산균음료(살균한 것 제외) 된장, 고추장, 춘장, 어패건제품, 팥앙금류, 채소나 과채의 된장절 임, 식초절임, 간장절임 및 소금절임	소브르산으로서 2g/kg 0.5g/kg 0.05g/kg 1g/kg
안식향산(benzoic acid) 및 나트륨염	청량음료(탄산함유한 것 제외). 간장	안식향산으로서 0.6g/kg
파라옥시안식향산부틸	간장	0.25g/ℓ
파라옥시안식향산이소부틸	식초	파라옥신시안식 향산으로서 0.1ℓ
파라옥시안식향산에틸 파라옥시안식향산프로필 파라옥시안식향산이소프로필	청량음료(탄산함유한 것 제외), 과일소스 과일, 채소(표피부분에 한함) 채소나 과채의 된장절임, 식초절임, 간장절임 및 소금절임	0.1g/kg 0.2g/kg 0.012g/kg 0.08g/kg
파라옥시안식향산부틸	청주,합성청주, 과일주, 약주, 탁주	0.25g/ℓ
프로피온산나트륨 프로피온산칼륨	빵, 생과자	프로피온산으로서 2.5g/kg

CHAPTER

14 기능성 식품의 소재

식품은 맛이 있고 영양이 풍부해야 한다. 여기에 건강이나 질병, 노화 등에 좋은 한방 재료나 기능성 재료를 첨가한 음식이나 제품들이 인기를 끌고 있다. 이러한 것들을 건강 보조식품 또는 기능성 식품이라고 한다. 이러한 재료를 일반 식품에 첨가하거나 그 재료로부터 기능성 성분을 추출 농축하여 캡슐에 넣어 팔거나 알약처럼 성형하고 때로는 음료로 만들어 이용하기도 한다. 여기서 몇 가지를 소개하지만 이런 재료들은 헤아릴 수 없이 많다.

1. 올리고당류

전분을 가수분해하면 덱스트린이 되고 이것을 더 분해하면 올리고당을 거쳐서 말토오스와 글루코오스로 분해되어 단맛을 내는 감미료로 이용된다. 그중 올리고당은 단맛이 설탕의 50%가 안 되고 소화흡수 속도도 느려서 저열량식의 역할을 하며 장내세균의 먹이가 되고 충치를 예방하는 등 그 종류에 따라서 여러 가지 기능을 한다.

이소말토올리고당(isomalto oligosaccharides)은 미생물에 의해서 이용되지 않기 때문에 충치 예방, 비피더스균을 선택적으로 증식시켜 정장작용을 하는 특성이 밝혀져 기능성 재료로 이용되고 있다. 또한 보습, 결정화 방지, 전분의 노화방지 등의 역할도 한다.

근래에 설탕의 과잉 섭취에 의한 비만, 콜레스테롤증이나 당뇨, 충치 문제가 많이 제기 되고 있다. 이에 프럭토 올리고당(fructo oligosaccharides)이 좋은 차선책으로 대두되는데, 이 당은 난소화성으로 소장내에서 흡수되지 않고 대장의 비피더스균에 이용되어 대장 내의 균을 억제하여 정장작용을 한다.

그 밖에도 여러 가지 올리고당들이 이와 비슷한 작용을 하므로 효소처리를 하여 제품을 만들고 있다.

2. 레시틴(lecithin)

콩기름을 정제할 때 수증기 처리를 하면 물과 함께 끈적끈적한 물질이 밑에 가라앉는다. 이 물질은 콩기름에서는 불순물로 취급되지만 유화제로써 요긴하게 쓰인다. 콩기름뿐만 아니라 달걀 노른자에도 많이 들어 있다. 이 물질은 분자 내에 물을 끌어당기고 수산기와 기름을 끌어 당기는 지방산을 함께 가지고 있어서 기름과 물을 동시에 붙들어 균일하게 분산상태를 유지하도록 한다. 우리 몸 안에는 물로 된 수용액에 각종 물질이 이동하는데 물에 녹지 않는 기름 성분을 이 레시틴이 운반체 역할을 하여 지방질의 소화흡수와 생체 내 대사에 관여한다. 이용되고 있는 것으로 대두 레시틴, 분말레시틴, 분학레시틴, 변형레시틴, 난황레시틴 등이 있다.

3. 감마리놀레산(r-linoleic acid)

식물성 기름에 들어 있는 리놀레산이 생체 내의 변환에 의해서 생산되는데 다시 여러 단계를 거쳐서 프로스타 글란딘이라고 하는 물질이 된다. 이 물질은 국소호르몬으로서 [표 14-1]에서 보는 바와 같은 여러 가지 기능을 한다.

[표 14-1] 프로스타글란딘의 여러가지 효능

계	작용 및 작용점	기대되는 응용효과
심맥관	말초 및 체순환, 혈압, 심장역학	강압제, 강심제, 혈관확장제, 말초혈류개선, 항동맥경화제
호흡기	패혈관상, 기관지경축, 기관지 수축 및 이완	기관지 천식치료제, 비폐한치료제
소화기	소화액분비, 장관흡수, 장관연동	항궤양제, 변비치료제, 비폐한치료제
비뇨기	신정상화, 전해질의 조절	혈압조절, 이뇨제
내분비	호르몬산생 및 분비, 혈당조절	혈관증개선
생식기	난포, 황체, 배란, 분만유발	분만유발제, 임신중절, 유산·조산·월경곤란증의 치료, 불임증치료, 자궁경관 확장제

〈계속〉

계	작용 및 작용점	기대되는 응용효과
중추신경	체온조절, 뇌의 제 기능, 행동	진정제, 해열·진통제
말소신경	자율신경전달물질의 수출제어	혈압조절
혈소판	점착반응, 응집반응, 방출반응	항혈전제, 항동맥경화제
결합집	골흡수, 세포간물질합성, 파골세포	암골전이예방
감각기	안압	녹내장치료
세포막	막투과성 및 막유동성	약물효과의 증강
염증	혈관투과성항진, 백혈구유인	항염증제
암	증식억제 및 촉진·전이	제암제, 암전이조자제
면역	T세포, B세포, 마이크로파지산생·분비	악성육아종증의 치료
발생·분화	태아의 발육, 초기형성, DNA합성	선천성심장질환의 치료
성숙·노화	가령현상, 노화제거	노화방지제

4. 식이섬유(Dietary fiber)

식물세포벽을 이루고 있는 섬유소는 소화흡수가 안 되기 때문에 과거에는 불필요한 성분이라고 하였지만, 이 성분이 소화작용을 원활하게 해주고 체내 불필요한 성분을 흡수제거하며 대장에서는 정장작용을 하는 등 중요한 역할을 하는 것이 밝혀짐으로써 지금은 제6의 영양소라고 알려져 있다. 식이섬유는 섬유소 이외에도 헤미셀룰로스, 리그닌뿐만 아니고 펙틴질이나 그 밖에 고분자 물질들을 총칭하는 것으로써 인공적으로 변형시킨 것들도 있으며 이들은 건강기능작용 이외에도 식품의 물리적 특성을 개선해주는 역할을 하기 때문에 다양한 제품이 개발되어 이용되고 있다.

키틴(chitin)과 키토산(chitosan)도 그 중의 하나이다. 키틴은 곤충이나 미생물에 들어 있고 이것을 변형시켜 키토산을 만든다. 이것은 식이섬유의 역할을 하여 콜레스테롤 수치를 낮추고 향균제 등으로 이용 범위가 확대되고 있다.

5. 그 밖의 기능성 재료의 종류와 기능

[표 14-2] 기능성 물질과 많이 들어 있는 식품들

기능성 물질	식 품
Allyl sulfur compounds	양파, 마늘
Isflavones	콩, 그밖의 두류
Quercetin	양파, 적포도, 감귤류, 브로콜리, 호박
Capsaisinoids	고추
EPA and DHA	어유
Lycopene	토마토와 그 가공품
Isothiocyanates	십자화과채소
β − Glucan	귀리겨
CLA	쇠고기, 유제품
Resveratrol	포도괴피, 적포도주
β − Carotene	감귤류, 당근, 호박
Calnosol	로즈마리
Catechins	차
Adenosine	마늘, 양파
Indoles	양배추, 브로콜리, 콜리플라워, 케일, 브뤼셀스프라우트
Curcumin	심황
Ellagic acid	포도, 딸기, 나무딸기, 호두
Anthocyanates	적포도주
3-n-Butyl phthalide	셀러리
Cellulose	대부분의 식물체

식품 중에 천연으로 들어 있는 대표적인 것으로는 식이섬유, β-카로틴, ω-3-다중불포화 지방산, 이소풀라본류, 알릴황화합물 등 여러 가지가 있는데 이들을 출처별로 보면 [표 14-2]와 같고 특히 많이 들어 있는 식품은 [표 14-3]과 같다.

[표 14-3] 출처별 기능성 물질의 종류

물질	식물	동물	미생물
β - Glucan Ascorbic acid γ - Tocotridnol Quercetin Luteolin Cellulose Lutein Gallic acid Perillyl alcohol Indole-3-carbonol Pectin Daidzein Glutathione Potassium	Allicin d-Limonene Genestsin Lycopene Hemicellulose Lignin Capsaicin Geraniol β - lonone α - tocopherol β - Carotene Nordihydrocapsaicin Selenium Zeaxanthin	Conjugated linoleic acid(CLA) Eicosapentaenoic acid(EPA) Docosahexenoic acid(DHA) Spingolipids Choline Lecithin Calcium Ubiquinone (coenzyme Q_{10}) Selenium Zinc	*Saccharomyces boulardii*(yeast) *Bifidobacterium bifidum* *B. longum* *B. infamis* *Laciobacillus acidophillus (LCI)* *L. acidophilus* (NCFB 1748) *Streptococcus salvarius* (sub. Thennophilus)

또 생리활성에 따른 기능성 물질은 [표 14-4]와 같다.

[표 14-4] 생리활성에 따른 기능성 물질의 분류

항암	혈중지질 개선	항산화	항염	항골다공증, 뼈보호
Capsaicin	β – Glucan	CLA	Linolenic acid	CLA
Genestein	γ – Tocotrienol	Ascorbic acid	EPA	Soy protein
Daidzein	δ – Tocotrienol	β – Carotene	DHA	Genestein
α – Tocotrienol	MUFA	Polypherols	Capsaicin	Calcium
γ – Tocotrienol	Quercetin	Tocopherols	Quercetin	
CLA	ω – 3 PUFAs	Tocotrienols	Curcumin	
Lactobacillus acidophilus	Resveratrol	Indole-3-carbonol		
Sphingolipids	Saponins	α – Tocopherol		
Limonene		Ellagic acid		
Diallyl sulfide		Lycopene		
Ajoene		Lutein		
α – Tocopherol		Glutathione		
Enterolactone		Hydrovytyrosol		
Glyeyrrhizin		Luteolin		
Equol		Olcuropein		
Curcumin		Cutechins		
Ellagic acid		Gingerol		
Lutein		Chlorogenic caid		
Carnosol		Tannins		
L. bulgaricus				

각종 아미노산 중 아르기닌은 심장을 보호하고 동맥경화를 예방하며 타우린은 혈압을 낮추고 항산화 기능을 한다. 또 생체 내에서 기능을 하는 미생물에는 각종 젖산균이 있고 미네랄 중 칼슘은 뼈의 발육, 결장암, 관상질환 등을 개선해 주고, 칼륨도 고혈압과 심장질환을 개선하며 구리, 망간, 아연 등은 SOD의 구성분 등으로 여러 가지 기능을 한다.

〈참고문헌〉

1. 《식품재료학》, 조재선 외 1인, 문운동 2007
2. 《식품재료학》, 한명규, 신정출판사, 2009
3. 《식품재료학》, 김은미 외 5인, 광문각, 2011
4. 《식품재료학》, 노봉수 외 6인, 수학사, 2011
5. 《식품재료학》, 홍태희 외 5인, 지구문화사, 2011
6. 《식품과 영양》, 권기환 외 6인, 백산출판사, 2010
7. 《식품재료사전》, 한국식품영양학회감수, 한국사전연구사, 2007
8. 《세계의 음식문화》, 동아시아식생활학회연구회 역, 광문각, 2009
9. 《세계음식문화》, 김의근 외 3인, 백산출판사, 2011
10. 《김치의 연구》, 조재선, 유림문화사, 2000
11. 《유가공학》, 윤영호 외 12인, 선진문화, 2008
12. 《음식의 역사》, 레이태너힐, 우물이 있는 집, 2006
13. 《생선회 100배 즐기기》, 조영제, 도서출판한글, 2002
14. 《수산식품가공학》, 김병묵 외 1인, 진로연구사, 1999
15. 《농산식품가공학》, 김재욱 외 1인, 문운당, 1999
16. 《축산식품가공학》, 안효일 외 5인, 세진사, 2002
17, 《허브》, 이정연, 김영사, 2004
18. 《약이되는 야채요리 생선요리》, 신재용외 3인 감수, 학원사, 2008
19. 《Plant biochemistry》, P.M. Dey& J.B. Harborne, Academic press, 1999
20. 《The Professional Chef(the culinary institute of america)》, 김태형 외 6인 공역, (주) 서울외국서적, 2011

찾아보기

ㄱ

ㄴ

ㄷ

ㄹ

ㅁ

ㅂ

ㅅ

ㅇ

ㅎ

식품재료학

2012년 3월 5일 1판 1쇄 발 행
2017년 2월 27일 1판 2쇄 발 행

지 은 이 : 조재선 · 강갑석 · 정수식 · 최성웅
펴 낸 이 : 박정태

펴 낸 곳 : **광 문 각**

10881
경기도 파주시 파주출판문화도시 광인사길 161
광문각 B/D 4층
등 록 : 1991. 5. 31 제12-484호
전 화(代) : 031) 955-8787
팩 스 : 031) 955-3730
E - mail : kwangmk7@hanmail.net
홈페이지 : www.kwangmoonkag.co.kr

ISBN : 978-89-7093-671-0 93590

값 : 20,000원